化学工业出版社"十四五"普通高等教育规划教材

食品工程原理 学习指导

高丹丹　卢利平　主编

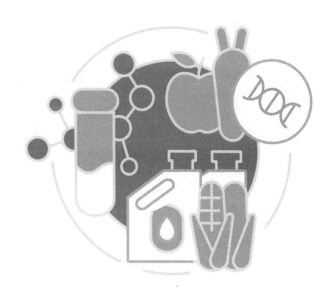

化学工业出版社

·北京·

内容简介

本书系统地阐述了食品加工和生产过程中的主要工程概念、单元操作的分类特点及工作原理、工程问题的解决思路和方案等，涵盖流体流动、流体输送机械、非均相物系的分离、传热、蒸发、干燥、蒸馏、吸收、蒸馏和吸收塔设备、液-液萃取、食品工程原理虚拟仿真实验指导等十一章内容。本书将食品工程原理的动量传递、热量传递和质量传递三大传递理论与相关单元操作基本原理和设备的工程实例有机结合，在有限的篇幅内提供总结性的理论学习内容和详细的虚拟仿真实验指导，叙述简明，全面综合。本书注重理论联系实际，同时添加了例题，着重培养学生的工程观点及解决工程问题的能力。

本书可作为高等院校食品科学与工程等专业本科生食品工程原理教材的配套学习资料。

图书在版编目（CIP）数据

食品工程原理学习指导／高丹丹，卢利平主编.
北京：化学工业出版社，2025. 8. --（化学工业出版社
"十四五"普通高等教育规划教材）. -- ISBN 978-7
-122-48419-2

Ⅰ. TS201. 1

中国国家版本馆 CIP 数据核字第 2025ZK0920 号

责任编辑：李建丽　赵玉清　　　　文字编辑：周　童　孙月蓉
责任校对：边　涛　　　　　　　　装帧设计：张　辉

出版发行：化学工业出版社
　　　　　（北京市东城区青年湖南街 13 号　邮政编码 100011）
印　　装：三河市君旺印务有限公司
787mm×1092mm　1/16　印张 13½　字数 317 千字
2025 年 8 月北京第 1 版第 1 次印刷

购书咨询：010-64518888　　　售后服务：010-64518899
网　　址：http://www.cip.com.cn
凡购买本书，如有缺损质量问题，本社销售中心负责调换。

定　　价：45.00 元　　　　　　　　版权所有　违者必究

《食品工程原理学习指导》编者名单

主　编　高丹丹　卢利平

参　编　陆会宁　丁　波

前 言
PREFACE

食品工程原理
学习指导

　　《食品工程原理学习指导》是食品科学与工程本科专业的主干课程食品工程原理的配套学习资料，在本科二年级学习食品工程原理这门基础理论必修课的同时，通过本书的系统总结与练习，掌握食品加工和生产过程中的主要工程概念、单元操作的分类特点及工作原理、工程问题的解决思路和方案，为本专业高年级学习乳品工艺学、肉品工艺学、饮料工艺学及发酵工程等课程奠定了理论基础。在本专业所有专业必修课中，食品工程原理、食品工程原理实验及食品工程原理课程设计三门课所占学时最多，而且在"教师教"和"学生学"两方面都有很大的难度，因此，《食品工程原理学习指导》显得十分重要，急需这样一本专业课程的学习指导书来帮助学生学习。

　　目前出现的《食品工程原理学习指导》，均对各院校食品相关专业学生的学习帮助很大，但是其专业培养方案和课程设置不一致的原因，导致学习内容和侧重点有很大出入，也没有实验指导部分。然而食品工程原理的学习最好有实验指导来帮助学生更好地理解课程内容。因此，许多有食品人才培养需求的高等院校及其专业，迫切需要一本适用的有关食品工程原理学习指导的配套资料。

　　本书的最后一章详细介绍了如何应用 3D 虚拟仿真软件进行食品工程原理虚拟仿真，理论联系实际，通过与全国食品专业工程实践综合能力竞赛结合，全面提升大学生运用知识、分析研判、沟通表达、解决复杂工程问题的能力，推进实践育人工作，培养有工匠精神等工程创新综合素质和一定能力水平的复合型人才，培养适合中国未来发展的高素质人才。

　　本书由西北民族大学高丹丹、卢利平主编并统稿，陆会宁、丁波参加校稿工作。具体编写分工为：第 1~3 章由高丹丹教授编写，字数约 8 万字；第 4~11 章由卢利平编写，字数约 23 万字；陆会宁、丁波负责校稿。最后，感谢欧倍尔软件技术开发有限公司对虚拟仿真实验指导的支持和帮助，由于写作时间有限，书中可能存在不妥之处，请读者批评指正。

高丹丹　卢利平

2025 年 1 月

目　录
CONTENTS

食品工程原理
学习指导

第4章 传热　　53

绪论

食品工程原理
学习指导

食品工程原理是一门讲授食品工程单元操作的基本原理，典型单元设备的原理、结构选型以及工艺尺寸计算的课程。课程内容涉及的工程概念和单元操作很多，比如稳态系统和非稳态系统、体积流量和质量流量、层流和湍流、热传导和热对流、单效蒸发和多效蒸发、干燥速率和干燥曲线、干基含水量和湿基含水量等，对于这些概念，本书将在后面各章节进行总结归纳，帮助大家理解和应用。课程学习需要综合运用基础知识，有目的地解决工程实际问题；课程任务是研究各种单元操作的基本原理、典型设备的结构和性能、工程和设备的基本计算方法，选择适当的操作条件，探索过程的强化途径和方向，其目的是满足工艺要求。该课程强调工程观点及课程设计能力的培养，强调理论与实际的结合，以期提高读者分析和解决问题的能力。

食品工业是利用物理和化学方法将自然界的各种物质加工成食物的工业。包括的门类繁多，如粮食加工、食用油脂、肉类加工、乳品、糕点、制糖、制盐、制茶、卷烟、酿酒、罐头等二十多个不同行业。尽管用不同原料生产不同产品的生产过程相差很大，但它们都是由若干个简单过程和设备（单元操作）按一定的顺序和方式组合而成的。食品生产过程包括化学反应过程和物理加工过程，其中物理加工过程就是本课程的研究内容，如全脂乳粉生产、大豆萃取法制油、柠檬酸生产等工艺流程中涉及的物理加工过程都属于本课程的研究内容。

单元操作是指在各种加工过程中，遵守同一基本原理，所用设备相似，作用相同，仅发生物理变化过程的那些操作。单元操作一般占整个食品加工过程的80%左右。本课程的研究对象就是各种单元操作，包括两个方面：过程和设备。

单元操作的特点：①都是物理加工过程；②遵循相同的规律，操作设备相似（不是相同）；③用于不同生产过程的同一单元操作，其原理相同，设备通用；④对同样的工程目的，可采用不同的单元操作来实现。例如：流体输送是一种单元操作，作用是将流体从一个地方输送到另一个地方；基本原理是流体力学，所用设备是泵或风机、管道等。

单元操作的分类：①遵循流体动力学基本规律的单元操作，包括流体输送、沉降、过滤、物料混合（搅拌）；②遵循热量传递基本规律的单元操作，包括加热、冷却、冷凝、蒸发等；③遵循质量传递基本规律的单元操作，包括蒸馏、吸收、萃取、吸附、膜分离等，从工程目的来看，这些操作都可将混合物分离，故又称为分离操作；④同时遵循热质传递规律的单元操作，包括气体的增湿与减湿、结晶、干燥等。

课程学习过程中要掌握三大传递过程（动量传递、热量传递和质量传递）和四个基本概念（物料衡算、热量衡算、平衡关系和过程速率），同时在解决实际案例问题时要进行物理量的换算，单位要一致。食品工程原理课程学习过程中应注意以下几方面：

（1）课程内容繁多，每节课公式和知识点应用多，且学生第一次接触工程内容，学习有一定难度，所以最好提前完成预习，及时作答思考题和习题。课程教学遵循"预习—课堂—课后作业与答疑—虚拟仿真实验—课程设计"步骤，学生每周课后还需要完成本章节的思维导图、学习轨迹和课后作业，同时完成预习笔记。在课程结束后要争取做到"每节一图，每章一图"，系统梳理学习重难点。在食品工程原理教学中，还有特别设计的专题汇报内容，比如"新型"单元操作设备的结构工作原理和选型的介绍，这些内容需要课后通过查阅资料来完成汇报。课堂上老师只作引导，学生要自觉培养自己获取和扩展知识的能力和团队协作能力。

（2）重视计算和例题，掌握基本解题思路和计算方法，计算要准确。习题讲解课或总复习课是训练学生运用所学知识分析与解决实际问题能力的一种有效途径。在讨论课中，学生应注意力高度集中、思维活跃、积极投身课堂活动，互相启发，培养综合运用知识、深度剖析问题的能力。

（3）注意本课程的性质、特点，计算结果除了准确之外，还要从工程的角度考虑其结果的合理性、经济性和安全性。比如过滤、换热器、蒸发装置、干燥器、精馏塔和吸收塔的设计等。

（4）重视实验，注意观察管路、设备的结构，增加感性认识。学生要积极认真地在食品工程原理实践性教学环节（如演示实验、虚拟仿真软件实验）中培养自己分析解决问题的能力，增强工程观点。

（5）重视教材中图、表、经验数据的使用，对已知的数据要进行扩展运用。在解决实际案例问题时，需要查阅相关数据，活学活用。

（6）与计算机学习结合，有些习题可编程解决或直接利用软件计算和作图。本学科的科技进步很快，随着新产品、新工艺的开发或为实现绿色食品加工生产过程和可持续发展战略，对物理过程提出了新的要求，不断地发展出新的单元操作或食品加工技术超临界技术等。同时，以经济、环保、节约和绿色生产为特点的食品加工工艺也将迎来新的技术研发高潮。

食品工程原理
学习指导

第1章

流体流动

本章符号说明：

英文字母：

a——组分的质量分数；

A——截面积，m^2；

d——管路直径，m；

d_e——当量直径，m；

E——1kg 流体所具有的总机械能，J/kg；

g——重力加速度，$\mathrm{m/s}^2$；

h——高度，m；

h_f——1kg 流体流动时为克服流动阻力而损失的能量，简称能量损失，J/kg；

H_e——输送机械对 1N 流体所提供的有效压头，m；

H_f——压头损失，m；

l——长度，m；

l_e——当量长度，m；

M——摩尔质量；

N——输送机械的轴功率，kW；

N_e——输送机械的有效功率，kW；

p——压强，Pa；

Δp_f——1m^3 流体流动时所损失的机械能引起的压强的降低，称为压强降，Pa；

P——压力，N；

r——流体层半径，m；

R——管路半径，或液柱压差计读数，m；

Re——雷诺数；

u——流速，m/s；

u_max——流动截面上的最大速度，m/s；

u_r——滞流时管截面上的速度，m/s；

v——流体在截面处的比容，m^3/kg；

V——管路中的总流量，m^3；

q_h——体积流量，m^3/h；

q_v——体积流量，m^3/s；

y——组分的物质的量分数；

q_m——质量流量，kg/s；

W_e——输送机械对 1kg 流体所做的有效功，J/kg；

Z——位压头，m。

希腊字母：

ε——绝对粗糙度，mm；

ξ——阻力系数；

η——效率；

μ——黏度，$Pa \cdot s$；

ρ——密度，kg/m^3；

τ——内摩擦应力，Pa；

λ——摩擦系数。

1.1 本章学习指导

1.1.1 本章学习目的

通过本章学习，掌握流体流动的基本原理、管内流体流动的流速变化规律，并运用这些原理和规律去分析和解决流体流动过程中的相关问题，诸如：

（1）流体输送流速的选择、管径的计算、流体输送设备的选择。

（2）流动参数的测量，如压强、流速的测量。

（3）建立最佳条件，选择适宜的流体流动参数，以建立传热、传质及化学反应的最佳条件。此外，非均相物系的分离、搅拌（或混合）都是流体力学原理的应用。

1.1.2 本章应掌握的内容

（1）流体静力学基本方程式的推导及应用。

（2）连续性方程、机械能守恒方程、能量衡算方程、伯努利方程的物理意义、适用条件、解题要点。

（3）层流（又称滞流）和湍流（又称紊流）的现象观察、特点比较和工程处理方法。

（4）直管流动阻力和局部流动阻力的计算。

（5）简单管路和分支管路的计算。

（6）流量计的结构和工作原理、流量（流速）测量。

了解牛顿型和非牛顿型流体的分类及流变特性、边界层（边界层的形成、发展和分离）的概念以及其在食品工程领域的应用案例分析。

1.1.3 本章学习中应注意的问题

（1）流体流动与非均相物系的分离、传热、蒸发、干燥等之间存在密切联系，要以流体流动理论为起点，认真学习，打好理论基础。

（2）应用流体流动过程分析解题要学会绘图，正确选取衡算基准与衡算范围，解题步骤要规范、完整，注意数据代入过程以及单位换算。

（3）注意学习处理复杂工程问题的方法，增强工程观点。

1.2　概述

1.2.1　流体的分类和特性

（1）气体和液体统称为流体，流体有多种分类方法：

① 按状态分为气体、液体、超临界流体等。

② 按可压缩性分为不可压缩流体和可压缩流体。

③ 按是否可忽略分子之间作用力分为理想流体与黏性流体（或实际流体）。

④ 按流变特性分为牛顿型流体和非牛顿型流体。

（2）流体的特性：

① 流动性，即抗剪切的能力很小。

② 易变形（随容器形状），气体能充满整个密闭容器空间。

③ 流动时产生内摩擦，从而成为了流体力学原理研究的复杂内容之一。

1.2.2　作用在流体上的力

外界作用在流体上的力分为两种：

（1）质量力（又称体积力）。流体受力大小与其质量成正比，如重力和离心力。

（2）表面力。该力与流体表面积成正比。表面力又分为压力（垂直作用于表面）和剪力（平行作用于表面）两类。

静止流体只受到质量力和压力的作用，而流动流体则同时受到质量力、压力和剪力的作用。

1.2.3　流体流动的考察方法

1.2.3.1　流体的连续介质模型

该模型假定流体是由连续分布的许多流体质点所组成，流体的物理性质及运动参数在空间连续分布，可用连续函数的方法加以描述。

1.2.3.2　流体流动的描述方法

（1）拉格朗日法。跟踪质点，描述其运动参数（位移、速度等）随时间的变化规律。研究流体质点的运动轨线即采用此法。

（2）欧拉法。在固定空间位置上观察流体质点的运动状况（如空间各点的速度、压强、密度等）。流体的流线即由此法观察而获得。

1.2.4 稳态流动与非稳态流动

在流动系统中，各截面上流体的有关参数（物性、流速、压强等）仅随位置而变，不随时间而变的流动称为稳态流动。流体流动的有关参数随位置和时间均发生变化，则称为非稳态流动。

本章重点讨论不可压缩牛顿型黏性流体在管内的连续稳态流动。

1.3 流体静力学基本方程式

1.3.1 流体的密度与静压强

1.3.1.1 流体的密度

单位体积流体所具有的流体质量称为密度，以 ρ 表示，单位为 kg/m^3。

（1）液体的密度基本上不随压强而变化，随温度略有改变，可视为不可压缩流体。纯液体密度值可查相关手册。混合液的密度，以 1kg 为基准，可按下式估算，即

$$\frac{1}{\rho_m} = \frac{a_1}{\rho_1} + \frac{a_2}{\rho_2} + \cdots + \frac{a_n}{\rho_n} \tag{1-1}$$

（2）气体的密度随压强和温度而变，为可压缩流体。可当作理想气体处理时，用下式估算，即

$$\rho = \frac{pM}{RT} \tag{1-2}$$

对于混合气体，可用平均摩尔质量 M_m 代替式（1-2）中的 M，即

$$M_m = M_{1-1} + M_{2-2} + \cdots + M_{n-n} \tag{1-3}$$

1.3.1.2 流体的静压强

垂直作用于流体单位面积上的表面力称为流体的静压强，简称压强，以 p 表示，单位为 Pa。

在连续静止的流体内部，压强为位置的函数，任一点的压强与作用面垂直，且在各个方向都具有相同的数值。

压强可有不同的表示方法：

（1）根据压强基准选择的不同，可用绝对压强、表压强、真空度（负表压）表示。表压强和真空度分别用压强表和真空表测量。

表压强＝绝对压强－大气压强；真空度＝大气压强－绝对压强。

（2）工程上常采用液柱高度 h 表示压强，其关系式为

$$p = \rho g h \tag{1-4}$$

1.3.2 流体静力学基本方程式

当流体在重力和压力作用下达到平衡时，静止流体内部压强变化的规律遵循流体静力学基本方程式所描述的关系。

1.3.2.1 基本方程式的表达形式

对于不可压缩流体，ρ 为常数，则有

$$\frac{p_1}{\rho} + gZ_1 = \frac{p_2}{\rho} + gZ_2 \tag{1-5a}$$

或

$$p_2 = p_1 + \rho g(Z_1 - Z_2) \tag{1-5b}$$

1.3.2.2 适用条件及意义

流体静力学基本方程式只适用于在重力场作用下静止的连通着的同一种连续的流体，其物理意义为：

（1）总势能守恒。在同一种静止流体中不同高度的流体微元，其静压能和位能各不相同，但其总势能却保持恒定。

（2）等压面。当液面上方压强 p_0 一定时，p 的大小是液体密度 ρ 和深度 h 的函数。在静止的、连续的同一种液体内，处于同一水平面上各点的压强处处相等。

（3）传递定律。当 p_0 变化时，液体内部各点的压强 p 也发生同样大小的变化。

（4）液柱高度表示压强或压强差可得

$$\frac{p - p_0}{\rho g} = h \tag{1-5c}$$

一定高度的液柱可以说明压强差（或压强），但必须注明是何种液体。

1.3.3 流体静力学基本方程式的应用

以流体静力学基本方程式为依据可设计出各种液柱压差计、液位计，可进行液封高度计算，可根据 $\frac{p}{\rho} + gz$ 的大小判断流向。但需特别注意，U 形管压差计读数反映的是两测量点位能和静压能两项和的差值。应用静力学基本方程式还应注意压强的表示方法（绝对压强、表压强与真空度）及不同单位之间的换算关系。应用静力学基本方程式进行计算时，最关键的是等压面的准确选取。

1.4 流体流动计算方程

1.4.1 连续性方程

在稳态流动系统中，对直径不同的管段做物料衡算，以 1s 为基准，则得到

$$q_m = u_1 A_1 \rho_1 = u_2 A_2 \rho_2 = \cdots = uA\rho = 常数 \tag{1-6}$$

当流体可视为不可压缩流体时，ρ 可取作常数，则有

$$q_v = u_1 A_1 = u_2 A_2 = \cdots = uA = 常数 \tag{1-7}$$

下标 1、2 分别代表 1—1 与 2—2 截面。

应用连续性方程时，应注意如下两点：

（1）在衡算范围内，流体必须是连续的，即流体充满管道，并连续不断地从上游截面流到下游截面。

（2）连续性方程反映了稳态流动系统中，流量一定时，管路各截面上流速随管径的变化规律。此规律与管路的安排和管路上是否装有管件、阀门及输送机械无关。这里流速是指单位管道横截面上的体积流量，即

$$u = q_v / A \tag{1-8}$$

对于不可压缩流体，流速和管径的关系为

$$\frac{u_1}{u_2} = \left(\frac{d_1}{d_2}\right)^2 \tag{1-9}$$

当流量一定且选定适宜流速时，利用连续性方程求算管路直径，即

$$d = \sqrt{\frac{q_v}{0.785u}} \tag{1-10}$$

1.4.2 伯努利方程

推导伯努利方程的思路是：从解决流体输送问题的实际需要出发，采取逐渐简化的方法，即进行流动系统的总能量衡算（包括热能和内能）、流动系统的机械能衡算（消去热能和内能）、不可压缩流体稳态流动的机械能衡算。1kg 流动流体具有的各项能量（J/kg）如表 1-1 所示。

表 1-1　1kg 流动流体具有的能量

系统	内能	位能	动能	静压能	加入热量	加入功
输出系统	U_1	gZ_1	$u_1^2/2$	$p_1 v_1$	Q_e	W_e
输入系统	U_2	gZ_2	$u_2^2/2$	$p_2 v_2$		

注：下标 1、2 分别表示两个截面。

1.4.2.1 具有外功、不可压缩黏性流体稳态流动的伯努利方程

以 1kg 流体为基准，不可压缩黏性流体稳态流经输送系统的伯努利方程为

$$gZ_1 + \frac{p_1}{\rho} + \frac{u_1^2}{2} + W_e = gZ_2 + \frac{p_2}{\rho} + \frac{u_2^2}{2} + \sum h_f \tag{1-11}$$

式中，W_e 为输送机械对 1kg 流体所做的有效功，或 1kg 流体从输送机械获得的有效能量；式中各项单位均为 J/kg。

当流体不流动时，$u=0$，$\sum h_f = 0$，也不需要加入外功，于是得到

$$gZ_1 + \frac{p_1}{\rho} = gZ_2 + \frac{p_2}{\rho}$$

1.4.2.2 理想流体的伯努利方程

理想流体做稳态流动时不产生流动阻力，即 $\sum h_f = 0$，若又无外功加入，即 $W_e = 0$，则式（1-11）变为

$$gZ_1 + \frac{p_1}{\rho} + \frac{u_1^2}{2} = gZ_2 + \frac{p_2}{\rho} + \frac{u_2^2}{2} \tag{1-12}$$

此式表明，理想流体做稳态流动时，任一截面上 1kg 流体所具有的位能、静压能与动能之和为恒定值。

1.4.2.3　伯努利方程的讨论

（1）伯努利方程的适用条件：不可压缩流体稳态、连续的流动。

（2）理想流体的机械能守恒和转化：1kg 理想流体流动时的总机械能 $E=gZ+\dfrac{p}{\rho}+\dfrac{u^2}{2}$ 是守恒的，但不同形式的机械能可以互相转化。

（3）注意区别式（1-11）中各项能量所表示的意义，式中的 gZ、$u^2/2$、p/ρ 指某截面上 1kg 流体所具有的能量；$\sum h_f$ 为两截面间沿程的能量消耗，它不可能再转化为其他机械能；W_e 是 1kg 流体在两截面间获得的能量。由 W_e 可选择输送机械并计算其有效功率，即

$$N_e=W_e q_m \tag{1-13}$$

若已知输送机械的效率 η，则可计算轴功率，即

$$N=\frac{N_e}{\eta} \tag{1-14}$$

（4）伯努利方程的恒算基准以 1kg 流体为基准，若以 1N 流体为基准，则可得到

$$H_e=\Delta Z+\frac{\Delta u^2}{2g}+\frac{\Delta p}{\rho g}+H_f$$

式中，H_e 为输送机械的有效压头；H_f 为压头损失；ΔZ、$\Delta u^2/2g$、$\Delta p/\rho g$ 分别为位压头、动压头和静压头；各项单位为 J/N 或 m。

（5）伯努利方程的推广。

可压缩流体的流动：若所取系统中两截面间气体的压强变化小于原来绝对压强的 20%，则用两截面间流体的平均密度 ρ_m 代替式（1-11）与式（1-12）中的 ρ。

非稳态流动：对于非稳态流动的任一瞬间，伯努利方程式仍成立。

1.5　流体流动阻力

本节通过简要分析解决管截面上的速度分布特点及流动阻力的计算。

1.5.1　两种流型

1.5.1.1　雷诺实验及雷诺数

为了研究流体流动时内部质点的运动情况及影响因素，雷诺于 1883 年设计了雷诺实验。通过实验观察到随流体质点速度的变化流体显示出两种基本流型——层流和湍流。实验中发现有三种因素影响流型，即流体的性质（主要 ρ、μ）、管径（d）及流速（u）。雷诺数是一个无因次数群：

$$Re=\frac{du\rho}{\mu}$$

无论采用何种单位制，只要各物理量单位一致，所得 Re 值必相同。其数值反映流体流动的惯性力与黏性力的比值，即流体质点的湍动程度，并作为流动类型的判据。根据经验，当 $Re\leqslant2000$ 时为层流；当 $Re>4000$ 时，按湍流处理；而 $2000<Re\leqslant4000$ 属于过渡区，有可能是层流，有可能是湍流。

1.5.1.2 牛顿黏性定律及流体的黏性

当流体在管内滞流流动时，内摩擦应力可用牛顿黏性定律表示，即

$$\tau = \mu \frac{\mathrm{d}u}{\mathrm{d}y} \tag{1-15a}$$

在流变图上标绘 τ-$\mathrm{d}u/\mathrm{d}y$ 关系为通过原点的直线，直线的斜率为流体的黏度 μ。黏性只有在流体流动时才会表现出来。

遵循牛顿黏性定律的流体为牛顿型流体，所有气体和大多数液体属于这一类体。不服从牛顿黏性定律的流体则为非牛顿型流体，如假塑性流体、胀塑性流体及宾汉塑性流体均属这一类流体。

由式（1-15a）可得到流体动力黏度（简称黏度）的表达式，即

$$\mu = \tau / \left(\frac{\mathrm{d}u}{\mathrm{d}y} \right) \tag{1-15b}$$

促使流体流动产生单位速度梯度的剪应力即流体的黏度，它是流体的物理性质之一。不同单位制下的黏度要进行单位换算，如 $1\mathrm{cP} = 0.01\mathrm{P} = 1 \times 10^{-3}\,\mathrm{Pa \cdot s}$。

1.5.1.3 层流与湍流的比较（表1-2）

表1-2　两种流型的比较

流型	层流	湍流
判据	$Re \leqslant 2000$	$Re > 4000$
质点运动情况	沿轴向做直线运动,不存在横向混合和质点碰撞	无规则杂乱运动,质点碰撞和剧烈混合,脉动是湍流的基本特点
管内速度分布	抛物线方程为 $u = \frac{1}{2} u_{\max}$;壁面处 $u_w = 0$,管中心为 $u_{\max}$	碰撞和混合使速度平均化即 $u \approx 0.8 u_{\max}$;壁面处 $u_w = 0$,管中心为 $u_{\max}$
边界层	层流层厚度等于管路半径	层流底层—缓冲层—湍流层
直管阻力	黏性内摩擦力,即牛顿黏性定律 $\tau = \mu \frac{\mathrm{d}u}{\mathrm{d}y}$	黏性应力+湍流应力,即 $\tau = (\mu + e)\frac{\mathrm{d}u}{\mathrm{d}y}$($e$ 为涡流黏度,不是物性,与流动状况有关)

注：流体在圆管进口段内的流动完成了边界层的形成和发展过程。边界层在管中心汇合时，边界层厚度等于管路半径，继而进入完全发展的流动阶段。

当边界层在管中心汇合时，若边界层内为层流，则管内流动为层流，即整个边界层均为层流层；若边界层为湍流，则管内流动为湍流。湍流时边界内存在滞流内层、缓冲层及湍流区，流速越大，湍动越激烈，层流内层越薄，流动阻力也越大。边界层的分离，加大了流体流动的能量损失，除黏性阻力外，还增加了形体阻力，二者总称局部阻力。测量管内流动参数（流速、压强等）的仪表应安装在进口段以后的完全发展流动阶段上。

1.5.2　流体在管内的流动阻力

流体在管内的流动阻力由直管阻力和局部阻力两部分构成，即

$$\sum h_{\mathrm{f}} = h_{\mathrm{f}} + h_{\mathrm{f}}' \tag{1-16}$$

阻力产生的原因是流体具有黏性，流动时产生内摩擦，固体表面促使流体流动时其内部发生相对运动，提供了流动阻力产生的条件。流动阻力的大小与流体性质（ρ、μ）、壁面粗糙度（ε 或 ε/d）及流动状况（u 或 Re）有关。

流动阻力消耗了机械能，引起的压强的降低，称为压强降（压降），用 Δp_{f} 表示。注意区别压强降 Δp_{f} 与两个截面间的压强差（压差）Δp 的概念。

1.5.2.1 流体在直管中的流动阻力

（1）直管阻力通式。

流体以速度 u 在管路直径为 d、管长为 l 的直管内做稳态流动，则通过流动流体受力的平衡可推得计算直管阻力的通式为

$$h_{\mathrm{f}} = \frac{\Delta p_{\mathrm{f}}}{\rho} = \lambda \frac{l}{d} \times \frac{u^2}{2} \tag{1-17}$$

式（1-17）称范宁公式，此式对层流与湍流均适用。湍流情况下，一般摩擦系数是 Re 和管壁相对粗糙度 ε/d 的函数（ε 为管壁绝对粗糙度，m）。利用式（1-17）计算 h_{f}，关键是要找出 λ。

（2）滞流时的摩擦系数 λ。

滞流时 λ 仅是 Re 的函数而与 ε/d 无关，因而可用解析法找出 λ 与 Re 的关系。

滞流时管截面上的速度分布方程式为

$$u_{\mathrm{r}} = \frac{\Delta p_{\mathrm{f}}}{4\mu l}(R^2 - r^2) \tag{1-18a}$$

由式（1-18a）可得出如下几点结论：

流体在管内做滞流流动时，速度分布为抛物线方程。

在管中心线上，$r=0$，速度为最大，$u_{\max} = \dfrac{\Delta p_{\mathrm{f}}}{4\mu l} R^2$。

在管壁处，$r=R$，速度为零。

管截面上的平均速度为管中心处最大速度的 $1/2$，即

$$u = \frac{\Delta p_{\mathrm{f}}}{8\mu l} R^2 = \frac{1}{2} u_{\max} \tag{1-18b}$$

将 $d=2R$ 代入式（1-18b），并整理可得哈根-泊肃叶公式，即

$$\Delta p_{\mathrm{f}} = \frac{32 l u \mu}{d^2} \tag{1-19}$$

式（1-19）表明，滞流时压强降或能量损失与速度的一次方成正比，化简得到

$$\lambda = 64/Re \tag{1-20}$$

（3）湍流时的摩擦系数 λ（因次分析法）。

由于影响湍流流动阻力的因素具有复杂性，需采用实验研究方法。指导实验研究的理论基础是因次分析。因次分析的基础是因次一致原则和 π 定理，其实质是用无因次数群代替物理变量，以减少实验工作量，关联数据的工作也会有所简化，并且有利于实验结果的相似推广。但需注意，经过因次分析得到无因次数群的函数式后，尚需通过实验确定具体的经验关联式或半理论公式，即因次分析不能代替实验。

对于水力光滑管，当 $Re = 3000 - 1 \times 10^5$ 时，实验测得

$$\lambda = \frac{0.3164}{Re^{0.25}} \tag{1-21}$$

（4）非圆形管的当量直径。

流体在非圆形管内做稳态流动时，其阻力损失仍可用式（1-17）计算，但应将式中及 Re 中的圆管直径 d 以当量直径 d_e 来代替，即

$$d_e = 4r_H \tag{1-22}$$

$$r_H = 流通截面积/润湿周边长 \tag{1-23}$$

1.5.2.2 局部阻力

为克服局部阻力所引起的能量损失有两种计算方法，即局部阻力系数法和当量长度法，其计算公式为

$$h'_f = \xi \frac{u^2}{2} \tag{1-24}$$

$$及 \quad h'_f = \lambda \frac{l_e}{d} \times \frac{u^2}{2} \tag{1-25}$$

常用管件、阀门、突然扩大或缩小的局部阻力系数 ξ 值或当量长度 l_e 值可查有关教材。在工程计算中，一般取入口的局部阻力系数 ξ 值为 0.5，而出口的局部阻力系数 ξ 值为 1.0。

（1）若流动系统的下游截面取在管道出口，则伯努利方程式中的动能项和出口阻力二者只能取一个。即截面选在出口内侧，取动能项；截面选在出口外侧，取出口阻力，出口阻力系数 ξ 值即为 1.0。

（2）用式（1-24）或式（1-25）计算突然扩大或突然缩小的局部阻力时，式中的 u 均应取细管中的小流速值。

1.5.2.3 管路系统的总能量损失

$$\sum h_f = (\lambda \frac{l + \sum l_e}{d} + \sum \xi) \frac{u^2}{2} \tag{1-26}$$

想要减小管路系统总能量损失，可采取合理布局，尽量减小管长，少装不必要的管件、阀门，适当加大管径及尽量选用光滑管等措施。

1.6 管路计算

（1）设计型计算：即给定输送任务，设计合理的输送管路系统，关键是选定管径。
（2）操作型计算：对给定的管路系统求流量或对规定的输送流速计算压强降或有效功。

1.6.1 简单管路计算

简单管路是由相同直径或不同直径管段串联而成的管路。流体通过各管段的流量相等，总能量损失等于各管段损失之和。

1.6.2 并联管路计算

主管总流量等于各并联管段流量之和，即

$$V = V_1 + V_2 + V_3 \tag{1-27}$$

各并联管段的压强降相等，即

$$\sum \Delta p_{f,1} = \sum \Delta p_{f,2} = \sum \Delta p_{f,3} \tag{1-28}$$

各并联管段中流量分配按等压降原则计算，即

$$V_1 : V_2 : V_3 = \sqrt{\frac{d_1^5}{\lambda_1 (l + l_e)_1}} : \sqrt{\frac{d_2^5}{\lambda_2 (l + l_e)_2}} : \sqrt{\frac{d_3^5}{\lambda_3 (l + l_e)_3}} \tag{1-29}$$

1.6.3　分支管路计算

主管总流量等于各支管流量之和，即

$$V = V_1 + V_2 \tag{1-30}$$

单位质量流体在各支管流动终了时的总机械能与能量损失之和相等，即

$$g Z_1 + \frac{p_1}{\rho} + \frac{u_1^2}{2} + \sum h_{f,0-1} = g Z_2 + \frac{p_2}{\rho} + \frac{u_2^2}{2} + \sum h_{f,0-2} \tag{1-31}$$

1.7　流量测量

1.7.1　变压差（定截面）流量计

测速管（皮托管）、孔板流量计、文丘里流量计等均属变压差流量计。其中，除测速管测量点速度以外，其余两种测得的均是管截面上的平均速度。

对这类流量计，若采用 U 形管液柱压差计读数 R 表示压强差，则流量通式可写作

$$q_v = C A_0 \sqrt{\frac{2 \Delta p}{\rho}} = C A_0 \sqrt{\frac{2 R (\rho_A - \rho) g}{\rho}} \tag{1-32}$$

式中，C 为测速管的校正系数，标准测速管取 1；A_0 为孔板小孔的截面积；ρ_A 为指示液的密度。

1.7.2　变截面（恒压差）流量计

转子流量计读取流量方便，直观性好，能量损失小，测量范围宽，可用于腐浊性流体的测量，但不能用于高温高压的场合，且安装的垂直度要求较高。转子流量计的流量公式为

$$q_v = C_R A_R \sqrt{\frac{2 V_f (\rho_f - \rho) g}{A_f \rho}} \tag{1-33}$$

式中，C_R 为流量系数，其值接近于 1；A_R 为转子与锥形管环隙处截面积；V_f 为转子体积；A_f 为最大部分的截面积；ρ_f 为转子的密度。

◆ **本章小结**

本章主要内容包括：流体流动现象、流体的物理性质、流体静力学基本方程、流体流动计算方程、流体流动阻力、管路计算和流量测量等 7 小节内容。

1.8 例题

本节主要讨论用伯努利方程和连续性方程解流体流动问题的方法和步骤，以加深对基本理论的理解，提高解题技巧。应用伯努利方程解题的步骤如下：

（1）根据题意绘出流程示意图，标明流体流动方向。

（2）确定衡算范围，选取上、下游截面，选取截面的原则是：首先，两截面均应与流体流动方向相垂直；其次，两截面之间流体必须是连续的；再次，待求的物理量应该在某截面上或两截面间出现；最后，截面上的已知条件最充分，且两截面上的 u、p、Z 与两截面间的 $\sum h_f$ 都应相互对应一致。

（3）选取基准面，基准面可以选择地面或者与地面平行的面，对于水平管道，则基准面可选管道中心线所在的平面。

（4）各物理量必须采用统一单位制，同时，两截面上压强的表示方法（绝对压强、表压强或真空度）要一致。

[例 1-1] 为测定敞口储油罐内油面的高度，在罐底部装一 U 形管压差计，如例 1-1 附图所示。指示液为汞，其密度为 ρ_A，油的密度为 ρ，U 形管 B 侧指示液面上充以高度为 h_1 的同一种油。当储油罐内油面高度为 H_1 时，U 形管指示液面差为 R。试计算，当储油罐内油面下降高度为 H_m 时，U 形管 B 侧指示液面下降高度 h 为多少？

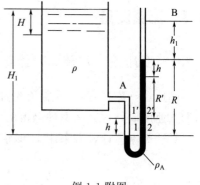

例 1-1 附图

解：该题为应用静力学基本方程进行液位测量。解题的关键是确定等压面，然后列出静力学基本方程式。当储油罐内油面高度为 H_1 时，等压面为 1—2 面（静止的、连续的同一种液体处于同一水平面上各点的压强相等），则静力学平衡关系为

$$H_1 \rho g = R \rho_A g + h_1 \rho g \tag{1}$$

当储油罐内液面下降 H 时，U 形管 B 侧油汞交界面下降 h（h_1 不变），A 侧指示液面同时上升 h，压差计读数 $R' = R - 2h$，新的等压面为 $1'—2'$ 面，此时静力学平衡关系为

$$(H_1 - H - h) \rho g = (R - 2h) \rho_A g + h_1 \rho g \tag{2}$$

联立式（1）与式（2）并整理得到

$$h = \frac{\rho}{2\rho_A - \rho} H$$

[例 1-2] 气体流经一段直管的压强降为 160Pa，拟分别用 U 形管压差计及双杯式微差压差计测该压强降。U 形管中采用 ρ_A 为 1594kg/m³ 的四氯化碳为指示液，微差压差计采用 $\rho_1 = 877$kg/m³ 的酒精水溶液和 $\rho_2 = 830$kg/m³ 的煤油作为指示液。微差压差计液杯的直径 $D = 80$mm，U 形管直径 $d = 6$mm，装置情况如例 1-2 附图（a）、（b）所示。试求：

（1）U 形管压差计的读数 R_1 为多少？若读数误差为 ±0.5mm，测量相对误差为多少？

（2）考虑杯内液面的变化，微差压差计的读数 R_2 为多少？读数误差仍为 ±0.5mm，测量相对误差为多少？

（3）忽略杯内液位的变化引起的误差为多少？

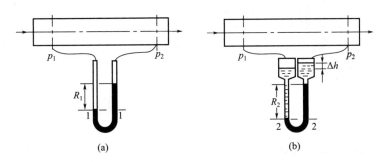

例 1-2 附图

解：（1）U 形管压差计的读数和误差。

该题为较小压强降的测量，已知压强降求压差计读数。计算时可忽略气柱对读数的影响。

图（a）中 1—1 为等压面，依据压强的平衡关系得

$$p_1 = R_1 \rho_A g + p_2$$

$$R_1 = \frac{p_1 - p_2}{\rho_A g} = \frac{160}{1594 \times 9.807} = 0.0102 \, \text{m} = 10.2 \, \text{mm}$$

所得结果的相对误差为

$$\frac{2 \times 0.5}{10.2} \times 100\% = 9.8\%$$

（2）微差压差计的读数和误差。

微差压差计未连到管段之前，两侧指示液面位于同一水平面。接到管路上之后，U 形管中读数 R_2，同时两侧液面相差 $\Delta h = \left(\dfrac{d}{D}\right)^2 R_2$，等压面为 2—2，根据静压强平衡可得

$$p_1 - p_2 = R_2(\rho_1 - \rho_2)g + \Delta h \rho_2 g = R_2(\rho_1 - \rho_2)g + \left(\frac{d}{D}\right)^2 \rho_2 g R_2$$

$$R_2 = \frac{160}{(877 - 830) \times 9.807 + \left(\dfrac{6}{80}\right)^2 \times 830 \times 9.807} = 0.316 \, \text{m} = 316 \, \text{mm}$$

所得结果的相对误差为

$$\frac{2 \times 0.5}{316} \times 100\% = 0.32\%$$

（3）忽略杯内液位变化所引起的误差。

根据读数 R_2 可求得忽略杯内液位变化所引起的误差为

$$(p_1 - p_2)' = R_2(\rho_1 - \rho_2)g = 0.316 \times (877 - 830) \times 9.807 = 145.7 \, \text{Pa}$$

引起的相对误差为

$$\frac{160 - 145.7}{160} \times 100\% = 8.94\%$$

［例 1-3］ 某化工厂的湿式气柜如例 1-3 附图所示内径为 9m，钟罩总质量为 14t，试求：

（1）气柜内气体压强（Pa）为多少才能使气柜浮起？（忽略钟罩所受浮力）

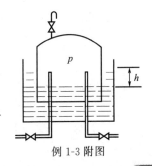

例 1-3 附图

（2）气柜内气体量增加时，气体的压强如何变化？

（3）钟罩内外水位差是多少米？

解：本题为液封装置，依靠钟罩本身的质量维持气柜内气体的恒定压强。

（1）气柜内气体的压强。

$$p = \frac{mg}{A} = \frac{14 \times 10^3 \times 9.807}{\frac{\pi}{4} \times 9^2} = 2158 \text{Pa}$$

（2）气柜内气体压强的变化。

气柜内气体量增加，气体压强不变，恒为 2158Pa。

（3）钟罩内外的水位差。

$$p = h\rho g$$

$$h = \frac{p}{\rho g} = \frac{2158}{1000 \times 9.807} = 0.22 \text{m}$$

结果表明，气柜内气体的压强为单位面积上所受到钟罩的重力，气体量的变化并不改变压强的大小，钟罩内外的水位差也不随气体量的多少而改变。

[**例 1-4**] 如例 1-4 附图所示，在管径为 45mm×3mm 的管路上装一文丘里管，文丘里管的上游接一压强表，其读数为 137.5kPa，压强表轴心与管中心线的垂直距离为 0.3m，管内水的流速为 $u_1 = 1.3 \text{m/s}$，文丘里管的喉径为 10mm，文丘里管喉部接一内径为 20mm 的玻璃管，玻璃管下端插入水池中，池内水面到管中心线的垂直距离为 3.0m。若将水视为理想流体，试判断水池中水能否被吸入管中，若能吸入，每小时吸入的水量为多少立方米？

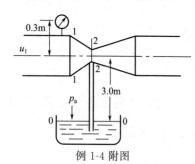

例 1-4 附图

解：由于将水视为理想流体，故可忽略流动阻力，采用理想流体的伯努利方程式进行计算。两截面和基准面的选取如图中所示。

2—2 截面上的平均流速可由连续性方程计算，即

$$u_2 = \left(\frac{d_1}{d_2}\right)^2 u_1 = \left(\frac{39}{10}\right)^2 \times 1.3 = 19.77 \text{m/s}$$

在 1—1 与 2—2 两截面之间列伯努利方程为

$$\frac{u_1^2}{2} + \frac{p_1}{\rho} = \frac{u_2^2}{2} + \frac{p_2}{\rho}$$

$$\frac{p_2}{\rho} = \frac{u_1^2}{2} + \frac{p_1}{\rho} - \frac{u_2^2}{2} = \frac{137.5 \times 10^3 + 0.3 \times 1000 \times 9.807}{1000} + \frac{1.3^2}{2} - \frac{19.77^2}{2}$$

$$= -54.14 \text{J/kg}$$

2—2 截面总势能（位能与静压能之和）为

$$\frac{p_2}{\rho} + Z_2 g = -54.14 + 3 \times 9.807 = -24.72 \text{J/kg}$$

若以池面和大气压（表压）为基准，则池面上的总势能 $\left(\frac{p_a}{\rho} + Z_0 g\right)$ 为零，由于 $\left(\frac{p_a}{\rho} + Z_0 g\right) > \left(\frac{p_2}{\rho} + Z_2 g\right)$，故水池中的水能够被吸入管路中。

欲求每小时从池中吸入管路中水的量，需在池面和玻璃管出口内侧之间列伯努利方程式，以求玻璃管中水的流速，即

$$Z_0 g + \frac{u_0^2}{2} + \frac{p_a}{\rho} = Z_2 g + \frac{p_2}{\rho} + \frac{(u_2')^2}{2}$$

将有关数据代入得

$$0 = -24.72 + \frac{(u_2')^2}{2}$$

$$u_2' = 7.031 \text{m/s}$$

所以 $q_h = 3600 \times 7.031 \times \frac{\pi}{4} \times 0.020^2 = 7.952 \text{m}^3/\text{h}$

在求算玻璃管内水的流速时，在 2—2 截面上管路中水的流速对玻璃管不产生速度分量，因而，于池面与玻璃管出口内侧之间列伯努利方程时，不出现管路中水平速度这一项。

一般情况下，压强表连管比较短，计算压强时往往忽略连管中液柱静压强的影响，但在本例及某些情况下，连管较长，应考虑连管中液柱静压强的影响，使计算结果更为准确。

[**例 1-5**] 在例 1-5 附图所示的管路系统中装一球心阀和一压强表，高位槽内液面恒定且高出管路出口 8m，压强表轴心距管中心线的距离 $h = 0.3$m，假定压强表及连管中充满液体。试求：

(1) 球心阀在某一开度、管内流速为 1m/s 时，压强表的读数为 58kPa，则各管段的阻力损失 $h_{f,AC}$、$h_{f,AB}$、$h_{f,BC}$ 及阀门的局部阻力系数 ξ 为多少（忽略 BC 管段的直管阻力）？

(2) 若调节阀门开度使管内流量加倍，则 $h_{f,AC}$、$h_{f,AB}$、$h_{f,BC}$ 及 ξ 将如何变化？此时压强表的读数为多少（kPa）？

假设阀门开大前后流动均在阻力平方区，液体密度可取 1000kg/m^3。

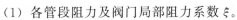

解：本题讨论通过改变阀门开度调节管路系统流量，从而改变阀门局部阻力和直管阻力分配关系。为了便于比较，下游截面选择管路出口外侧。截面和基准面的选取如本题附图所示。

例 1-5 附图

(1) 各管段阻力及阀门局部阻力系数 ξ。

在 1—1 与 2—2 截面之间列伯努利方程得

$$g Z_1 = h_{f,AC} + \frac{u_2^2}{2} \quad (u_2 \approx 0)$$

$$h_{f,AC} = g Z_1 = 9.807 \times 8 = 78.46 \text{ J/kg}$$

在 1—1 与 B—B 截面之间列伯努利方程，整理可得

$$h_{f,AB} = g Z_1 - \frac{p_B}{\rho} - \frac{u_B^2}{2} = 9.807 \times 8 - \frac{58 \times 10^3 + 0.3 \times 1000 \times 9.807}{1000} - \frac{1^2}{2}$$

$$= 17.02 \text{J/kg}$$

在 B—B 与 2—2 截面之间列伯努利方程得

$$h_{f,BC} = \frac{p_B}{\rho} + \frac{u_B^2}{2} = \frac{58 \times 10^3 + 0.3 \times 1000 \times 9.807}{1000} + \frac{1^2}{2} = 61.44 \text{J/kg}$$

因可忽略 BC 之间的直管阻力，则

$$h_{f.BC} = \xi \frac{u_B^2}{2}$$

$$\xi = \frac{2h_{f.BC}}{u_B^2} = \frac{2 \times 61.44}{1^2} = 122.9$$

（2）管内流量加倍后各有关参数的变化。

当管内流量加倍时，管内流速相应加倍，即

$$u_2' = 2 \times 1 = 2\text{m/s}$$

在1—1与2—2两截面之间列伯努利方程，可得到

$$h_{f.AC}' = 9.807 \times 8 = 78.46\text{J/kg}$$

因流动在阻力平方区，λ 不随 Re 而变，故

$$h_{f.AB}' = h_{f.AB}\left(\frac{u_2'}{u_1}\right)^2 = 17.02 \times 4 = 68.08\text{J/kg}$$

$$h_{f.BC}' = h_{f.AC}' - h_{f.AB}' = 78.46 - 68.08 = 10.38\text{J/kg}$$

$$\xi = \frac{2h_{f.BC}'}{(u_2')^2} = \frac{2 \times 10.38}{2^2} = 5.19$$

$$\frac{p_B' + 0.3 \times 1000 \times 9.807}{1000} + \frac{(u_2')^2}{2} = h_{f.BC}'$$

$$p_B' = (10.38 - 2) \times 1000 - 2942 = 5438\text{Pa} = 5.44\text{kP}$$

结果表明，对于液面恒定的高位槽管路系统，管路总阻力（含出口阻力）恒等于推动力，不随管内流速而变；当管路上阀门开度变大、管内流速加大时，直管阻力加大，阀门局部阻力变小，局部阻力系数 ξ（或当量长度 l_e）随之变小。由于沿程阻力加大，压强表的读数必然变小。反之，管路下游阀门关小，上游压强上升。

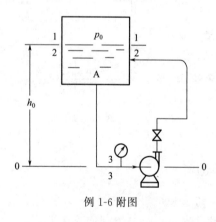

例1-6附图

［例1-6］ 如例1-6附图所示为液体循环系统，即液体由密闭容器A进入离心泵，又由泵送回容器A。液体循环量为2.8m³/h，液体密度为750kg/m³；输送管路系统为内径25mm的碳钢管，从容器内液面至泵入口的压头损失为0.55m，泵出口至容器A液面的全部压头损失为1.6m，泵入口处静压头比容器A液面上方静压头高出2m，容器A内液面恒定。试求：

（1）管路系统要求的泵的压头 H_e；

（2）容器A中液面至泵入口的垂直距离 h_0。

解：在图示的流体系统中，液体从A中液面起流入泵入口，然后又从泵流入容器A，即1—1与2—2两截面重合，截面与基准面的选取如本题附图所示。

（1）系统要求的泵的压头 H_e。

在1—1与2—2两截面之间列伯努利方程得

$$\frac{p_1}{\rho g} + \frac{u_1^2}{2g} + Z_1 + H_e = \frac{p_2}{\rho g} + \frac{u_2^2}{2g} + Z_2 + \sum H_f$$

式中 $p_1 = p_2 = p_0$，$u_1 = u_2$，$Z_1 = Z_2$。

故 $H_e = \sum H_f = 0.55 + 1.6 = 2.15\text{m}$。

（2）液面高度 h_0。

在 1—1 与 3—3 两截面之间列伯努利方程得

$$h_0 + \frac{p_0}{\rho g} + \frac{u_1^2}{2g} = Z_3 + \left(\frac{p_0}{\rho g} + 2\right) + \frac{u_3^2}{2g} + \sum h_{f,1-3}$$

式中 $Z_3 = 0$，$u_1 \approx 0$。

$$u_3 = \frac{2.8}{3600 \times \frac{\pi}{4} \times 0.025^2} = 1.584 \text{m/s}$$

所以 $h_0 = 2 + \frac{1.584^2}{2 \times 9.807} + 0.55 = 2.68 \text{m}$。

[例 1-7] 用离心泵将蓄水池中 20℃ 的水送到敞口高位槽中，如例 1-7 附图所示，管路为 $\phi 57 \text{mm} \times 3.5 \text{mm}$ 的光滑钢管，直管长度与所有局部阻力（包括孔板）当量长度之和为 250m。输水量用孔板流量计测量，孔径 $d_0 = 20 \text{mm}$，孔流系数为 0.61。从池面到孔面前测压点 A 截面的管长（含所有局部阻力当量长度）为 100m。U 形管中指示液为汞。摩擦系数可近似用 $\lambda = 0.3164/Re^{0.25}$ 计算，当水的流量为 $7.42 \text{m}^3/\text{h}$ 时，试求：

（1）每千克水通过泵所获得的功。

（2）A 截面 U 形管压差计的读数 R_1。

（3）孔板流量计的 U 形管压差计读数 R_2。

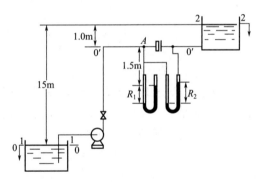

例 1-7 附图

解：该题为用伯努利方程求算管路系统所要求的有效功和管路中某截面上的压强（即 R_1），解题的关键是合理选取衡算范围。至于 R_2 的数值则由流量计的流量通式计算。

（1）有效功 W_e。

在 1—1 与 2—2 两截面之间列伯努利方程（以蓄水池水面为基准面），得到

$$W_e = g \Delta Z + \frac{\Delta u^2}{2} + \frac{\Delta p}{\rho} + \sum h_f$$

已知 $u_1 = u_2 \approx 0$，$p_1 = p_2 = 0$（表压），$Z_1 = 0$，$Z_2 = 15 \text{m}$，且有

$$u = \frac{q_h}{A} = \frac{7.42}{3600 \times (\pi/4) \times 0.05^2} = 1.05 \text{m/s}$$

20℃ 时水的密度 $\rho = 1000 \text{kg/m}^3$，黏度 $\mu = 1.0 \times 10^{-3} \text{Pa·s}$。

$$Re = \frac{du\rho}{\mu} = \frac{0.05 \times 1.05 \times 1000}{1.0 \times 10^{-3}} = 52500$$

$$\lambda = 0.3164/Re^{0.25} = 0.3164/52500^{0.25} = 0.0209$$

$$\sum h_f = \lambda \frac{l + \sum l_e}{d} \frac{u^2}{2} = 0.0209 \times \frac{250}{0.05} \times \frac{1.05^2}{2} = 57.6 \text{J/kg}$$

所以 $\qquad W_e = 15 \times 9.807 + 57.6 = 204.7 \text{J/kg}$

（2）A 截面 U 形管压差计读数 R_1。

由 A 截面与 2—2 截面之间列伯努利方程得到

$$\frac{p_A}{\rho} + \frac{u^2}{2} = Z_{A-2}g + \sum h_{f,A-2}$$

式中 $\qquad u = 1.05 \text{m/s}, \ Z_{A-2} = 1 \text{m}$

$$\sum h_{f,A-2} = 0.0209 \times \frac{250 - 100}{0.05} \times \frac{1.05^2}{2} = 34.56 \text{J/kg}$$

$$p_A = \left(Z_{A-2}g + \sum h_{f,A-2} - \frac{u^2}{2} \right) \times \rho = (9.807 \times 1 + 34.56 - 0.551) \times 1000 = 4.38 \times 10^4 \text{Pa}$$

$$p_A + (1.5 + R_1)\rho g = R_1 \rho_A g$$

所以 $\qquad R_1 = \dfrac{p_A + 1.5\rho g}{(\rho_A - \rho)g} = \dfrac{4.38 \times 10^4 + 1.5 \times 1000 \times 9.807}{(13600 - 1000) \times 9.807} = 0.474 \text{m}$

（3）U 形管压差计读数 R_2。

$$q_v = C_0 A_0 \sqrt{\frac{2R_2(\rho_A - \rho)g}{\rho}}$$

将有关数据代入上式可得

$$\frac{7.42}{3600} = 0.61 \times \frac{\pi}{4} \times 0.02^2 \times \sqrt{\frac{2 \times (13600 - 1000) \times 9.807 R_2}{1000}}$$

$$R_2 = 0.468 \text{m}$$

[例 1-8] 水通过倾斜变径管段（$A \rightarrow B$）流动，如例 1-8 附图所示。已知：内径 $d_1 = 100 \text{mm}$，内径 $d_2 = 200 \text{mm}$，水的流量 $q_h = 120 \text{m}^3/\text{h}$，在截面 A 与 B 处接一 U 形管水银压差计，其读数 $R = 28 \text{mm}$，A、B 两点之间的垂直距离 $h = 0.3 \text{m}$。试求：

（1）A、B 两截面间的压强差为多少？

（2）A、B 管段的流动阻力为多少？

（3）其他条件不变，将管路水平放置，U 形管读数 R' 及 A、B 两截面间压强差 $\Delta p'_{AB}$ 有何变化？

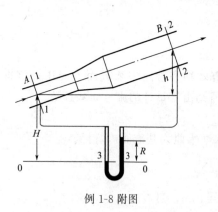
例 1-8 附图

解： 该题为流体静力学基本方程与伯努利方程联合运用，由 U 形管压差计读数推算 A、B 两截面间压强差；通过伯努利方程求算 $\sum h_{f,AB}$；计算 R' 与 $\Delta p'_{AB}$ 需静力学基本方程。

（1）A、B 两截面的压强差 Δp。

在 U 形管等压面 3—3 上列流体静力学方程得

$$p_3 = p_A + \rho g H$$

$$p'_3 = p_B + \rho g (H + h - R) + \rho_A g R$$

因 $\qquad p_3 = p'_3$

所以 $\qquad p_A + \rho g H = p_B + \rho g (H + h - R) + \rho_A g R$

整理上式得

$$p_A - p_B = \rho g h + R(\rho_A - \rho)g = 1000 \times 9.807 \times 0.3 + 0.028 \times (13600 - 1000) \times 9.807$$
$$= 6402\text{Pa}$$

（2）A、B 两截面间的流动阻力 $\sum h_f$。

以 3-3 面为基准面，在 1—1 与 2—2 两截面之间列伯努利方程得

$$gZ_1 + \frac{p_A}{\rho} + \frac{u_A^2}{2} = gZ_2 + \frac{p_B}{\rho} + \frac{u_B^2}{2} + \sum h_{f.AB}$$

整理上式得

$$\sum h_{f.AB} = g(Z_1 - Z_2) + \frac{p_A - p_B}{\rho} + \frac{u_A^2 - u_B^2}{2}$$

式中

$$Z_1 - Z_2 = -0.3\text{m}$$

$$u_A = q_s/A_1 = \frac{120 \times 4}{3600 \times \pi \times 0.1^2} = 4.244\text{m/s}$$

$$u_B = u_A \left(\frac{d_1}{d_2}\right)^2 = 4.244 \times \left(\frac{100}{200}\right)^2 = 1.061\text{m/s}$$

所以

$$\sum h_{f.AB} = -0.9807 \times 0.3 + \frac{6402}{1000} + \frac{4.244^2 - 1.061^2}{2} = 11.90\text{J/kg}$$

（3）管路水平放置的 R' 及 $\Delta p'_{AB}$。

$$p_3 = p'_A + \rho g H$$
$$p'_A = p'_B + (H - R')\rho g + R'\rho_A g$$
$$p'_A - p'_B = (p_A - p_B) - \rho g h = 6402 - 1000 \times 9.807 \times 0.3 = 3460\text{Pa}$$
$$R' = \frac{p'_A - p'_B}{(\rho_A - \rho)} = \frac{3460}{(13600 - 1000) \times 9.807} = 0.028\text{m}$$

[**例 1-9**] 用离心泵将水池内水送至高位槽，两液面恒定，其流程如例 1-9 附图所示。输水管路直径为 $\varphi 55\text{mm} \times 2.5\text{mm}$，管路系统的全部阻力损失为 49J/kg，摩擦系数 λ 可取作 0.024，汞柱压差计读数分别为 $R_1 = 50\text{mm}$ 及 $R_2 = 1200\text{mm}$，其他有关尺寸如图所标注。试计算：

（1）管内水的流速；

（2）泵的轴功率（效率约 71%）；

（3）A 截面上的表压强 p_A。

解： 利用直管阻力损失公式计算管内流速，利用伯努利方程和连续性方程分别求得 W_e 与 q_m，便可计算轴功率。

（1）管内流速 u。

对于等径管路，U 形管压差计读数 R_1 反映了水流经 AB 管段的阻力损失，由直管阻力损失计算式便可求出管内水的流速，即

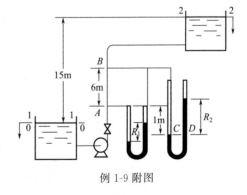

例 1-9 附图

$$R_1(\rho_A - \rho)g = \lambda \frac{l_{AB}}{d} \times \frac{u^2}{2}\rho$$

整理上式并将有关数据带入可得

$$u = \sqrt{\frac{2R_1(\rho_A - \rho)gd}{\lambda l_{AB}\rho}} = \sqrt{\frac{2 \times 0.050 \times (13600 - 1000) \times 9.807 \times 0.05}{0.024 \times 6 \times 1000}} = 2.071\text{m/s}$$

（2）轴功率 N。

截面和基准面的选取如本题附图所示。在 1-1 与 2-2 两截面之间列伯努利方程得

$$W_e = g\Delta Z + \frac{\Delta u^2}{2} + \frac{\Delta p}{\rho} + \sum h_f = 9.807 \times 15 + 0 + 0 + 49 = 196.1\text{kJ/kg}$$

由连续性方程得

$$q_m = Au\rho = \frac{\pi}{4} \times 0.05^2 \times 2.071 \times 1000 = 4.066\text{kg/s}$$

所以

$$N = \frac{W_e q_m}{\eta} = \frac{196.1 \times 4.066}{0.71} = 1123\text{W} \approx 1.12\text{kW}$$

（3）A 截面上的压强 p_A。

对第二个 U 形管压差计的等压面 C、D 列静力学基本方程得

$$p_C = p_B + \rho g\Delta h = p_B + 1000 \times 9.807 \times (6+1) = p_B + 68649\text{（表压）}$$

$$p_D = R_2\rho_A g = 1.2 \times 13600 \times 9.807 = 160050\text{Pa（表压）}$$

$$p_B = p_D - \rho g\Delta h = 160050 - 68649 = 91400\text{Pa（表压）}$$

$$p_A = p_B + \rho g h_{AB} + \rho\sum h_{f,AB}$$

$$= 91401 + 1000 \times 9.807 \times 6 + 1000 \times 0.024 \times \frac{6}{0.05} \times \frac{2.071^2}{2}$$

$$= 1.564 \times 10^5\text{Pa（表压）}$$

［例 1-10］ 在例 1-10 附图所示的实验装置上测量突然扩大的局部阻力系数值。已知水在细管中的流速为 4m/s，细管内径为 25mm，粗管内径为 50mm，两压差计读数分别为 $R_1 = 200\text{mm}$，$R_2 = 43\text{mm}$，指示液为汞。假设各直管段的流体流动阻力分别相等，即 $h_{f,1-2} = h_{f,2-0}$ 及 $h_{f,0-3} = h_{f,3-4}$，试求局部阻力系数 ξ 值。

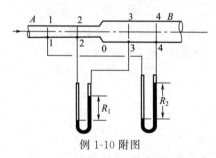

例 1-10 附图

解： U 形管压差计读数显示的是两相应截面之间动能转化及能量损失的综合结果。对于本例图示的情况，能量损失大于动能转化为静压能的值，使细管段上相应截面上总势能大于粗管对应截面上总势能。由附图可看出

$$\sum h_{f,1-4} = h_{f,1-2} + h_{f,2-0} + h_{f,0-3} + h_{f,3-4} + h_f'$$

$$\sum h_{f,2-3} = h_{f,2-0} + h_{f,0-3} + h_f'$$

显然

$$2\sum h_{f,2-3} - \sum h_{f,1-4} = h_f'$$

由 h_f' 即可求得局部阻力系数 ξ 值。

以管线中心为基准面，在 1—1 与 4—4 两截面之间列伯努利方程并简化得

$$\frac{u_1^2}{2} + \frac{p_1}{\rho} = \frac{u_4^2}{2} + \frac{p_4}{\rho} + \sum h_{f,1-4}$$

式中

$$u_4 = u_1\left(\frac{d_1}{d_2}\right)^2 = 4 \times \left(\frac{25}{50}\right)^2 = 1\text{m/s}$$

$$\frac{p_1 - p_4}{\rho} = \frac{u_4^2 - u_1^2}{2} + \sum h_{f,1-4}$$

$$p_1 - p_4 = R_2(\rho_A - \rho)g$$

所以

$$\sum h_{f,1-4} = \frac{R_2(\rho_A - \rho)}{\rho} + \frac{u_1^2 - u_4^2}{2} = \frac{0.43 \times (13600 - 1000) \times 9.807}{1000} + \frac{4^2 - 1^2}{2}$$

$$= 60.63 \text{J/kg}$$

同理　　　　$$\sum h_{f,2-3} = \frac{0.2 \times (13600 - 1000) \times 9.807}{1000} + \frac{4^2 - 1^2}{2} = 32.21 \text{J/kg}$$

$$\sum h_{f,2-3} - \sum h_{f,1-4} = 2 \times 32.21 - 60.63 = 3.79 \text{J/kg}$$

即　　　　　　　　$$h_f' = \xi \frac{u_1^2}{2} = 3.79 \text{J/kg}$$

$$\xi = 2h_f'/u_1^2 = 2 \times 3.79/4^2 = 0.474$$

食品工程原理
学习指导

第2章

流体输送机械

本章符号：

英文字母：

A——活塞的截面积，m^2；

c——离心泵叶轮内液体质点运动的绝对速度，m/s；

d——管子直径，m；

D——叶轮或活塞直径，m；

g——重力加速度，m/s^2；

H——泵的压头，m；

H_c——离心泵的动压头，m；

H_e——管路系统所需要的压头，m；

H_f——管路系统的压头损失，m；

H_g——离心泵的允许吸上（安装）高度，m；

H_p——离心泵的静压头，m；

H_s——泵在最高效率点下工作所对应的压头，m；

H_T——离心通风机的风压，Pa；

$H_{T,\infty}$——离心泵的理论压头，m；

l——长度，m；

l_e——当量长度，m；

K——绝热指数；

n——离心泵的转速，r/min；

N——泵或压缩机的轴功率，W 或 kW；

N_e——泵的有效功率，W 或 kW；

N_s——泵在最高效率点下工作所对应的轴功率，W 或 kW；

NPSH——汽蚀采量；

p——压强，Pa；

p_v——液体的饱和蒸气压，Pa；

Q——泵或风机的流量，m^3/s 或 m^3/h；

Q_e——管路系统要求的流量，m^3/s 或 m^3/h；

Q_s——泵的额定流量，$\mathrm{m^3/s}$ 或 $\mathrm{m^3/h}$；

u——流速或离心泵叶轮内液体质点的圆周速度，$\mathrm{m/s}$；

Z——位压头，m。

希腊字母：

ω——离心泵叶轮内液体质点运动的相对速度，$\mathrm{m/s}$；

ξ——阻力系数；

η——效率；

λ——摩擦系数；

μ——黏度，$\mathrm{Pa \cdot s}$；

ρ——密度，$\mathrm{kg/m^3}$。

2.1　本章学习指导

2.1.1　本章学习目的

通过学习掌握流体输送设备的结构特点、工作原理及操作特性，能够根据生产工艺要求，合理地选择和使用流体输送设备，以实现设备高效、可靠、安全地运行。

2.1.2　本章应掌握的内容

本章应重点掌握离心泵的工作原理、特性曲线和选型。同时掌握往复泵、旋涡泵等其他液体输送设备、气体输送设备的结构、工作原理及选择方式。

2.1.3　本章学习中应注意的问题

在学习过程中，加深对流体流动知识点的理解及应用。

2.2　概述

2.2.1　管路系统对流体输送机械的要求

流体输送是食品工程领域产品生产输送中最常见的单元操作之一。管路系统对输送机械有以下要求：

（1）应满足工艺上对流量及能量的要求。

（2）结构简单，重量轻，设备费低。

（3）操作效率高，操作费用低。

（4）能适应物料特性（如热敏性、腐蚀性等）要求。

2.2.2　输送机械的分类

（1）根据被输送流体的种类或状态分类。

通常将输送液体的机械称为泵，将输送气体的机械按其产生压强的高低分为：通风机、鼓风机、压缩机及真空泵。

（2）根据工作原理分类。

按照工作原理，流体输送机械大致可分为离心泵、旋涡泵、齿轮泵、螺杆泵、往复泵、计量泵、喷射泵、离心式通风机、鼓风机、压缩机、罗茨鼓风机、液环压缩机、真空泵、往复压缩机、蒸汽喷射真空泵。

2.3　离心泵

离心泵不仅因其结构简单、流量均匀、易于控制及调节、可用耐腐蚀材料制造等优点而应用广泛，而且它作为流体力学应用的一个实例，具有典型性。

2.3.1　离心泵的工作原理和基本结构

（1）工作原理。依靠高速旋转的叶轮，液体在惯性离心力作用下自叶轮中心被抛向外周并获得能量，最终体现为液体静压能的增加。离心泵无自吸力，启动前要"灌泵"，吸入管路安装单向底阀，以避免气缚现象发生。

（2）基本结构。离心泵的基本结构分为叶轮、泵壳和轴封装置。其中叶轮按机械结构分为闭式、半闭式与开式；按吸液方式分为单吸式、双吸式；按叶片形状分为后弯叶片、径向叶片及前弯叶片，离心泵采用后弯叶片。蜗牛形泵壳、后弯叶片及导向轮均可使动能有效地转化为静压能，提高泵的效率。另外，泵的轴封装置有填料函、机械（端面）密封两种。

2.3.2　离心泵的基本方程式

离心泵的基本方程式是从理论上描述在理想情况下离心泵可能达到的最大压头（又称扬程）与泵的结构、尺寸、转速及液体流量诸因素之间关系的表达式。

首先假设叶轮为具有无限多、无限薄的叶片组成的理想叶轮，被输送的是理想液体，泵内液体为稳态流动过程。按照假设，提出了速度三角形的物理模型，以离心力做功为基础，推导离心泵的基本方程式，有如下两种表达式：

$$H_{T,\infty} = \frac{u_2^2 - u_1^2}{2g} + \frac{\omega_1^2 - \omega_2^2}{2g} + \frac{c_2^2 - c_1^2}{2g} \tag{2-1a}$$

式中，下标1、2为叶片的入口和出口。

式（2-1a）说明离心泵的理论压头由两部分组成，其右边前两项代表液体流经叶轮后所增加的静压头，以 H_p 表示；右边最后一项说明液体流经叶轮后所增加的动压头，以 H_c 表示，其中有一部分转变为静压头，即

$$H_p = \frac{u_2^2 - u_1^2}{2g} + \frac{\omega_1^2 - \omega_2^2}{2g} \tag{2-2}$$

$$H_c = \frac{c_2^2 - c_1^2}{2g} \tag{2-3}$$

$$H_{T,\infty} = H_p + H_c \tag{2-1b}$$

离心泵的理论压头随叶轮转速与直径的增大而提高；离心泵的理论压头与液体密度无关，但泵出口的压强与液体密度成正比。

2.3.3　离心泵的性能参数与特性曲线

2.3.3.1　离心泵的性能参数

（1）流量 Q：离心泵在单位时间内排送到管路系统的液体体积，单位为 m³/s 或 m³/h。Q 与泵的结构、尺寸、转速等有关，还受管路特性所影响。

（2）压头 H：离心泵的压头又称扬程，它是指离心泵对单位质量（1N）液体所提供的有效能量，单位为 m。H 与泵的结构、尺寸、转速及流量有关。

（3）效率 η：效率用来反映离心泵中的容积损失、机械损失和水力损失三项能量损失的总影响，称总效率。一般小型泵的效率为 50%～70%，大型泵的效率可达 90%。

（4）有效功率 N_e 和轴功率 N：

$$N_e = HgQ\rho \tag{2-4}$$

$$N = N_e/1000\eta = HQ\rho/102\eta \tag{2-5}$$

2.3.3.2　离心泵的特性曲线

表示离心泵的压头 H、功率 N、效率 η 与流量 Q 之间关系的曲线称为离心泵的特性曲线或工作性能曲线。特性曲线是在固定转速下用 20℃ 的清水于常压下由实验测定。对于离心泵特性曲线，应掌握如下要点：

（1）每种型号的离心泵在特定转速下有其独有的特性曲线。

（2）在固定转速下，离心泵的流量和压头不随被输送流体的密度而变，泵的效率也不随密度而变，但泵的轴功率与液体密度成正比。

（3）当 $Q=0$ 时，轴功率最低，启动泵和停泵应关闭出口阀。停泵关闭出口阀还有防止设备内液体倒流、防止泵的叶轮损坏的作用。

（4）若被输送液体黏度比清水的大得多时（运动黏度 $\mu > 2\times10^{-5}\,\mathrm{m^2/s}$），泵的流量、压头都减小，效率下降，轴功率增大，即泵原来的特性曲线不再适用，需要进行换算。

（5）当离心泵的转速或叶轮直径发生变化时，其特性曲线需要进行换算。在忽略效率变化的前提下，采用如下两个定律进行换算：

比例定律：
$$\frac{Q_1}{Q_2} = \frac{n_1}{n_2};\ \frac{H_1}{H_2} = \left(\frac{n_1}{n_2}\right)^2;\ \frac{N_1}{N_2} = \left(\frac{n_1}{n_2}\right)^3 \tag{2-6}$$

切割定律：
$$\frac{Q_1}{Q_2} = \frac{D_1}{D_2};\ \frac{H_1}{H_2} = \left(\frac{D_1}{D_2}\right)^2;\ \frac{N_1}{N_2} = \left(\frac{D_1}{D_2}\right)^3 \tag{2-7}$$

（6）离心泵铭牌上所标的流量和压头，是泵在最高效率点所对应的性能参数（Q_s、H_s、N_s），称为设计点。泵应在高效区工作。

2.3.4　离心泵的工作点与流量调节

2.3.4.1　管路特性方程式及特性曲线

$$H_e = \Delta Z + \frac{\Delta p}{\rho g} + \frac{\Delta u^2}{2g} + \left(\lambda\frac{l+\sum l_e}{d} + \sum\zeta\right)\frac{u^2}{2g} \tag{2-8}$$

在特定管路系统中，于一定条件下工作时，若输送管路的直径均一，忽略摩擦系数 λ

随 Re 的变化，则上式可写作

$$H_e = K + BQ_e^2 \qquad (2\text{-}9)$$

式中，K 为位压头与静压头之和，$K = \Delta Z + \dfrac{\Delta p}{\rho g}$；$B = (\lambda \dfrac{l + \sum l_e}{d} + \sum \zeta) \dfrac{1}{2g\,3600^2}$。

此式即管路特性方程式，它表明管路中液体的流量 Q_e 与压头 H_e 之间的关系。表示 H_e 与 Q_e 的关系曲线称为管路特性曲线。

2.3.4.2 离心泵的工作点

联立求解管路特性方程式和离心泵特性方程式所得的流量和压头即为泵的工作点。若将离心泵的特性曲线 H-Q 与其所在管路特性曲线 H_e-Q_e 绘于同一坐标系上，两线交点 M 称为泵在该管路上的工作点。该点所对应的流量和压头既为泵所能提供，又能满足管路系统的要求。

2.3.4.3 离心泵的流量调节

离心泵的流量调节即改变泵的工作点，可通过改变管路特性曲线或泵的特性曲线实现。

（1）改变管路特性曲线：调节泵出口阀的开度便改变了管路特性曲线，从而改变了泵的工作点。

（2）改变泵的特性曲线：用比例定律或切割定律改变泵的性能参数或特性曲线。

（3）泵的并联或串联操作：当单台泵的压头低于管路系统所要求的压头时，只能选择泵的串联操作；对高阻型管路系统，两台泵串联可获得较大流量；对低阻型管路系统，两台泵并联可获得较大流量。

2.3.5 离心泵的安装高度

离心泵的安装高度受液面上的压强 p_0、流体的性质及流量、操作温度和泵本身性能所影响。确定泵的安装高度是为了离心泵不发生气蚀现象。离心泵的安装高度受泵吸入口附近最低允许压强的限制，其极限值为操作条件下液体的饱和蒸气压 p_v。泵吸入口附近压强等于或低于 p_v，将发生气蚀现象。

2.3.5.1 气蚀现象发生的危害

（1）泵体产生振动与噪声。

（2）泵的性能（Q、H 与 η）下降。

（3）泵壳及叶轮腐蚀。

2.3.5.2 离心泵的气蚀余量和允许安装高度

（1）气蚀余量。

为防止气蚀现象发生，在泵吸入口处液体的静压头 $p_1/\rho g$ 与动压头 $u_1^2/2g$ 之和必须大于液体在操作温度下的饱和蒸气压头 $p_1/\rho g$ 某一最小值，此最小值即离心泵的气蚀余量。

（2）离心泵的允许安装高度。

离心泵的安装高度应以当地操作的最高温度和最大流量为依据，离心泵的实际安装高度比允许安装高度 H_g 还要低 $0.5 \sim 1.0\mathrm{m}$。若泵的允许安装高度较小时，可采取措施，比如把泵安装在液面下，利用位差使液体"倒灌"入泵壳内。

2.3.6　离心泵的类型及选择

根据离心泵的类型及特点，选泵时应注意以下几点：

（1）根据管路在最大的流量和压头下要求的 Q_e 和 H_e 选泵时，要使泵所提供的 Q 与 H 略大于 Q_e 和 H_e，并要使泵在高效率区操作。泵的型号选出后，要列出泵的性能参数。

（2）当单台泵不能满足管路要求的 Q_e 和 H_e 时，可考虑泵的并联或串联。

（3）当被输送液体密度大于水的密度时，要核算泵的轴功率。

2.4　其他类型液体输送机械

2.4.1　往复泵

往复泵是一种容积式泵，它依靠做往复运动的活塞依次开启吸入阀和排出阀从而吸入和排出液体。主要部件：泵缸、活塞、活塞杆、吸入单向阀和排出单向阀。活塞在泵缸内做往复运动，活塞与单向阀之间的空隙称为工作室。

2.4.1.1　往复泵的工作原理

当活塞自左向右移动时，工作室的容积增大，形成低压，贮液池内的液体经吸入阀被吸入泵缸内，排出阀受排出管内液体压力作用而关闭。当活塞移到右端时，工作室的容积最大。活塞由右向左移动时，泵缸内液体受挤压，压强增大，使吸入阀关闭而排出阀打开将液体排出，活塞移到左端时，排液完毕，完成了一个工作循环，此后开始另一个循环。活塞从左端点到右端点的距离叫行程或冲程。活塞在往复一次中，只吸入和排出液体各一次的泵，称为单动泵。单动泵的吸入阀和排出阀均装在活塞的一侧，吸液时不能排液，因此排液不是连续的。为了改善单动泵流量的不均匀性，多采用双动泵或三联泵。

2.4.1.2　往复泵的特点

（1）往复泵的流量只与泵本身的几何形状和活塞的往复次数有关，而与泵的压头无关。无论在什么压头下工作，只要往复一次，泵就排出一定的液体。

（2）往复泵的压头与泵的几何尺寸无关，只要泵的机械强度及原动机的功率允许，输送系统要求多大的压头，往复泵就能提供多大的压头。

（3）往复泵的低压是工作室的扩张造成的，所以在开动之前，泵内无须充满液体，往复泵有自吸作用。

2.4.1.3　往复泵的操作要点和流量调节

（1）对适用场合与流体有要求，往复泵适用于小流量、高压强的场合，输送高黏度液体时的效果也比离心泵好，但不能输送腐蚀性液体和含有固体粒子的悬浮液。（Q 不太大，H 较高，非腐蚀和悬浮物）；

（2）安装高度有一定的限制；

（3）有自吸能力，启动前无须灌泵；

（4）启动时不能将出口阀关闭，也不能用出口阀调节流量；

（5）往复泵的流量调节方法：通过旁路阀调节流量、改变活塞冲程和往复次数。

2.4.2 其他类型泵

2.4.2.1 计量泵

通过偏心轮把电机的旋转运动变成柱塞的往复运动。偏心轮的偏心距离可以调整，使柱塞的冲程随之改变，以达到控制和调节流量的目的。

2.4.2.2 齿轮泵

泵壳内有两个齿轮，一个用电机带动旋转，另一个被啮合着向相反方向旋转。齿轮泵可以产生较高的压头，但流量较小，用于输送黏稠的液体，但不能输送含颗粒的悬浮液。

2.4.2.3 螺杆泵

分为单螺杆泵、双螺杆泵、三螺杆泵、五螺杆泵等，螺杆在具有内螺纹的泵壳中偏心转动，将液体沿轴向推进，最终沿排出口排出。

2.4.2.4 旋涡泵

是一种特殊类型的离心泵，它是由叶轮和泵体组成。叶轮是一个圆盘，四周由凹槽构成的叶片呈辐射状排列，液体在叶片与引水道之间的反复迁回是靠离心力的作用。因此，旋涡泵在开动前要灌满液体。旋涡泵适用于要求输送量小，压头高而黏度不大的液体。

2.5 气体输送和压缩机械

2.5.1 气体压缩机械分类

2.5.1.1 根据结构和工作原理分类

根据结构和工作原理可将气体压缩机械分为离心式、旋转式、往复式及流体作用式。

2.5.1.2 根据出口气体的压强或压缩比分类

（1）通风机。按照出口风压将离心式通风机分为三类：

低压通风机，出口风压 $H_T \leqslant 0.981 \times 10^3$ Pa（表压）。

中压通风机，出口风压 $H_T = (0.981 - 2.94) \times 10^3$ Pa（表压）。

高压通风机，出口风压 $H_T = (2.94 - 14.7) \times 10^3$ Pa（表压）。

（2）鼓风机。终压为 14.7～294kPa（表压），压缩比不大于 4。

（3）压缩机。终压大于 294kPa（表压），压缩比大于 4。

（4）真空泵。终压为大气压，压缩比由真空度决定。

2.5.2　离心式通风机

（1）风量 Q 是单位时间从风机出口排出的气体体积，但以风机进口处的气体状态计，计量单位为 m^3/h。

（2）风压 H_T 是单位体积气体通过风机时所获得的能量，计量单位为 J/m^3 或 Pa，用 mmH_2O[❶] 表示。

（3）轴功率与效率的关系如下：

$$N = H_T Q_s / 1000\eta \tag{2-10}$$

2.5.3　往复压缩机

往复压缩机的结构、工作原理、操作特性等与往复泵基本相似，但由于气体的压缩性和压缩过程中温度会明显升高，而存在一些特殊性，如气缸及级间冷却、余隙的影响等。

 本章小结

本章将离心泵作为流体力学原理应用单元操作设备进行重点分析，主要内容包括：离心泵的主要组成部分、工作原理及其基本方程式的推导，离心泵的性能参数、特性曲线及实验测定方法；离心泵的管路特性方程、工作点、流量调节方法、安装高度的确定原则；离心泵的类型及选用方法；其他类型的流体输送机械的工作原理、结构特点、操作性能等。

2.6　例题

[**例 2-1**] 用 20℃ 的清水测定离心泵的性能参数。泵的吸入管内径为 80mm，压出管内径为 50mm，孔板流量计的孔径为 d_0 为 28mm，两侧压口之间的垂直距离为 $h_0 = 0.4m$，泵的转速为 2900r/min，实验测得一组数据为：压差计读数 $R = 725mm$，指示液为汞；泵入口处真空度 $p_1 = 70.0kPa$；泵出口处表压强 $p_2 = 226kPa$；电动机功率为 2.25kW；泵由电动机直接带动，电动机效率为 92%。孔板流量计的流量因数图如例 2-1 附图所示。

试求该泵在操作条件下的流量、压头、轴功率和效率，并列出泵的性能参数。

解：本题为实验测定泵的性能参数，关

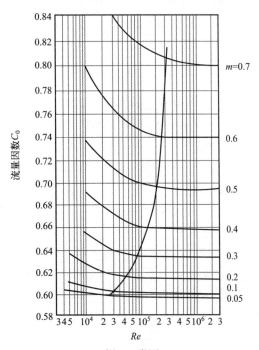

例 2-1 附图

---

❶　mmH_2O：毫米水柱，是压力的单位，通常 $1mmH_2O \approx 9.81Pa$。

键是根据压差计读数 R 求出流量。孔流系数 C_0 为未知，故需试差计算。

（1）泵的流量。

$$\frac{A_0}{A_2}=\left(\frac{28}{50}\right)^2=0.3136$$

假设 C_0 在常数区，则由 $\frac{A_0}{A_2}$ 值从例 2-1 附图查得 $C_0=0.635$，则

$$u_0=C_0\sqrt{\frac{2R(\rho_A-\rho)g}{\rho}}=0.635\times\sqrt{\frac{2\times0.725\times(13600-1000)\times9.807}{1000}}=8.5\text{m/s}$$

核算 C_0 是否在常数区：

$$u_2=u_0\left(\frac{d_0}{d_2}\right)^2=8.5\times0.3136=2.666\text{m/s}$$

20℃下水的黏度 $\mu=1.005\times10^{-3}\text{Pa}\cdot\text{s}$。

$$Q=u_0A_0=C_0A_0\sqrt{\frac{2R(\rho_A-\rho)g}{\rho}}=8.5\times0.785\times0.028^2=5.231\times10^{-3}\text{m/s}=18.8\text{m}^3/\text{h}$$

（2）泵的压头。

$$H=h_0+H_1+H_2+\frac{u_2^2-u_1^2}{2g}$$

式中　　　$h_0=0.4\text{m}$，$u_2=2.666\text{m/s}$

$$H_1=70.0\times10^3/(1000\times9.807)=7.138\text{m}$$

$$H_2=226\times10^3/(1000\times9.807)=23.04\text{m}$$

$$u_1=u_2\left(\frac{d_2}{d_1}\right)^2=2.666\times\left(\frac{50}{80}\right)^2=1.041\text{m/s}$$

所以　　$H=0.4+7.138+23.04+(2.666^2-1.041^2)/(2\times9.807)=30.89\text{m}$

（3）泵的轴功率和效率。

$$N=0.92\times2.25=2.07\text{kW}$$

$$\eta=N_2/N=HQ\rho/102N=\frac{30.89\times5.234\times10^{-3}\times10^3}{102\times2.07}=76.6\%$$

在操作条件下泵的性能参数为：转速 $n=2900\text{r/min}$，流量 $Q=18.8\text{m}^3/\text{h}$，压头 $H=30.89\text{m}$，轴功率 $N=2.07\text{kW}$，效率 $\eta=76.6\%$。

[例 2-2] 用离心泵从贮罐向反应器输送液态异丁烷。贮罐液面恒定。其上方绝对压力为 6065kgf[1]/cm²。泵位于贮罐液面下 1.5m 处，吸入管路的全部压头损失为 1.6m。异丁烷在输送条件下的密度为 530kg/m³，饱和蒸气压为 6.5kgf/cm²。在泵的性能表上查得，输送流量下泵的允许汽蚀余量为 3.5m。试确定该泵能否正常操作。

解：泵的安装高度为

$$H_g=(p_V-p_0)/\rho g-(\text{NSPH})-H_{\text{f},0-1}=-2.27\text{m}<\text{实际安装高度}-1.5\text{m}$$

故该泵安装不合适，可能发生汽蚀现象。

[例 2-3] 用离心泵将水库中的水送至渠面，两液面维持恒差 16m，管路系统的压头损失可表示为

---

❶ kgf：千克力，力的单位，1kgf≈9.8N。

$$H_f = 5.2 \times 10^5 Q_e^2$$

现有两台规格相同的离心泵，单台泵的特性方程为

$$H = 28 - 4.2 \times 10^5 Q^2$$

试计算两台泵如何组合操作能获得较大的输水量。（Q 的单位为 m^3/s）

解： 管路特性方程为

$$H_e = 16 + 5.2 \times 10^5 Q_e^2$$

（1）两台泵串联操作。

单台泵的送水量即管路中的总流量，而泵的压头为单台的两倍，即

$$16 + 5.2 \times 10^5 Q_e^2 = 2 \times (28 - 4.2 \times 10^5 Q_e^2)$$

解得　　　　　　　　$Q_e = 5.423 \times 10^{-3} \, m^3/s = 19.52 m^3/h$

（2）两台泵并联操作。

每台泵的流量为管路中总送水量的 1/2，单台泵的压头不变，即

$$16 + 5.2 \times 10^5 Q_e^2 = 28 - 4.2 \times 10^5 \left(\frac{Q_e}{2}\right)^2$$

解得　　　　　　　　$Q_e = 4.382 \times 10^{-3} \, m^3/s = 15.77 m^3/h$

第3章

非均相物系的分离

本章符号说明：

英文字母：

a——颗粒的比表面积，m^2/m^3；加速度，m/s^2 常数；

A——截面积，m^2；

b——降尘室宽度，m；常数；

B——旋风分离器的进口宽度，m；

C——悬浮物系中分散相浓度，kg/m^3；

d——颗粒直径，m；

d_c——旋风分离器的临界粒径，m；

d_{50}——旋风分离器的分隔粒径，m；

d_e——当量直径，m；

D——设备直径，m；

g——重力加速度，m/s^2；

h——旋风分离器的进口高度，m；

H——设备高度，m；

k——滤浆的特性常数，$m^4/(N \cdot s)$；

K——过滤常数，m^2/s；

K_c——分离因数；

l——降尘室的长度，m；

L——滤饼厚度，m；

L_e——过滤介质的当量滤饼厚度，m；

n——转速，r/min；

N_e——旋风分离器内气体的有效回转圈数；

Δp——压强降或过滤推动力，Pa；

q——单位过滤面积上获得的滤液体积，m^3/m^2；

q_e——单位过滤面积上的当量滤液体积，m^3/m^2；

Q——过滤机的生产能力，m^3/h；

r——滤饼的比阻，m^{-2}；

r'——单位压强差下滤饼的比阻，m^{-2}；

R——滤饼阻力，m^{-1}；

Re——雷诺数；

Re_t——等速沉降时的雷诺数；

s——滤饼的压缩性指数；

S——表面积，m^2；

u——流速，过滤速度，m/s；

u_i——旋风分离器的进口气速，m/s；

u_t——沉降速度，m/s；

u_T——切向速度，m/s；

v——滤饼体积与滤液体积之比；

V——滤液体积或每个操作周期所得滤液体积，m^3；

V_c——滤饼体积，m^3；

V_e——过滤介质的当量滤液体积，m^3；

V_p——颗粒体积，m^3；

V_s——含尘气体的体积流量，m^3/s；

W——重力，N；单位体积床层的质量，kg/m^3；

x——悬浮物系中分散物质的质量分数。

希腊字母：

ε——床层空隙率；

ζ——阻力系数；

η——效率；

θ——通过时间或过滤时间，s；

θ_t——沉降时间，s；

μ——流体黏度或滤液黏度，$Pa \cdot s$；

ρ——流体密度，kg/m^3；

ρ_s——固相或分散相密度，kg/m^3；

Φ_s——球形度或形状系数；

ψ——转筒过滤机的浸没度。

下标：

b——浮力的、床层的；

c——离心的、临界的、滤饼或滤渣的；

d——阻力的；

D——辅助操作的；

e——当量的、有效的、与过滤介质阻力相当的；

E——过滤结束时的；

i——进口的；

i——第 i 分段的；

p——部分的、粒级的、颗粒的；

R——等速过滤阶段的；

　　S——固相的或分散相的；

　　W——洗涤结束时的；

　　1——进口的；

　　2——出口的。

3.1　本章学习指导

3.1.1　本章学习目的

　　通过本章学习，重点掌握沉降和过滤两种机械分离操作的原理、过程计算、典型设备的结构与特性，能够根据生产工艺要求，合理选择设备类型和尺寸。

3.1.2　本章应掌握的内容

　　(1) 重力沉降和离心沉降的原理、过程计算，降尘室的设计和旋风分离器的结构工作原理和选型。

　　(2) 过滤操作的基本概念及基本原理，过滤基本方程式的推导，恒压过滤的计算，过滤常数的测定，过滤设备的结构、选型及工作原理。

3.1.3　本章学习中应注意的问题

　　本章从理论上讨论颗粒与流体间的相对运动问题，其中包括颗粒相对于流体的运动、流体通过颗粒床层的流动（过滤），并借此实现非均相物质分离等工业过程。在学习过程中要能够将流体力学的基本原理用于处理流体通过颗粒床层流动的复杂工程问题中，学习复杂工程问题的简化处理思路和方法。

3.2　概述

3.2.1　非均相混合物的分类

　　由具有不同物理性质（如尺寸、密度差别）的分散物质（分散相）和连续介质（连续相）所组成的物系称为非均相物系或非均相混合物。显然，非均相物系中存在相界面，且界面两侧物料的性质不同。

　　根据连续相状态的不同，非均相混合物又可分为两种类型：

　　(1) 气态非均相混合物，如含尘气体、含雾气体等。

　　(2) 液态非均相混合物，如悬浮液、乳浊液、泡沫液等。

3.2.2　非均相混合物分离方法的分类

　　对于非均相混合物，工业上一般采用机械分离方法将两相进行分离，即造成分散相和连续相之间的相对运动。根据两相运动方式的不同，非均相物系的机械分离过程可按两种操作方法进行——沉降分离和过滤分离。对于气态非均相物系的分离，工业上主要采用重力沉降和离心沉降的方法。某些场合下，根据分散物质尺寸和分离程度要求，还可采用其他方法，如表 3-1 所示。

表 3-1　气固分离设备性能

分离设备类型	分离效率/%	压强降/Pa	应用范围
重力沉降室	50～60	50～150	除大粒子,$d>75\mu m$
惯性分离器及一般旋风分离器	50～70	250～800	除大粒子,$d>20\mu m$
高效旋风分离器	80～90	1000～1500	$d>10\mu m$
袋式分离器	95～99	800～1500	细尘,$d\leqslant1\mu m$
文丘里(湿式)除尘器		2000～5000	
静电除尘器	90～98	100～200	细尘,$d\leqslant1\mu m$

3.2.3　非均相混合物分离的目的

（1）作为生产的主要阶段；

（2）提高制品纯度；

（3）回收有价值物质；

（4）保护环境和生产安全；

（5）作为食品保藏的手段之一。

3.3　颗粒及颗粒床层的特性

3.3.1　单一颗粒的特性

表述颗粒特性的主要参数为颗粒的形状、大小（体积）及表面积。

3.3.1.1　球形颗粒

球形颗粒的形状为球形，其尺寸由直径 d 来确定，其他有关参数均可表示为直径 d 的函数，诸如

体积

$$V=\frac{\pi d^3}{6} \tag{3-1}$$

表面积

$$S=\pi d^2 \tag{3-2}$$

比表面积（单位颗粒体积具有的表面积）

$$a=\frac{S}{V_p}=\frac{6}{d} \tag{3-3}$$

3.3.1.2　非球形颗粒

非球形颗粒必须有两个参数才能确定其特性，即球形度和颗粒的当量直径。

（1）球形度。颗粒的球形度又称形状系数，它表示颗粒形状与球形的差异，定义为与该颗粒体积相等的球体的表面积除以颗粒的表面积，即

$$\Phi_s=S/S_p \tag{3-4}$$

由于同体积不同形状的颗粒中，球形颗粒的表面积最小，因此对非球形颗粒，总有球

形度＜1，颗粒的形状越接近球形，球形度越接近1，对于球形颗粒，球形度等于1。

（2）颗粒的当量直径。工程上常用等体积当量直径来表示非球形颗粒的大小，其定义为

$$d_e = \sqrt[3]{\frac{6V_p}{\pi}} \tag{3-5}$$

3.3.2 非均一性颗粒群的特性

3.3.2.1 颗粒群的粒度分布

不同粒径范围内所含粒子的个数或质量称为粒度分布。颗粒粒度的测量方法有筛分法、显微镜法、沉降法、电感应法、激光衍射法、动态光散射法等。

3.3.2.2 颗粒群的平均粒径

根据实测的各层筛网上的颗粒质量分数 x_i（对应的平均直径为 d_{pi}）按下式可计算出颗粒群的平均粒径：

$$d_p = 1 / \sum \frac{x_i}{d_{pi}} \tag{3-6}$$

3.3.3 颗粒床层的特性

大量固体颗粒堆积在一起便形成颗粒床层，静止的颗粒床层又称为固定床。对流体通过床层流动产生重要影响的床层特性有如下几项。

3.3.3.1 床层的空隙率

床层中颗粒之间的空隙体积与整个床层体积之比称为空隙率（或称空隙度），以 ε 表示即

$$\varepsilon = \frac{床层体积 - 颗粒体积}{床层体积}$$

空隙率的大小与颗粒形状、粒度分布、颗粒直径与床层直径的比值、床层的填充方式等因素有关。对颗粒形状和直径均一的非球形颗粒床层，其空隙率主要取决于颗粒的球形度和床层的填充方法。非球形颗粒的球形度越小，则床层的空隙率越大。由大小不均匀的颗粒所填充成的床层，小颗粒可以嵌入大颗粒之间的空隙中，因此床层空隙率比均匀颗粒填充的床层小。粒度分布越不均匀，床层的空隙率就越小；颗粒表面越光滑，床层的空隙率亦越小。因此，采用大小均匀的颗粒是提高固定床空隙率的一个方法。

床层的空隙率可通过实验测定。一般非均匀、非球形颗粒的乱堆床层的空隙率大致在 0.47～0.7 之间。均匀的球体最松排列时的空隙率为 0.48，最紧密排列时的空隙率为 0.26。

3.3.3.2 床层的自由截面积

床层截面上未被颗粒占据的、流体可以自由通过的面积，称为床层的自由截面积。

小颗粒乱堆床层可认为是各向同性的。各向同性床层的重要特性之一是其自由截面积与床层截面积之比在数值上与床层空隙率相等。同床层空隙率一样，由于壁效应的影响，

壁面附近的自由截面积较大。

3.3.3.3　床层中颗粒的密度

单位体积内粒子的质量称为密度，其单位为 kg/m^3。若粒子的体积不包括颗粒之间的空隙，则称为粒子的真密度，用 ρ_a 表示；若粒子所有体积包括颗粒之间的空隙，即以床层体积计算密度，则称为堆积密度或表观密度，用 ρ_b 表示。

$$\rho_b = \rho_s(1-\varepsilon) \tag{3-7}$$

3.3.3.4　床层的比表面积

床层的比表面积是指单位体积床层中具有的颗粒表面积（即颗粒与流体接触的表面积）。如果忽略床层中颗粒间相互重叠的接触面积，对于空隙率为 ε 的床层，床层的比表面积 a_b（m^2/m^3）与颗粒物料的比表面积 a 具有如下关系：

$$a_b = a(1-\varepsilon) \tag{3-8}$$

床层的比表面积也可用颗粒的堆积密度估算，即

$$a_b = \frac{6\rho_b}{\rho_s d} = \frac{6(1-\varepsilon)}{d} \tag{3-9}$$

3.3.3.5　床层的当量直径

床层的当量直径可由床层空隙率 ε 和颗粒的比表面积 a 计算，即

$$d_{eb} = \frac{4\varepsilon}{(1-\varepsilon)a} \tag{3-10}$$

3.4　沉降分离

在外力场作用下，利用分散相和连续相之间的密度差，使之发生相对运动而实现分离的操作称为沉降分离。根据外力场的不同，分为重力沉降和离心沉降；根据沉降过程中颗粒是否受到其他颗粒或器壁的影响，分为自由沉降和干扰沉降。沉降属于流体相对于颗粒的流动问题。流-固之间的相对运动有三种情况：流体静止，颗粒相对于流体做沉降或上浮；固体颗粒静止，流体绕着颗粒做流动；固体和流体都运动，但二者保持一定相对速度。后面的内容从刚性球形颗粒的自由沉降入手，讨论沉降速度的推导、计算，分析影响沉降速度的因素，介绍各种沉降设备的结构、工作原理及操作原则。

3.4.1　重力沉降

利用重力场的作用进行的自由沉降过程称为重力沉降。

3.4.1.1　沉降速度

密度大于流体密度的球形颗粒在流体中降落时受到重力、浮力和阻力三个力的共同作用。根据牛顿第二运动定律得出

$$\frac{\pi}{6}d^3(\rho_s-\rho)g - \zeta\frac{\pi}{4}d^2\frac{\rho u^2}{2} = \frac{\pi}{6}d^3\rho_s\frac{du}{d\theta} \tag{3-11}$$

颗粒从静止状态开始沉降，经历加速运动（即 $du/d\theta > 0$）和等速运动（$du/d\theta = 0$）两个阶段。等速运动阶段颗粒相对于流体的运动速度称为沉降速度或终端速度，用 u_t 表示。

（1）沉降速度的通式，当 $du/d\theta = 0$ 时，$u = u_t$，由式（3-11）可得到

$$u_t = \sqrt{\frac{4d(\rho_s - \rho)g}{3\rho\zeta}} \tag{3-12}$$

（2）阻力系数 ζ 值是沉降雷诺数 Re_t（$du_t\rho/\mu$）与球形度 Φ_s 的函数，即

$$\zeta = f(Re_t, \Phi_s) \tag{3-13}$$

对于球形颗粒，三个沉降区域内 ζ 与 Re_t 的关系式如下：

滞流区或斯托克斯定律区（$10^{-4} < Re_t \leqslant 1$）

$$\zeta = 24/Re_t \tag{3-14}$$

过渡区或艾仑定律区（$1 < Re_t \leqslant 10^3$）

$$\zeta = 18.5/Re_t^{0.6} \tag{3-15}$$

湍流区或牛顿定律区（$10^3 < Re_t < 2 \times 10^5$）

$$\zeta = 0.44 \tag{3-16}$$

颗粒在三个沉降区相应的沉降速度表达式如下：

滞流区

$$u_t = \frac{d^2(\rho_s - \rho)g}{18\mu} \tag{3-17}$$

过渡区

$$u_t = 0.27\sqrt{\frac{d(\rho_s - \rho)gRe_t^{0.6}}{\rho}} \tag{3-18}$$

湍流区

$$u_t = 1.74\sqrt{\frac{d(\rho_s - \rho)g}{\rho}} \tag{3-19}$$

式（3-17）、式（3-18）及式（3-19）分别被称为斯托克斯公式、艾仑公式及牛顿公式。

（3）影响沉降速度的因素。

a. 由各区沉降速度的表达式可看出，沉降速度由颗粒特性（d、ρ_s）及流体特性（q、μ）综合因素决定。在层流沉降区，流体黏性引起的表面摩擦力占主要地位；在湍流区，流体黏性对沉降速度无影响，形体阻力占主导地位；在过渡区，表面摩擦阻力和形体阻力二者都不可忽略。

b. 随 Φ_s 值减小，阻力系数 ζ 值加大，在相同条件下，沉降速度 u_t 变小。

c. 当悬浮物系中颗粒浓度较高时，各颗粒之间将发生干扰沉降，同时要考虑器壁效应的影响。

（4）沉降速度的计算。

a. 试差法：一般先假设在层流沉降区，用斯托克斯公式求出 u_t 后，再校核 Re_t。

b. 用无因次数群 K 值判断流型，公式如下：

$$K = d^3\sqrt{\frac{\rho(\rho_s - \rho)g}{\mu^2}} \tag{3-20}$$

斯托克斯定律区 K 值的上限为 2.62，牛顿定律区 K 值的下限为 69.1。

c. 摩擦数群法：已知颗粒沉降速度 u_t 求粒径 d 或对于非球形颗粒的沉降速度，此法非常方便。

3.4.1.2 重力沉降设备

利用重力沉降使分散物质从流动相中分离出来的设备称为重力沉降设备。从气流中分

离出尘粒的设备称为降尘室,用来提高悬浮液浓度并同时得到澄清液的设备称为沉降槽。

(1) 降尘室的设计原则。气体在降尘室内的停留时间 θ 必须等于或略大于颗粒从降尘室的最高点降落至室底所要求的时间 θ_t,即

$$l/u \geqslant H/u_t \tag{3-21}$$

同时,气体在室内的流动雷诺数 Re 应处于滞流区,以免干扰颗粒的沉降或使已经沉降的颗粒重新扬起。

(2) 降尘室的生产能力即气体在降尘室内的水平通过速度,为

$$V_s = blu_t \tag{3-22}$$

从理论上讲,降尘室的生产能力 V_s 只与其底面积 bl 及颗粒的沉降速度 u_t 有关,而与高度 H 无关。

(3) 多层降尘室。在保证除尘效果的前提下,为提高降尘室的生产能力,可在室内均匀设置若干层水平隔板,构成多层降尘室。隔板间距一般为 $40 \sim 100$mm。若降尘室内共设置 n 层水平隔板,则多层降尘室的生产能力为

$$V_s \leqslant (n+1)blu_t \tag{3-23}$$

3.4.2 离心沉降

依靠惯性离心力场的作用而实现的沉降过程称为离心沉降。一般含尘气体的离心沉降在旋风分离器中进行,液固悬浮物系在旋液分离器或沉降离心机中进行离心沉降。

3.4.2.1 离心沉降速度

把重力沉降速度式中的重力加速度改为离心加速度便可用来计算相应的离心沉降速度。

(1) 离心沉降速度的通式为

$$u_t = \sqrt{\frac{4d(\rho_s - \rho)u_T^2}{3\rho\varepsilon R}} \tag{3-24}$$

(2) 离心沉降速度在斯托克斯定律区的离心沉降速度为

$$u_t = \frac{(\rho_s - \rho)u_T^2}{18\mu R} \tag{3-25}$$

(3) 离心分离因数。同一颗粒在同一介质中,所在位置上的离心力场强度与重力场强度的比值称为离心分离因数,用 K_c 表示为

$$K_c = u_T^2/gR \tag{3-26}$$

离心分离因数是离心分离设备的重要指标。旋风分离器与旋液分离器的离心分离因数值一般在 $5 \sim 2500$ 之间,某些高速离心机的 K_c 值可达数十万。

3.4.2.2 旋风分离器的操作原理

含尘气体在旋风分离器内做螺旋运动时,由于存在密度差,颗粒在惯性离心力作用下被抛向器壁而与气流分离。外旋流上部为主要除尘区,净化气沿内旋流从排气管排出。

3.4.2.3 旋风分离器的性能参数

除离心分离因数 K_c 外,评价旋风分离器的主要性能指标是分离效率和压强降。

（1）旋风分离器的分离效率包括理论上能够完全被除去的最小颗粒尺寸（称为临界粒径，用 d_c 表示）及尘粒从气流中分离出来的质量分数。

a. 临界粒径：d_c 可用下式估算：

$$d_c = \sqrt{\frac{9\mu B}{\pi N_e \rho_s u_i}} \tag{3-27}$$

显然，d_c 越小，分离效率越高。采用若干个小旋风分离器并联操作，降低气体温度（减小黏度 μ），适当提高入口气速，均有利于提高分离效率。

b. 分离总效率：指进入旋风分离器的全部颗粒被分离出来的质量分数，即

$$\eta_0 = \frac{C_1 - C_2}{C_1} \times 100\% \tag{3-28}$$

c. 粒级效率：指规定粒径的颗粒被分离下来的质量分数，即

$$\eta_p = \frac{C_{1i} - C_{2i}}{C_{1i}} \times 100\% \tag{3-29}$$

η_p 与 d_i 的关系可用粒级效率曲线（即 η_p-d_i 关系曲线）表示。

d_{50} 是粒级效率恰好为 50% 的颗粒直径，称为分割粒径。对标准旋风分离器，d_{50} 可用下式估算：

$$d_{50} \approx 0.27\sqrt{\frac{\mu D}{(\rho_s - \rho)u_i}} \tag{3-30}$$

d. 由粒级效率求总效率：如果已知气流中所含尘粒的粒度分布数据，则可用通用粒级效率曲线按下式估算总效率：

$$\eta_0 = \sum_{i=1}^{n} x_i \eta_{pi} \tag{3-31}$$

（2）旋风分离器的压强降可表示为进口气体动能的倍数，即

$$\Delta p = \zeta \frac{\rho u_i^2}{2} \tag{3-32}$$

式中，ζ 为阻力系数。同一结构形式及相同尺寸比例的旋风分离器，不论其尺寸大小，ζ 值为常数。标准旋风分离器，可取 $\zeta = 8$。

3.4.2.4　旋风分离器的结构形式及选用

为了提高分离效率和减小压强降，设计出了一些各具特点的结构形式。工业上常用的旋风分离器类型及其操作性能如表 3-2 所示。

表 3-2　旋风分离器的结构形式及其性能

性能	XUT/A	XLP/B	扩散式（XLK）
适宜气速/(m/s)	12～18	12～20	12～20
除尘粒度/μm	>10	>5	>5
含尘浓度/(g/m³)	4.0～50	>0.5	1.7～200
阻力系数 ζ 值	5.0～5.5	4.8～5.8	7～8

选择旋风分离器结构形式及决定其主要尺寸的依据有三个方面：一是含尘气体的处理量，即生产能力 V_s；二是允许的压强降；三是除尘效率。

3.4.2.5 旋液分离器

和旋风分离器相比，旋液分离器具有直径小而圆锥部分相对长的结构特点。小直径的圆筒有利于增大惯性离心力，锥长可增大液流行程，从而提高分离效果。

3.5 过滤分离

过滤是分离悬浮液最常用最有效的单元操作之一。其突出优点是使悬浮液分离更迅速更彻底（与沉降相比），耗能较低（与干燥、蒸发相比）。饼层过滤涉及过滤操作的概念及原理、过滤计算及过滤设备。

3.5.1 过滤操作的基本概念

过滤是以多孔物质为介质，在外力作用下，使悬浮液中的液体通过介质的孔道，固体颗粒被截留在介质上，从而实现固液分离的操作。被处理的悬浮液称为滤浆或料浆，穿过多孔介质的液体称为滤液，被截留的固体物质称为滤饼或滤渣。

3.5.1.1 过滤介质

过滤操作所采用的多孔物质称为过滤介质，应了解过滤介质的性能要求及在食品工程领域中常用过滤介质种类。

3.5.1.2 饼层过滤与深层过滤

饼层过滤是指固体物质沉降于过滤介质表面而形成滤饼层的操作。深层过滤是指固体颗粒并不形成滤饼，而是沉积于较厚的粒状过滤介质床层内部的过滤操作。对饼层过滤，当颗粒在孔道中形成"架桥"现象之后，真正发挥截留颗粒作用的是滤饼层而不是过滤介质。

当过滤压强差发生变化时，根据构成滤饼的颗粒形状及颗粒间空隙是否发生明显变化，即单位厚度床层的流动阻力是否发生明显变化，将滤饼分为可压缩滤饼及不可压缩滤饼。当处理以获得清净的滤液为目的产品时，可采用助滤剂（预涂或预混）以降低可压缩滤饼的流动阻力，提高过滤速率。

3.5.2 过滤基本方程式

从分析滤液通过滤饼层流动的特点入手，将复杂的实际流动加以简化，对滤液的流动用数学方程式进行描述，并以基本方程式为依据，分析强化过滤操作的途径。

3.5.2.1 滤液通过滤饼层流动的特点

（1）滤液通道细小曲折，形成不规则的网状结构。

（2）随着过滤进行，滤饼厚度不断增加，流动阻力逐渐加大，因而过滤属非稳态操作。

（3）细小而密集的颗粒层提供了很大的液固接触表面，滤液的流动大都在滞流区。

3.5.2.2 简化模型

对于颗粒层不规则的通道可简化成长度为 l 的一组平行细管。细管的当量直径可由床层的空隙率 ε 和颗粒的比表面积 a 来计算，细管长度 l 随滤饼层的厚度而变。并且规定：

(1) 细管的全部流动空间等于床层的空隙容积。

(2) 细管的内表面积等于床层中颗粒的全部表面积。

对于滤液通过平行细管的滞流流动，得

$$u = \frac{\varepsilon^3}{5a^2(1-\varepsilon)^2} \times \frac{\Delta p_c}{\mu L} \tag{3-33}$$

3.5.2.3 过滤速率和过滤速度

单位时间内获得的滤液体积称为过滤速率，单位为 $\mathrm{m^3/s}$ 或 $\mathrm{m^3/h}$。单位过滤面积上的过滤速率称为过滤速度，单位为 $\mathrm{m/s}$。对于非稳态流动的任一瞬间，可写出如下微分式，即

$$\frac{dV}{d\theta} = \frac{A\Delta p_c}{\mu r L} = \frac{A\Delta p_c}{\mu R} \tag{3-34}$$

及

$$\frac{dV}{Ad\theta} = \frac{\Delta p_c}{\mu r L} = \frac{\Delta p_c}{\mu R} \tag{3-35}$$

式中，r 为滤饼的比阻，即单位厚度滤饼的阻力，$\mathrm{m^{-2}}$，$r = 5a^2(1-\varepsilon)^2/\varepsilon^3$；$R$ 为滤饼阻力，$\mathrm{m^{-1}}$，$R = rL$。综合滤饼和过滤介质两层的推动力和阻力可得到

$$\frac{dV}{d\theta} = \frac{A\Delta p}{\mu r(L + L_e)} \tag{3-36}$$

及

$$\frac{dV}{Ad\theta} = \frac{\Delta p}{\mu r(L + L_e)} \tag{3-37}$$

3.5.2.4 不可压缩滤饼的过滤基本方程式

常用过滤操作中易于测取的滤液体积来表示滤饼厚度，即

$$L = Vv/A \tag{3-38}$$

于是得到

$$\frac{dV}{d\theta} = \frac{A^2\Delta p}{\mu r v(V + V_e)} \tag{3-39}$$

$$\frac{dV}{Ad\theta} = \frac{A\Delta p}{\mu r v(V + V_e)} \tag{3-40}$$

式 (3-36)、式 (3-37)、式 (3-39) 及式 (3-40) 均称为不可压缩滤饼的过滤基本方程式。

3.5.2.5 可压缩滤饼的过滤基本方程式

可压缩滤饼的比阻可以表示成其两侧压强差的函数，即

$$r = r'(\Delta p)^s \tag{3-41}$$

一般情况下 $s = 0 \sim 1$，不可压缩滤饼，$s = 0$。

可压缩滤饼的过滤基本方程式为

$$\frac{dV}{d\theta} = \frac{A^2 (\Delta p)^{1-s}}{\mu r' v (V + V_e)} \tag{3-42}$$

3.5.2.6 过滤基本方程式的应用

（1）提高过滤速率的措施：在条件允许时，提高过滤压强差，选用阻力低的过滤介质，及时清洗滤布，适当提高过滤操作温度（降低黏度）；可压缩滤饼采用助滤剂（降低比阻）均可以提高过滤速率。

（2）分析洗涤速率和最终过滤速率之间的关系。

（3）优化过滤机的设计（如板框厚度），使过滤机获得最大生产能力。

3.5.3 恒压过滤

过滤可以采用恒压过滤或恒速过滤的操作方法，也可以采用先恒速后恒压的操作方法。

3.5.3.1 恒压过程方程式

一定的悬浮液在恒定的压强差下进行恒速过滤操作，则式（3-42）中 μ、r'、v、Δp、s 皆可视作常数，令

$$k = 1/\mu r' v \tag{3-43}$$

$$K = 2k(\Delta p)^{1-s} \tag{3-44}$$

于是式（3-43）可写作如下形式：

$$\frac{dV}{d\theta} = \frac{KA^2 \theta}{2(V + V_e)} \tag{3-45}$$

积分得到

$$V_e^2 = KA^2 \theta \tag{3-46}$$

$$V^2 + 2W_e = KA^2 \theta \tag{3-47}$$

$$(V + V_e)^2 = KA^2 (\theta + \theta_e) \tag{3-48}$$

当过滤介质阻力可忽略时

$$V^2 = KA^2 \theta \tag{3-49}$$

3.5.3.2 过滤常数的测定

其中 q_e（$q_e = V_e / A$）、θ_e 是反映过滤介质阻力大小的常数，称为介质常数。恒压下的过滤常数 K、q_e、θ_e 由恒压过滤实验测定。

测得两个压强差下的过滤常数 K，便可用下式求算滤浆的特性常数 k 及滤饼的压缩性指数 s：

$$\lg K = (1-s)\lg(\Delta p) + \lg(2K) \tag{3-50}$$

3.5.3.3 先恒速后恒压过滤方程式

过滤起始，用恒定速率过滤时间 θ_r，得到滤液体积 V_R，接着转入恒压过滤，则恒压阶段的过滤方程如下：

$$V^2 - V_R^2 + 2V_e(V - V_R) = KA^2(\theta - \theta_R) \tag{3-51}$$

3.5.3.4 过滤设备

过滤设备按照操作方式可分为间歇过滤机及连续过滤机，按照操作压强差可分为压滤、吸滤及离心过滤机。工业上广泛采用的板框过滤机及叶滤机为间歇压滤型过滤机，转筒真空过滤机则为连续型过滤机。

3.5.3.5 滤饼的洗涤

（1）滤饼洗涤的目的。回收滞留在颗粒缝隙间的滤液或净化构成滤饼的颗粒。

（2）洗涤速率。间歇过滤机滤饼的洗涤分为置换洗涤法（叶滤机）及横穿洗涤法（板框过滤机）。若洗涤操作的压强差与过滤结束时相同，洗液黏度与滤液黏度一致，则洗涤过程具有恒压恒速的特点，且洗涤速率和最终过滤速率存在一定关系，即

板框机
$$\left(\frac{\mathrm{d}V}{\mathrm{d}\theta}\right)_{\mathrm{w}} = \frac{1}{4}\left(\frac{\mathrm{d}V}{\mathrm{d}\theta}\right)_{\mathrm{E}} = \frac{KA^2}{8(V+V_e)} \tag{3-52}$$

叶滤机
$$\left(\frac{\mathrm{d}V}{\mathrm{d}\theta}\right)_{\mathrm{w}} = \frac{1}{4}\left(\frac{\mathrm{d}V}{\mathrm{d}\theta}\right)_{\mathrm{E}} = \frac{KA^2}{2(V+V_e)} \tag{3-53}$$

式中的下角 W 及 E 分别代表洗涤和过滤结束。

（3）洗涤时间。若洗液量为 V_{w}，则洗涤时间可用下式计算，即

$$\theta_{\mathrm{w}} = V_{\mathrm{w}} \Big/ \left(\frac{\mathrm{d}V}{\mathrm{d}\theta}\right)_{\mathrm{w}} \tag{3-54}$$

当洗涤操作压强差及洗液黏度与过滤结束时有明显差异时，洗涤时间需加以校正。要归纳总结板框压滤机和叶滤机过滤方式的不同，以及过滤面积和过滤速率的计算。

3.5.3.6 过滤机的生产能力

过滤机的生产能力，通常指单位时间内获得的滤液体积，用 Q 表示，单位为 m^3/h。

（1）间歇过滤机的生产能力计算如下：

$$Q = \frac{3600V}{T} = \frac{3600V}{\theta + \theta_{\mathrm{w}} + \theta_{\mathrm{D}}} \tag{3-55}$$

在一个操作周期内，当过滤时间大致等于洗涤时间与辅助时间之和时，过滤机获得最大生产能力。

（2）连续过滤机的生产能力计算如下：

$$Q = 60nV = 60n\left[A\sqrt{K\left(\frac{60\psi}{n} + \theta_e\right)} - V_e\right] \tag{3-56}$$

当过滤介质阻力可忽略时，$V_e = 0$，$\theta_e = 0$，则

$$Q = 465A\sqrt{K\psi n} \tag{3-57}$$

3.5.4 离心机

（1）根据离心机的分离方式或功能，将离心机分为过滤机、沉降机和分离机。

（2）根据分离因数 K_c 值将离心机分为常速（$K_c < 3000$）、高速（$K_c = 3000 \sim 50000$）和超高速（$K_c > 50000$）离心机。

本章小结

　　本章重点讨论根据流体流动特点，利用流体和固体颗粒之间物理性质（如密度等）的差异，借助外力场作用，造成两相之间的相对运动，从而达到非均相混合物分离的目的。本章的主要内容是介绍沉降和过滤两种分离方法，包括其基本原理、过程及设备计算、影响因素分析及强化措施，最后介绍了设备的选择。

3.6　例题

　　[**例 3-1**] 密度为 2650kg/m^3，粒径为 $80\mu\text{m}$ 的石英粒子在 $20℃$ 水中自由沉降，试求：

　　(1) 石英粒子的沉降速度；

　　(2) 石英粒子由静止状态到达 99% 终端速度所需的时间。

　　解： 由于石英粒子在静止水中做自由沉降，故可用重力沉降速度公式求解。首先由已知数据计算无因次数群 K 值，然后选用相应的沉降速度公式求沉降速度。

　　(1) 沉降速度 u。

　　$20℃$ 下水的密度为 998.2kg/m^3，黏度为 $1.005\times10^{-3}\text{Pa·s}$，得

$$K=d\sqrt[3]{\frac{\rho(\rho_s-\rho)g}{\mu^2}}=8.0\times10^{-5}\times\sqrt[3]{\frac{998.2\times(2650-998.2)\times9.807}{(1.005\times10^{-3})^2}}=2.01<2.62$$

沉降在滞留区，用斯托克斯公式求沉降速度，即

$$u_t=\frac{d^2(\rho_s-\rho)g}{18\mu}=\frac{(8.0\times10^{-5})^2\times(2650-998.2)\times9.807}{18\times1.005\times10^{-3}}=5.73\times10^{-3}\text{m/s}$$

　　(2) 达 $99\%u$ 所需时间。

$$\frac{\pi}{6}d^3(\rho_s-\rho)g-\zeta\frac{\pi}{4}d^2\frac{\rho u^2}{2}=\frac{\pi}{6}d^3\rho_s\frac{du}{d\theta}$$

$$\zeta=24/Re_t=\frac{24\mu}{du\rho}$$

将上式整理得到

$$du/d\theta=\frac{(\rho_s-\rho)g}{\rho_s}-\frac{18\mu u}{d^2\rho_s}$$

由斯托克斯公式得到

$$\frac{18\mu}{d^2}=\frac{(\rho_s-\rho)g}{u_t}$$

整理得到

$$du/d\theta=\frac{(\rho_s-\rho)g}{\rho_s}\left(1-\frac{u}{u_t}\right)$$

分离变量积分，上式得到

$$\theta=-\frac{u_t\rho_s}{(\rho_s-\rho)g}\ln\left(1-\frac{u}{u_t}\right)=-\frac{d^2\rho_s}{18\mu}\ln\left(1-\frac{u}{u_t}\right)$$

$$u=u_t\left[1-\exp\left(-\frac{18\mu}{d^2\rho_s}\theta\right)\right]$$

将有关数据代入求得

$$\theta=\frac{(8.0\times10^{-5})^2\times2650}{18\times1.005\times10^{-3}}\ln(1-0.99)=4.32\times10^{-3}\text{s}$$

[例 3-2] 粒径为 76μm 的不挥发油珠（可视作刚性体）在 20℃常压空气中自由沉降，在恒速沉降阶段测得 20s 内沉降高度 $H=2.7$m。试求：

（1）油品的密度 ρ_s（kg/m³）；

（2）若将同样尺寸的油珠注入到 20℃水中，求 20s 内油珠的运动距离。

解：该题为重力沉降的有关计算，前者为已知沉降速度求 ρ_s，后者为由已知参数求运动距离 h。

（1）油品密度 ρ_s。

20℃常压空气的密度为 1.205kg/m³，黏度为 1.81×10^{-5}Pa·s。由已知数据计算 Re_t，选用相应的沉降速度公式求 ρ_s。

$$u_t=\frac{H}{\theta_t}=\frac{2.7}{20}=0.135\text{m/s}$$

$$Re_t=\frac{du_t\rho}{\mu}=\frac{7.6\times10^{-5}\times0.135\times1.205}{1.81\times10^{-5}}=0.683<1$$

沉降在滞流区，由斯托克斯公式可得

$$\rho_s\approx\frac{18\mu u_t}{gd^2}=\frac{18\times1.81\times10^{-5}\times0.135}{(7.6\times10^{-5})^2\times9.807}=776.5\text{kg/m}^3$$

（2）油珠在水中的运动距离。

20℃时水的密度为 998.2kg/m³，黏度为 1.005×10^{-3}Pa·s。由于水的密度和黏度比空气的大得多，故油珠在水中的沉降必在滞流区。将有关数据代入斯托克斯公式得

$$u_t'=\frac{d^2(\rho_s-\rho')g}{18\mu}=\frac{(7.6\times10^{-5})^2\times(776.5-998.2)\times9.807}{18\times1.005\times10^{-3}}=-6.94\times10^{-4}\text{m/s}$$

同一尺寸的油珠在水中的沉降速度也可用下式求得，即

$$u_t'=u_t\frac{(\rho_s-\rho')u}{(\rho_s-\rho)\mu'}=0.135\times\frac{(776.5-998.2)\times1.81\times10^{-5}}{(776.5-1.205)\times1.005\times10^{-3}}=-6.94\times10^{-4}\text{m/s}$$

u_t' 得负值表明油珠在水中做升浮运动。所以有

$$h=u_t'\theta_t=-6.94\times10^{-4}\times20=-13.9\times10^{-3}\text{m}$$

即在 20s 内油珠上升距离为 13.9×10^{-3}m。

结果表明同一尺寸的油珠在不同介质中沉降时，沉降速度相差很大，而且运动方向相反。可见，颗粒的沉降速度是由颗粒特性和介质特性综合因素决定的。当颗粒密度 ρ_s 小于介质密度 ρ 时，颗粒将在介质中做升浮运动。

[例 3-3] 流量为 1m³/s 的 20℃常压含尘气体在进入反应器之前需要尽可能除尽尘粒并升温至 400℃，已知固粒密度 $\rho_s=1800$kg/m³，降尘室底面积为 65m²。试求：

（1）先除尘后升温理论上能够完全除去的最小颗粒直径；

（2）先升温后除尘理论上能够完全除去的最小颗粒直径；

（3）如欲更彻底地除去尘粒，对原降尘室应如何改造？

解：含尘气体的物性数据可按空气取值，即：

20℃时，$\rho=1.205$kg/m³，$\mu=1.81\times10^{-5}$Pa·s；400℃时，$\rho'=0.524$kg/m³，$\mu'=$

$3.31 \times 10^{-5} \mathrm{Pa} \cdot \mathrm{s}$。

（1）先除尘后升温，降尘室生产能力的表达式为

$$V_s = blu_t, \quad u_t = V_s/bl = 1/65 = 0.01538 \mathrm{m/s}$$

假设沉降在滞流区，则

$$d_{\min} = \sqrt{\frac{18\mu u_t}{(\rho_s - \rho)g}} = \sqrt{\frac{18 \times 1.81 \times 10^{-5} \times 0.01538}{(1800 - 1.205) \times 9.807}} = 1.69 \times 10^{-5} \mathrm{m}$$

核算沉降区：

$$Re_t = \frac{d_{\min}u_t\rho}{\mu} = \frac{1.69 \times 10^{-5} \times 0.01538 \times 1.205}{1.81 \times 10^{-5}} = 0.0173 < 1$$

（2）先升温后除尘，降尘室生产能力的表达式为

$$v'_s = 1 \times \frac{273 + 400}{273} = 2.465 \mathrm{m^3/s}$$

$$u'_t = 2.465/65 = 0.03792 \mathrm{m/s}$$

$$d'_{\min} = \sqrt{\frac{18 \times 3.31 \times 10^{-5} \times 0.03792}{1800 \times 9.807}} = 3.578 \times 10^{-5} \mathrm{m}$$

$$Re'_t = \frac{d_{\min}'u_t'\rho'}{\mu'} = \frac{3.578 \times 10^{-5} \times 0.03792 \times 0.524}{3.31 \times 10^{-5}} = 0.0214 < 1$$

（3）提高除尘效果的措施。

设置若干层水平隔板，构成多层降尘室，便可使更细的尘粒被除去。如设置 10 层隔板，采用先除尘后升温的操作流程，理论上可完全除去的最小颗粒直径变为

$$d''_{\min} = 1.69 \times 10^{-5}/\sqrt{n+1} = 1.69 \times 10^{-5}/\sqrt{11} = 0.5096 \times 10^{-5} \mathrm{m}$$

[例 3-4]　用旋风分离器组来处理含尘气体中的尘粒。旋风分离器组由四台直径为 560mm 的标准旋风分离器组成。采用先除尘后升温的流程。气体黏度为 $1.81 \times 10^{-5} \mathrm{Pa} \cdot \mathrm{s}$，颗粒密度为 $1800 \mathrm{m^3/s}$，气体密度为 $1.205 \mathrm{m^3/s}$。气体的处理量为 $2.40 \mathrm{m^3/s}$，试计算：

（1）旋风分离器的离心分离因数；

（2）临界粒径及分割粒径；

（3）气体在旋风分离器中的压强降。

解：操作条件下的生产能力为 $2.40 \mathrm{m^3/s}$，单台旋风分离器的生产能力为

$$V_1 = \frac{1}{4}V_s = \frac{1}{4} \times 2.40 = 0.60 \mathrm{m^3/s}$$

对于标准旋风分离器，有关参数为

进口管宽度　　　　　$B = D/4 = 0.56/4 = 0.14 \mathrm{m}$

进口管高度　　　　　$h = D/2 = 0.56/2 = 0.28 \mathrm{m}$

进口气速为　　$u_i = V_1/Bh = 0.60/(0.14 \times 0.28) = 15.31 \mathrm{m/s}$

气流旋转的有效圈数 $N_e = 5$，阻力系数 $\zeta = 8$。

（1）离心分离因数。

$$K_c = \frac{u_i^2}{hg} = \frac{15.31^2}{0.28 \times 9.807} = 85.36$$

（2）临界粒径及分割粒径。

$$d_c = \sqrt{\frac{9\mu B}{\pi N_e \rho_s u_i}} = \sqrt{\frac{9 \times 1.81 \times 10^{-5} \times 0.14}{\pi \times 5 \times 1800 \times 15.31}} = 7.26 \times 10^{-6} \mathrm{m}$$

$$d_{50} = 0.27 \sqrt{\frac{\mu D}{(\rho_s - \rho) u_i}} = 0.27 \times \sqrt{\frac{1.81 \times 10^{-5} \times 0.56}{(1800 - 1.205) \times 15.31}} = 5.18 \times 10^{-6} \text{m}$$

（3）压强降。

$$\Delta p = \zeta \frac{\rho u_i^2}{2} = 8 \times \frac{1.205 \times 15.31^2}{2} = 1130 \text{Pa}$$

[例3-5] 拟用旋风分离器回收由流化床干燥器排出的50℃常压尾气中的球形颗粒。操作条件下，气体的处理量为 $9000 \text{m}^3/\text{h}$，固相密度为 1800kg/m^3，气体密度为 1.09kg/m^3，黏度为 $1.81 \times 10^{-5} \text{Pa·s}$，要求气体通过旋风分离器的压强降不超过 1.20kPa，且规定 $15 \mu\text{m}$ 粒径颗粒的回收率不低于 90%，试选择适宜的旋风分离器的类型和型号。

解： 本例选择的旋风分离器必须同时满足生产能力、压强降及除尘效率三项要求。

（1）旋风分离器的选型。

$$\Delta p = \Delta p' \frac{1.2}{\rho} = 1.20 \times \frac{1.2}{1.09} = 1.32 \text{kPa}$$

根据生产能力 $Q = 9000 \text{m}^3/\text{h}$ 及压强降 $\Delta p = 1.32 \text{kPa}$，选择两台5型分离器并联操作。单台有关参数如下：圆筒直径 $D = 525 \text{mm}$，生产能力 $Q_1 = 4500 \text{m}^3/\text{h}$，允许压强降 $\Delta p = 1.35 \text{kPa}$，进口管高度 $h = 525 \text{mm}$，进口管宽度 $B = 136.5 \text{mm}$。

（2）核算粒级效率。

用标准式旋风分离器的通用粒级效率曲线对 $15 \mu\text{m}$ 颗粒的粒级效率进行估算。

在规定生产能力下，气体的实际入口速度为

$$u_i = \frac{V_s}{hB} = \frac{4500}{3600 \times 0.525 \times 0.1365} = 17.44 \text{m/s}$$

将有关参数代入式（3-30）来估算 d_{50}，即

$$d_{50} \approx 0.27 \sqrt{\frac{\mu D}{\rho_s u_i}} = 0.27 \times \sqrt{\frac{1.81 \times 10^{-5} \times 0.525}{1800 \times 17.44}} = 4.70 \times 10^{-6} \text{m}$$

$$d/d_{50} = 15/4.70 = 3.19$$

由 d/d_{50} 的数值查通用粒级效率曲线得到第 i 小段粒径范围内颗粒的粒级效率 $\eta_{pi} = 92\%$，大于 90% 的要求。

[例3-6] 在一定压差下对某悬浮液进行恒压过滤，过滤5min时测得滤饼厚度为3cm，又过滤5min，测得滤饼厚度为5cm。现用滤框厚度为26cm的板框压滤机，采用同样条件下的压差过滤该悬浮液，试求一个操作周期内的过滤时间。

解： 恒压过滤方程式为

$$V^2 + 2VV_e = KA^2\theta$$

式中

$$V = LA/v \text{ 及 } V_e = L_eA/v$$

则

$$L^2 + 2LL_e = Kv^2\theta$$

令

$$a = 1/Kv^2 \text{ 及 } b = 2L_e/Kv^2$$

于是

$$\theta = aL^2 + bL$$

将两组数据代入上式，得到

$$5=9a+3b \text{ 及 } 10=25a+5b$$

解得

$$a=\frac{1}{6}, \quad b=3.5/3$$

滤饼充满滤框（$L=13\text{cm}$）所需时间为

$$\theta=\frac{1}{6}\times 13^2+\frac{3.5}{3}\times 13=43\text{min}$$

[**例 3-7**]用小型板框过滤机对某悬浮液进行恒压过滤实验，过滤压强差为 150kPa，测得过滤常数 $K=2.5\times 10^{-4}\text{m}^2/\text{s}$，$q_e=0.02\text{m}^3/\text{m}^2$。今拟用一转筒真空过滤机过滤该悬浮液，过滤介质与实验时相同，操作真空度为 60kPa，转速为 0.5r/min，转筒的浸没度为 1/3。若要求转筒真空过滤机的生产能力为 5m^3/h，试求转筒真空过滤机的过滤面积。已知滤饼不可压缩。

解：由连续过滤机的生产能力可求得过滤面积。

$$Q=60nA\left[\sqrt{K\left(\frac{60\varphi}{n}+\theta_e\right)}-q_e\right]$$

式中

$$K=2.5\times 10^{-4}\times\frac{60}{150}=1.0\times 10^{-4}\text{m}^2/\text{s}$$

$$\theta_e=q_e^2/K=0.02^2/(1.0\times 10^{-4})=4\text{s}$$

于是

$$5=60\times 0.5A\left[\sqrt{1.0\times 10^{-4}\times\left(\frac{60}{3\times 0.5}+4\right)}-0.02\right]=1.30A$$

则

$$A=3.8\text{m}^2$$

[**例 3-8**]拟用 810nm×810nm 的板框压滤机过滤某种水的悬浮液。在 147.2kPa 的恒压差下，过滤常数 $K=2.73\times 10^{-5}\text{m}^2/\text{s}$，滤饼不可压缩，过滤介质阻力可忽略不计。每立方米滤液可得滤饼体积 0.04m^3，试求：

(1) 欲在 1h 时得滤饼 0.4m^3，所需的滤框数和框的厚度；

(2) 欲使过滤机在最佳工况下操作，操作压强需提高至多少（kPa）？已知每批操作的洗涤时间和辅助时间共约 45min。

解：(1) 根据滤液体积用恒压过滤方程计算过滤面积，进而确定框数。由滤饼的体积计算框厚。

$$V=V_c/v=0.4/0.04=10\text{m}^3$$

由于介质阻力可以忽略，则

$$V^2=KA^2\theta$$

得

$$10^2=2.73\times 10^{-5}\times 3600A^2$$

解得

$$A=31.9\text{m}^2$$

又

$$A=0.81\times 0.81\times 2n$$

则 $n=24.31$，取 25 个。

实际过滤面积为

$$A = 0.81^2 \times 2 \times 25 = 32.81 \text{m}^2$$

所需滤框厚度为

$$b = 0.4/(25 \times 0.81^2) = 0.0244 \text{m}$$

实取框厚 25mm。

（2）操作压强。最佳工况的过滤时间为 45min，则

$$10^2 = 32.81^2 \times 45 \times 60 K'$$

$$K' = 3.44 \times 10^{-5} \text{m}^2/\text{s}$$

$$\Delta p' = \frac{3.44}{2.73} \times 147.2 = 185.5 \text{kPa}$$

第4章

传热

食品工程原理
学习指导

本章符号说明：

英文字母：

A——辐射吸收率；

b——厚度，m；

c_p——定压比热容，kJ/(kg·℃)；

d——管径，m；

D——透过率；

g——重力加速度，m/s^2；

Gr——格拉斯霍夫数；

K——总传热系数，W/(m^2·℃)；

L——长度，m；

n——指数，管数；

Nu——努塞特数；

P_r——普兰特数；

q——热通量，W/m^2；

Q——传热速率，W；

r——半径，m；

r——汽化热，kJ/kg；

R——污垢系数，m^2·℃/W；

R——半径，m；

R——反射率；

Re——雷诺数；

S——传热面积，m^2；

t——冷流体温度，℃；

t——管心距，m；

T——热流体温度，℃；

u——流速，m/s；

W——质量流量，kg/s。

希腊字母：

α——对流传热系数，W/（m^2·℃）；

β——体积膨胀系数，℃$^{-1}$；

ε——传热效率；

ε——黑度；

λ——导热系数，W/（m·℃）；

μ——黏度，Pa·s；

ρ——密度，kg/m^2；

φ——校正系数；

φ——角系数。

下标：

b——黑体；

c——冷流体；

h——热流体；

i——管内；

m——平均；

o——管外；

s——污垢；

w——壁面；

Δt——温度差。

4.1 本章学习指导

4.1.1 本章学习目的

通过本章学习，掌握传热的基本原理、传热的规律，并运用这些原理和规律去分析和计算传热过程的有关问题，比如：换热器的结构设计和选型，换热器的操作调节和优化，强化传热或加强保温。

4.1.2 本章应掌握的内容

重点掌握单层、多层平壁热传导速率方程，单层、多层圆筒壁热传导速率方程及其应用；换热器的能量衡算、总传热速率方程和总传热系数的计算，并用平均温度差法进行传热面积的计算。掌握对流传热过程及对流传热系数的影响因素分析。掌握传热的三种基本方式及其热量传递过程，换热器的结构特点和选型，两固体间的辐射传热速率方程及其在食品工程领域的应用。了解保温层临界直径及其应用，对流-辐射传热在食品工程领域的应用，传热设计的步骤、计算项目和设备选型要考虑的问题。

4.1.3 本章学习中应注意的问题

边界层（形成、发展与分离）的概念及边界层与传热过程的结合在食品工程领域的应用案例分析，辐射传热的基本概念和定律，辐射传热速率的影响因素。

4.2　概述

稳态传热即传热速率在任何时候都为常数不变，并且系统中各点的温度仅随位置变化，与时间没有关系。

4.2.1　传热的基本方式

根据传热机理的不同，将传热分为三种基本方式，即热传导、热对流和热辐射。热量传递可以以其中一种方式进行，也可以以两种或三种方式同时进行。在无外功输入时，热流方向总是由高温部位流向低温部位。

4.2.2　热交换方式

4.2.2.1　冷、热流体接触方式

对于某些传热过程可使热、冷流体以直接混合接触式进行热交换的换热器称为混合式换热器。蓄热式换热器是使热、冷流体交替地流过蓄热器，利用固体填充物来积蓄和释放热量而达到换热的目的。而在食品产品生产中大多是间壁式热交换，即冷、热流体在壁面两侧分别流动，固体壁面在中间构成间壁式换热器。

4.2.2.2　间壁式换热的传热过程

（1）热流体以对流方式将热量传递给与热流体接触的壁面。

（2）热量以热传导方式由与热流体接触的壁面传递至与冷流体接触的壁面。

（3）与冷流体接触的壁面又以对流方式将热量传递给冷流体。

对流传热是由流体内部各部分质点发生宏观运动而引起的热量传递过程，因而对流传热只能发生在有流体流动的场合，通常将流体与固体壁面之间的传热称为对流传热过程，将热、冷流体通过壁面之间的传热称为热交换过程，简称传热过程。

4.2.3　间壁式换热器

套管式换热器是最简单的间壁式换热器，冷、热流体分别流经内管和环隙，而进行热的传递。管壳式换热器是应用最广的换热器，在管壳式换热器中，在管内流动的流体称为管程流体，而在管壳与管束之间从管外表面流过的流体称为壳程流体。管（壳）程流体在管束内来回流过的次数，则称为管（壳）程数。

两流体间的传热管壁表面积即为传热面积。对于一定的传热任务，分别用管内径、外径或平均直径计算，对应的传热面积分别为管内侧、管外侧或平均面积。

传热速率和热通量是评价换热器性能的重要指标。传热速率 Q 是指单位时间内通过传热面的热量，其单位为 W，可表示传热的快慢。热通量 q 则是指每单位面积的传热速率，其单位为 W/m^2。由于换热器的传热面积可以用圆管的内、外或对数平均面积值表示，因此相应的热量计算过程必须指出是选择的哪一基准面积。

4.2.4　载热体及其选择

物料在换热器内被加热或冷却时，通常需要用另一种流体供给或取走热量，此种流体称为载热体，其中起加热作用的载热体称为加热剂（或加热介质），起冷却（冷凝）作用的载热体称为冷却剂（或冷却介质）。对于一定的传热过程，选择的载热体及工艺条件决定了需要提供或取出的热量，从而决定了传热过程的费用。选择载热体时还应考虑载热体的温度易调控；饱和蒸气压较低，加热时不易分解；毒性小，不易燃易爆，不腐蚀设备；价格便宜，易获得等因素。

4.3　热传导

热量不依靠宏观混合运动而从物体中的高温区向低温区移动的过程叫热传导，简称导热。物体或系统内各点间的温度差，是热传导的必要条件。由热传导方式引起的导热速率取决于物体内温度的分布情况。热传导在固体、液体和气体中都可以发生，但它们的导热机理各有不同。

4.3.1　基本概念和傅里叶定律

4.3.1.1　温度场和温度梯度

（1）温度场：任一瞬间物体或系统内各点的温度分布总和为温度场。若温度场内各点的温度 θ 不随时间 t 而变，即为稳态温度场，否则称为非稳态温度场。若物体内的温度 θ 仅沿一个坐标方向（如 z）发生变化，此温度场为稳态的一维温度场，即

$$t = f(x) \quad \frac{\partial t}{\partial \theta} = \frac{\partial t}{\partial z} = 0 \tag{4-1}$$

（2）等温面：温度场中同一时刻下相同温度各点所组成的面积为等温面。温度不同的等温面彼此不相交；在等温面上无热量传递，而沿和等温面相交的任何方向则有热量传递。

（3）温度梯度：将两相邻等温面的温度差 Δt 与其垂直距离 Δn 之比的极限称为温度梯度。对稳态的一维温度场，温度梯度可表示为

$$\mathrm{grad}t = \frac{\mathrm{d}t}{\mathrm{d}x} \tag{4-2}$$

温度梯度的正方向是指向温度升高的方向。

（4）傅里叶定律：描述热传导现象的物理定律为傅里叶定律。

$$\frac{\mathrm{d}Q}{\mathrm{d}S} = -\lambda\frac{\partial t}{\partial n} \tag{4-3}$$

式（4-3）中的负号表示热流量的方向总是与温度梯度的方向相反。

4.3.1.2　导热系数

导热系数的定义式为

$$\lambda = -\frac{\mathrm{d}Q/\mathrm{d}S}{\partial t/\partial n} \tag{4-4}$$

该式表明，导热系数在数值上等于单位温度梯度下的热通量。导热系数 λ 表征了物质导热能力的大小，是物质的物理性质之一。导热系数的大小和物质的形态、组成、密度、温度及压强有关。一般来说，金属的导热系数最大，非金属固体次之，液体较小，气体最小。

4.3.2　单层平壁的热传导

假设材料均匀，导热系数不随温度变化，或可取平均值；平壁内的温度仅沿垂直于平壁的方向变化，即等温面垂直于传热方向；平壁面积与平壁厚度相比很大，故可以忽略热损失。则有

$$Q = \frac{\lambda S}{b}(t_1 - t_2) = \frac{\Delta t}{R} \tag{4-5}$$

式（4-5）适用于 λ 为常数的稳态热传导过程。对于各处温度不同的固体，其导热系数可以取固体两侧面温度下 λ 值的算术平均值。式（4-5）表明导热速率与导热推动力成正比，与导热热阻 R 成反比；还可以看出，平壁厚度越大，传热面积和导热系数越小，则导热热阻越大。

4.3.3　多层平壁的热传导

在多层平壁稳态热传导时，若假设多层之间接触良好，则互相接触的两表面温度相同。若各表面温度分别为 t_1，t_2，t_3，$t_4 \cdots$，且 $t_1 > t_2 > t_3 > t_4 \cdots$，则通过各层平壁截面的传热速率必相等，即 $Q_1 = Q_2 = Q_3 = Q_4 = \cdots = Q$。

由此得出热传导速率方程式可表示为

$$Q = \frac{t_1 - t_{n+1}}{\sum \dfrac{b_i}{\lambda_i S}} \tag{4-6}$$

式（4-6）中下标 i 表示平壁的序号。由式（4-6）可见，多层平壁热传导的总推动力为各层温度差之和，即总温度差；总热阻为各层热阻之和。在多层平壁的计算中，层与层之间出现的温度降低是表面粗糙不平而产生接触热阻的缘故。接触热阻与接触面材料、表面粗糙度及接触面上的压强等因素有关。

4.3.4　圆筒壁的热传导

圆筒壁的热传导与平壁热传导的不同之处在于圆筒壁的传热面积和热通量不是常量，这是由于半径发生改变，传热面积和温度也随之发生变化，但传热速率不发生改变。

与单层平壁的热传导类似，可得

$$Q = \frac{2\pi\lambda L(t_1 - t_2)}{\ln(r_2/r_1)} = \lambda S_m \frac{t_1 - t_2}{r_2 - r_1} \tag{4-7}$$

式（4-7）即为单层圆筒壁的热传导速率方程。其中

$$S_m = 2\pi \frac{r_2 - r_1}{\ln(r_2/r_1)} L = 2\pi r_m L \tag{4-8}$$

$$r_m = \frac{r_2 - r_1}{\ln\dfrac{r_2}{r_1}} \tag{4-9}$$

4.4 对流传热

4.4.1 对流传热速率方程和对流传热系数

4.4.1.1 对流传热速率方程

以流体和壁面间的对流传热为例，对流传热速率方程可以用牛顿冷却定律表示为

$$Q = \alpha S \Delta t = \frac{\Delta t}{\dfrac{1}{\alpha S}} \tag{4-10}$$

4.4.1.2 对流传热系数

对流传热系数在数值上等于单位温度差下单位传热面积的对流传热速率，其单位为 W/($m^2 \cdot °C$)，它反映了对流传热的快慢，α 越大表示对流传热越快。对流传热系数 α 不是流体的物理性质，而是受诸多因素影响的一个系数，反映了对流传热热阻的大小。

4.4.2 对流传热过程

4.4.2.1 对流传热分析

当流体流过固体壁面时，壁面附近的流体会形成边界层。处于层流状态下的流体在与流动方向相垂直的方向上进行热量传递时，其传递方式为热传导。

当湍流的流体流经固体壁面形成湍流边界层时，固体壁面处的热量首先以热传导方式通过静止的流体层进入层流内层，在层流内层中传热方式亦为热传导；然后热流经层流内层进入缓冲层，在这层流体中，兼有热传导和对流传热两种传热方式；最后热流由缓冲层进入湍流核心，湍流核心的热量传递以旋涡传热为主。层流内层的热阻是主要热阻，如果减小层流内层的厚度可以强化对流传热。

4.4.2.2 热边界层

当流体流过固体壁面时，若二者温度不同，则壁面附近的流体受壁面温度的影响将建立一个温度梯度，一般将流动流体中存在温度梯度的区域称为温度边界层，也称为热边界层。紧靠壁面附近薄层流体（滞流内层）中的温度梯度用 $\left(\dfrac{\mathrm{d}t}{\mathrm{d}y}\right)$ 表示，由于通过这一薄层的传热只能是流体间的热传导，因此传热速率可用傅里叶定律表示，联立牛顿冷却定律和傅里叶定律表示式，并消去 $\mathrm{d}Q/\mathrm{d}S$，则可得

$$\alpha = -\frac{\lambda}{T - T_w}\left(\frac{\mathrm{d}t}{\mathrm{d}y}\right)_w = -\frac{\lambda}{\Delta t}\left(\frac{\mathrm{d}t}{\mathrm{d}y}\right)_w \tag{4-11}$$

式（4-11）是对流传热系数 α 的另一定义式。该式表明，对于一定的流体和温度差，只要知道壁面附近流体层的温度梯度，就可由该式求得 α。热边界层的薄厚直接影响了温度分布，从而影响温度梯度。

4.4.3 保温层的临界直径

食品产品输送管路外常需要保温隔热，以减少热量的损失。通常，热量损失随保温层厚度的变化存在最大值，Q 为最大值时的临界直径为

$$d_c = 2\lambda / \alpha \tag{4-12}$$

若保温层的外径小于临界直径，则增加保温层的厚度反而使热损失增大。只有外径大于临界直径，增加保温层的厚度才会使热损失减少。由此可知，对管径较小的管路包扎 λ 较大的保温材料时，需要核算管路外径是否小于临界直径。

4.5 传热过程计算

换热器的传热计算包括设计型和校核型两类。但是，无论哪种类型的计算，都需要应用热量衡算和总传热速率方程。

4.5.1 能量衡算

间壁式换热器作能量衡算，以小时为基准，因系统中无外功加入，且一般位能和动能项均可忽略，故实质上为焓衡算。

假设换热器绝热良好，热损失可以忽略，则在单位时间内换热器中对于微元面积 dS，热流体放出的热量等于冷流体吸收的热量，对于整个换热器，其热量衡算式为

$$Q = W_h(I_{h1} - I_{h2}) = W_c(I_{c2} - I_{c1}) \tag{4-13}$$

式中，Q 为换热器的热负荷，kJ/h 或 kW；下标 1 和 2 分别为换热器的进口和出口；I_h 为热流体的焓值；I_c 为冷流体的焓值。

若换热器中两流体均无相变，且流体的比热容不随温度变化或可取流体平均温度下的比热容时，则热量衡算式可表示为

$$Q = W_h c_{ph}(T_1 - T_2) = W_c c_{pc}(t_2 - t_1) \tag{4-14}$$

若换热器中流体有相变，例如饱和蒸汽冷凝时，则

$$Q = W_h r = W_c c_{pc}(t_2 - t_1) \tag{4-15}$$

式（4-14）的应用条件是冷凝液在饱和温度下排出。若冷凝液温度低于饱和温度时，则为

$$Q = W_h[r + c_{ph}(T_s - T_2)] = W_c c_{pc}(t_2 - t_1) \tag{4-16}$$

式中，T_s 为冷凝液的饱和温度。

4.5.2 总传热速率微分方程和总传热系数

根据导热速率方程和对流传热速率方程进行换热器的传热计算时，必须知道壁温，而实际上壁温往往是未知的。为便于计算，需避开壁温，直接用已知的冷、热流体的温度进行计算。为此，需要建立以冷、热流体温度差为传热推动力的传热速率方程，该方程即为总传热速率方程。

4.5.2.1 总传热速率方程的微分形式

冷、热流体通过任一微元面积 dS 的间壁传热过程的传热速率方程为

$$dQ = K(T-t)dS = K\Delta t\,dS \tag{4-17}$$

式（4-17）为总传热速率微分方程，该方程又称传热基本方程，它是换热器传热计算的基本关系式。式中局部总传热系数 K 可表示为单位传热面积、单位传热温差下的传热速率，它反映了传热过程的强度。应予指出，总传热系数必须和所选择的传热面积相对应，因此有

$$dQ = K_i(T-t)dS_i = K_o(T-t)dS_o = K_m(T-t)dS_m \tag{4-18}$$

4.5.2.2 总传热系数

总传热系数 K 是评价换热器性能的重要参数，也是对换热器进行传热计算的依据。K 的数值取决于流体的物性、传热过程的操作条件及换热器的类型等。

当冷、热流体通过间壁换热时，由传热机理可知，其传热是一个"对流—传导—对流"的串联过程。对于稳态传热过程，各串联环节速率必然相等，根据串联热阻叠加原理，可得总传热系数计算式，即

$$\frac{1}{K_o} = \frac{d_o}{\alpha_i d_i} + \frac{b d_o}{\lambda d_m} + \frac{1}{\alpha_o} \tag{4-19}$$

换热器在实际操作中，传热表面上常有污垢积存，对传热产生附加热阻，该热阻称为污垢热阻。设管壁内、外侧表面上的污垢热阻分别用 R_{si}、R_{so} 表示，根据热阻叠加原理有

$$\frac{1}{K_o} = \frac{d_o}{\alpha_i d_i} + R_{si}\frac{d_o}{d_i} + \frac{b d_o}{\lambda d_m} + R_{so} + \frac{1}{\alpha_o} \tag{4-20}$$

表明间壁两侧流体间传热总热阻等于两侧流体的对流传热热阻、污垢热阻及管壁导热热阻之和。

4.5.2.3 提高总传热系数

若传热面为平壁或薄管壁，d_i、d_m 和 d_o 如相等或近于相等，则

$$\frac{1}{K_o} = \frac{1}{\alpha_i} + R_{si} + \frac{b}{\lambda} + R_{so} + \frac{1}{\alpha_o} \tag{4-21}$$

当管壁热阻和污垢热阻均可忽略时，上式可简化为

$$\frac{1}{K_o} = \frac{1}{\alpha_i} + \frac{1}{\alpha_o} \tag{4-22}$$

K 值总是接近于 α 小的流体的对流传热系数值，且永远小于 α 的值。若 $\alpha_o = \alpha_i$，则称为管内、外侧对流传热控制，此时必须同时提高两侧的对流传热系数，才能提高 K 值。同样，若管壁两侧对流传热系数很大，即两侧的对流传热热阻很小，而污垢热阻很大，则称为污垢热阻控制，此时欲提高 K 值，必须设法减少污垢形成或及时清理污垢。

4.5.3 平均温度差法

在总传热速率方程式中，冷、热流体的温度差 Δt 是传热过程的推动力，它随传热过程冷、热流体的温度变化而改变。若以 Δt_m 表示传热过程冷、热流体的平均温度差，则其可表示为

$$Q = KS\Delta t_m \tag{4-23}$$

式（4-23）为总传热速率方程的积分形式，用该式进行传热计算时需先计算出 Δt_m，故此方法称为平均温度差法。

随着冷、热流体在传热过程中温度变化情况不同，Δt_m 的计算也不同。推导平均温度差时假定：传热为稳态过程；两流体的定压比热容均为常量，则可取为换热器进、出口温度下的平均值；总传热系数 K 为常量，即 K 值不随换热器的管长而变化；忽略热损失。换热器的传热有恒温传热和变温传热。

恒温传热时有

$$\Delta t_m = \Delta t \tag{4-24}$$

变温传热时，两流体可有逆流和并流、错流和折流几种流向。逆流和并流时的平均温度差等于换热器两端温度差的对数平均值，称为对数平均温度差，即

$$\Delta t_m = \frac{\Delta t_2 - \Delta t_1}{\ln \dfrac{\Delta t_2}{\Delta t_1}} \tag{4-25}$$

两流体呈错流和折流时，平均温度差 Δt_m 的计算基本思路是先按逆流计算对数平均温度差 $\Delta t_m'$，然后再乘以流动方向的校正系数，即

$$\Delta t_m = \varphi_{\Delta t} \Delta t_m' \tag{4-26}$$

各种复杂流动中同时存在逆流和并流，因此其 $\Delta t_m < \Delta t_m'$ 故 $\varphi_{\Delta t}$ 恒小于 1。通常在换热器的设计中规定值 $\varphi_{\Delta t}$ 不应小于 0.8。

若两流体均为变温传热时，且在两流体进、出口温度各自相同的条件下，逆流时的平均温度差最大，并流时的平均温度差最小，其他流向的平均温度差介于逆流和并流两者之间，因此就传热推动力而言，逆流优于并流和其他流动形式。

当换热器的传热量 Q 及总传热系数 K 一定时，采用逆流操作，所需的换热器传热面积较小；逆流的另一优点是可节省加热介质或冷却介质的用量。例如当逆流操作时，热流体的出口温度 T_2 可以降低至接近冷流体的进口温度 t_1，即逆流时热流体的温降较并流时的温降大，因此逆流时加热介质用量较少。所以，除了在某些工艺，对流体的温度有所限制时宜采用并流操作外，换热器应尽可能采用逆流操作。

4.5.4　对流传热系数关联式

对流传热是指运动流体与固体壁面之间的热量传递过程，故对流传热与流体的流动状况密切相关。根据流体在传热过程中的状态可将无相变的对流传热分为强制对流和自然对流，将有相变的对流传热分为蒸汽冷凝和液体沸腾。

4.5.4.1　影响对流传热系数的因素

由对流传热过程分析可知，影响对流传热系数的因素有：流体的种类和相变化、流体的特性（包括导热系数、黏度、比热容、密度以及体积膨胀系数等）、流体的温度、流体的流动状态、流体流动的原因，以及传热面的形状、位置和大小。

4.5.4.2　对流传热的因次分析

表 4-1 列出了对流系数关联式中各准数名称、符号和含义。

表 4-1　准数的名称、符号和含义

准数名称	符号	准数式	含义
努塞特数	Nu	$\dfrac{\alpha l}{\lambda}$	表示对流传热系数的准数
雷诺数	Re	$\dfrac{lu\rho}{\mu}$	表示流动状态的影响
普兰特数	Pr	$\dfrac{C_P\mu}{\lambda}$	表示物性的影响
格拉斯霍夫数	Gr	$\dfrac{l^3\rho^2 g\beta\Delta t}{\mu^2}$	表示自然对流的影响

注：l 为传热面积的特征尺寸，可以是管内径、外径或平板高度等，单位为 m。

4.5.5　无相变时的对流传热系数

4.5.5.1　流体在管内做强制对流

（1）流体在光滑圆形直管内做强制湍流，当流体为低黏度流体时的关系式为

$$Nu = 0.023Re^{0.8}Pr^n \tag{4-27}$$

（2）流体为高黏度流体时的关联式为

$$Nu = 0.027Re^{0.8}Pr^{1/3}\varphi_w \tag{4-28}$$

4.5.5.2　流体在管外做强制对流

流体在管束外做强制垂直流动，平均对流传热系数可分别用下式计算：

对于错列管束　　　　　$$Nu = 0.33Re^{0.6}Pr^{0.33} \tag{4-29a}$$

对于直列管束　　　　　$$Nu = 0.26Re^{0.6}Pr^{0.33} \tag{4-29b}$$

4.5.5.3　自然对流

自然对流时的对流传热系数准数关系式为

$$Nu = f(Gr,Pr) \tag{4-30}$$

4.5.6　有相变时的对流传热系数

4.5.6.1　蒸汽冷凝传热

（1）蒸汽冷凝传热方式是当蒸汽处于比其饱和温度低的环境中时，发生的冷凝现象。蒸汽冷凝主要有膜状冷凝和滴状冷凝两种方式。

（2）膜状冷凝时的对流传热系数理论公式在公式的推导中作了以下假设：冷凝液膜呈滞流流动，传热方式为通过液膜的热传导；蒸汽静止不动，对液膜无摩擦阻力；蒸汽冷凝成液体时所释放的热量仅为冷凝潜热，蒸汽温度和壁面温度保持不变；冷凝液的物性可按平均液膜温度取值，且为常数。

据上述假设，对蒸汽在垂直管外或垂直平板侧的冷凝有

$$\alpha = 0.943\left(\frac{r\rho^2 g\lambda^3}{\mu L\Delta t}\right)^{1/4} \tag{4-31}$$

（3）影响冷凝传热的因素：液膜的厚度及其流动状况，冷凝液膜两侧的温度差、流体

物性、蒸汽的流速和流向，蒸汽中不凝气体含量和冷凝壁面的粗糙度。

4.5.6.2 液体沸腾传热

所谓液体沸腾是指在液体的对流传热过程中，伴有由液相变为气相，即在液相内部产生气泡或气膜的现象。

（1）液体沸腾的分类主要有两种：第一种是将加热表面浸入液体的自由表面之下，液体在壁面受热沸腾时，液体的运动仅缘于自然对流和气泡的扰动，称为大容器沸腾；第二种是液体在管内流动过程中于管内壁发生的沸腾，称为管内沸腾。

（2）液体沸腾曲线：池内沸腾时的热通量 q、对流传热系数 α 与 Δt 之间的关系曲线称为液体沸腾曲线。由沸腾曲线分析得知，液体沸腾分三个阶段，即自然对流、泡状沸腾和膜状沸腾。

（3）影响沸腾传热的因素：液体性质、温度差 Δt、操作压强和加热壁面等。

4.6 辐射传热

因物体自身温度而发出的辐射能称为热辐射。热辐射是以光速进行传递，它的传递不需要任何介质。热辐射的另一个特征是其不仅产生能量的转移，而且还伴随着能量形式的转换。热辐射在食品工程中的应用很广泛，比如焙烤食品工业中，烤炉对食品的传热主要通过热辐射。

4.6.1 基本概念和定律

假设投射在某一物体上的总辐射能量为 Q，其中有一部分能量 Q_A 被吸收，一部分能量 Q_R 被反射，另一部分能量 Q_D 透过物体。根据能量守恒定律，可得 $A+R+D=1$。$A=\dfrac{Q_A}{Q}$，$R=\dfrac{Q_R}{Q}$，$D=\dfrac{Q_D}{Q}$ 分别为物体的吸收率、反射率、透过率。

4.6.2 黑体、镜体、透热体和灰体

能全部吸收辐射能的物体，即 $A=1$ 的物体，称为黑体或绝对黑体。

能全部反射辐射能的物体，即 $R=1$ 的物体，称为镜体或绝对白体。

能透过全部辐射能的物体，即 $D=1$ 的物体，称为透热体。

物体的吸收率 A、反射率 R 和透过率 D 的大小取决于物体的性质、表面状况及辐射线的波长等。能够以相等的吸收率吸收所有波长辐射能的物体，称为灰体。

4.6.3 物体的辐射能力 E

物体在一定温度下，单位表面积、单位时间内所发射的全部波长的辐射能，称为该物体在该温度下的辐射能力，以 E 表示，单位为 W/m^2。辐射能力可以表征物体发射辐射能的本领。在相同条件下，物体发射特定波长的能力，称为单色辐射能力，用 E_λ 表示，若用下标 b 表示黑体，则黑体辐射能力和单色辐射能力分别用 E_b 和 $E_{b\lambda}$ 表示。

4.6.4 物体辐射能力的影响因素

对于实际物体，在任一温度下，黑体的辐射能力最大，对于其他物体而言，物体的吸收率越大，其辐射能力也越大。在同一温度下，灰体的辐射能力与黑体的辐射能力之比称为灰体的黑度或发射率，用 ε 表示。在同一温度下，灰体的吸收率和黑度在数值上是相等的。

4.7 换热器

4.7.1 换热器的结构形式

间壁式换热器按换热面的形状分管式换热器、板式换热器和热管换热器等几大类。

管式换热器有管壳式（列管式）换热器、蛇管式换热器、套管式换热器和翅片管式换热器。列管式换热器是应用最为广泛的通用标准换热器，根据其结构特点又分为固定管板式、浮头式、U 形管式、填料函式和釜式等类型。

板式换热器有平板式换热器、螺旋板式换热器、热板式换热器。

4.7.2 换热器传热过程的强化

所谓换热器传热过程的强化就是力求使换热器在单位时间内、单位传热面积内传递的热量尽可能增多。

换热器传热计算的基本关系式揭示了换热器中传热速率 Q、传热系数 K、平均温度差 Δt_m 以及传热面积 S 之间的关系。根据此式，要使 Q 增大，无论是增加 K、Δt_m，还是 S 都能收到一定的强化传热过程效果。

4.7.2.1 增大传热面积

增大传热面积，可以提高换热器的传热速率。增大传热面积实际是指提高单位体积的传热面积，可以通过改进传热面的结构来实现。

4.7.2.2 增大平均温度差

增大平均温度差，可以提高换热器的传热速率。平均温度差的大小主要取决于两流体的温度条件和两流体在换热器中的流动形式。

4.7.2.3 增大总传热系数

增大总传热系数，可以提高换热器的传热速率。要提高 K 值就必须减少各项热阻，主要方法有：提高流体的速度、增强流体湍动程度、在流体中添加固体颗粒、在气流中喷入液滴、采用短管换热器、防止结垢和及时清除垢层。

4.7.3 管壳式换热器的设计和选型

4.7.3.1 设计的基本原则

（1）流体流径的选择。是指选择管程和壳程各走哪一种流体，此问题受多方面因素的制约。以固定管板式换热器为例,不洁净和易结垢、腐蚀性、压强高、有毒易污染的流体宜走管程;被冷却、流量小或黏度大的流体宜走壳程,在选择流体的流道时,必须根据具体的情况具体分析。

(2)流体流速的选择。流体流速的选择涉及传热系数、流动阻力及换热器结构等方面。

(3)冷却介质(或加热介质)终温的选择。在换热器的设计中,进、出换热器物料的温度一般是由工艺确定的,而冷却介质(或加热介质)的进口温度一般为已知,出口温度则由设计者确定。

(4)管程和壳程数的确定。

4.7.3.2 设计与选型的具体步骤

(1)根据换热器设计任务,计算总传热量。

(2)确定流体在换热器中的流动空间。

(3)根据流体的进、出口的温度,计算定性温度,确定在定性温度下的流体物性。

(4)计算对数平均温度差,并根据温度差校正系数不能小于0.8的原则确定壳程数,调整加热介质或冷却介质的出口温度。

(5)根据两流体的温差和设计要求,确定换热器的选型。

(6)根据换热两流体的性质及经验值,选取总传热系数 K。

(7)初步算出传热面积 S,并确定换热器的结构尺寸或按系列标准选择换热器规格。

(8)计算管、壳程压降,根据初选的设备规格,计算管、壳程的流速和压降,检查计算结果是否合理或满足工艺要求。

(9)核算总传热系数,计算管、壳程对流传热系数,确定污垢热阻 R_{so} 和 R_{si},再计算总传热系数 K 是否合适。

◆ **本章小结**

本章主要内容包括三种基本传热方式、单层和三层平壁与圆筒壁的传热速率方程、对流传热过程分析及其影响因素、传热过程的计算、换热器设计等,本章的公式、符号以及推导过程居多,需要系统总结和梳理。

4.8 例题

[例 4-1] 质量流量为 7200kg/h 的常压空气,要求将其温度由 20℃ 加热到 80℃,选用108℃ 的饱和水蒸气作加热介质。若水蒸气的冷凝传热膜系数为 1×10^4 W/(m²·℃),且已知空气在平均温度下的物性数据如下:比热容为 1kJ/(kg·℃),导热系数为 2.85×10^{-2} W/(m²·℃),黏度为 1.98×10^{-5} Pa·s,普兰特数为 0.7。忽略管壁及两侧污垢的热阻,热损失为 0。

现有一单程列管式换热器,装有 φ25mm×2.5mm 钢管 200 根,管长为 2m,核算此换热器能否完成上述传热任务?

解: 空气热负荷为

$$Q_{需要} = W_c c_{pc}(t_2 - t_1) = \frac{7200}{3600} \times 10^3 \times (80 - 20) = 1.2 \times 10^5 \text{W}$$

换热器的传热速率为 $\qquad Q_{换热器} = K_o S_o \Delta t_m$

$$Re = \frac{du\rho}{\mu} = \frac{dG}{\mu} = \frac{0.02 \times 7200}{3600 \times 0.785 \times 0.02^2 \times 200 \times 1.98 \times 10^{-5}} = 3.217 \times 10^4 > 10^4$$

$$Pr = 0.7, \frac{L}{d_i} = \frac{2}{0.02} = 100$$

所以 $\alpha_i = 0.023 \dfrac{\lambda}{d_i} Re^{0.8} Pr^{0.4} = 0.023 \times \dfrac{2.85 \times 10^{-2}}{0.02} \times (3.217 \times 10^4)^{0.8} \times 0.7^{0.4}$

$$= 114.7 \text{W/(m}^2 \cdot \text{℃)}$$

因忽略壁阻及污垢两侧的热阻，则

$$\frac{1}{K_o} = \frac{1}{\alpha_o} + \frac{d_o}{\alpha_i d_i} = \frac{1}{10^4} + \frac{25}{114.7 \times 20} = 0.0110 \text{m}^2 \cdot \text{℃/W}$$

所以总传热系数 $K_o = 90.9 \text{W/(m}^2 \cdot \text{℃)}$。

平均温度差为

$$\Delta t_m = \frac{(T - t_1) - (T - t_2)}{\ln \dfrac{T - t_1}{T - t_1}} = \frac{(108 - 20) - (108 - 80)}{\ln \dfrac{108 - 20}{108 - 80}} = 52.4 \text{℃}$$

换热器传热面积为

$$S_o = n\pi d_o L = 200 \times 3.14 \times 0.025 \times 2 = 31.4 \text{m}^2$$

换热器传热速率为

$$Q_{换热器} = K_o S_o \Delta t_m = 90.9 \times 31.4 \times 52.4 = 1.496 \times 10^5 \text{W}$$

则 $Q_{换热器} > Q_{需要}$，说明该换热器能完成上述传热任务。

[例 4-2] 有一单程列管换热器，传热面积为 4m^2，由 $\varphi 25\text{mm} \times 2.5\text{mm}$ 的管子组成。用进口温度为 25℃ 的水将机油由 200℃ 冷却至 100℃，水走管内，油走管间。已知水和机油的质量流量分别为 1200kg/h 和 1400kg/h，其比热容分别为 $4.2\text{kJ/(kg} \cdot \text{℃)}$ 和 2.0kJ/ $(\text{kg} \cdot \text{℃})$；水侧和油侧的对流传热系数分别为 $1800\text{W/(m}^2 \cdot \text{℃)}$ 和 $200\text{W/(m}^2 \cdot \text{℃)}$。两流体呈逆流流动，忽略管壁和污垢热阻，忽略热损失。

（1）校核该换热器是否合用。

（2）如不合用，采用什么措施可在原换热器中完成上述传热任务？（假设传热系数及水的比热容不变）

解：（1）机油放出的热量为

$$Q = W_h c_{ph}(T_1 - T_2) = 1400 \times 2 \times (200 - 100) = 280000 \text{kJ/h}$$

冷却水的出口温度为

$$t_2 = t_1 + \frac{Q}{W_c c_{pc}} = 25 + \frac{280000}{1200 \times 4.2} = 80.6 \text{℃}$$

平均温度差为

$$\Delta t_m = \frac{(T_1 - t_2) - (T_2 - t_1)}{\ln \dfrac{T_1 - t_2}{T_2 - t_1}} = \frac{(200 - 80.6) - (100 - 25)}{\ln \dfrac{200 - 80.6}{100 - 25}} = 95.5 \text{℃}$$

总传热系数为

$$K_o = \frac{1}{\frac{1}{\alpha_o} + \frac{d_o}{\alpha_i d_i}} = \frac{1}{\frac{1}{200} + \frac{25}{1800 \times 20}} = 175.6 W/(m^2 \cdot \text{℃})$$

所需要的传热面积为

$$S_{o需要} = \frac{Q}{K_o \Delta t_m} = \frac{280000 \times 10^3}{3600 \times 175.6 \times 95.5} = 4.64 m^2 > 4 m^2$$

则该换热器不适用。

（2）采取的措施。

热量衡算方程 $\qquad Q = W_c c_{pc}(t_2 - t_1)$

传热速率方程 $\qquad Q = K_o S_o \Delta t_m$

在 Q 及 K 一定的前提下，若增大冷却水用量，先从热量衡算方程看，Δt 必减小，而 t_1 不变则冷水出口温度 t_2 下降；再从传热速率方程看，Δt_m 必增加，使 S_o 下降，从而使原换热器面积符合。所以采取的措施为增大冷却水用量。

因 Q 一定，$S = 4 m^2$，则用原换热器面积操作时的平均温度差为

$$\Delta t_m = \frac{Q}{K_o S_o} = \frac{280000 \times 10^3}{3600 \times 175.6 \times 4} = 110.7 \text{℃}$$

假定平均温度差可用算术均值计算，即

$$\Delta t_m = \frac{(T_1 - t_2) + (T_2 - t_1)}{2} = \frac{(200 - t_2) + (100 - 25)}{2} = 110.7 \text{℃}$$

则冷水出口温度为

$$t_2 = 53.6 \text{℃}$$

冷却水用量为

$$W_c = \frac{Q}{c_{pc}(t_2 - t_1)} = \frac{280000}{4.2 \times (53.6 - 25)} = 2331 kg/h$$

从计算结果可以看出，增大冷却水用量，可使冷却水出口温度下降，平均温度差增加，故使原换热器面积适用。

[例 4-3] 用 120℃ 的饱和水蒸气加热单程列管换热器管内湍流流动的空气。空气流量为 2400kg/h，从 20℃ 加热至 80℃。操作条件下空气的密度为 1.093kg/m³，比热容为 1.005kJ/（kg·℃），根据任务要求设计的换热器主要尺寸为：管长 3m，管径为 $\varphi 25 mm \times 2.5 mn$ 的钢管 100 根。计算时可忽略壁阻、垢阻和热损失。

现仓库里有一台换热器，其管长为 3m，管径为 $\varphi 19 mm \times 2 mm$ 的钢管 100 根。

试验算：现有换热器能否代替所设计的换热器？

解： 原设计换热器：

$$Q = W_c c_{pc}(t_2 - t_1) = \frac{2400}{3600} \times 1.005 \times (80 - 20) = 40.2 kW$$

$$S_i = \pi d_i L n = 3.14 \times 0.02 \times 3 \times 100 = 18.84 m^2$$

$$\Delta t_m = \frac{(T - t_1) - (T - t_2)}{\ln \frac{T - t_1}{T - t_2}} = \frac{(120 - 20) - (120 - 80)}{\ln \frac{120 - 20}{120 - 80}} = 65.5 \text{℃}$$

$$K_i = \frac{Q}{S_i \Delta t_m} = \frac{40.2 \times 1000}{18.84 \times 65.5} = 32.58 W/(m^2 \cdot \text{℃})$$

$$\alpha_i \approx K_i = 32.58 \text{W}(/\text{m}^2 \cdot \text{℃})$$

现有换热器：

$$K'_i \approx \alpha'_i = \left(\frac{d_i}{d'_i}\right)^{1.8} \alpha^1_i = \left(\frac{20}{15}\right)^{1.8} \times 32.58 = 54.7 \text{W}(/\text{m}^2 \cdot \text{℃})$$

$$S'_i = \pi d'_i Ln = 3.14 \times 0.015 \times 3 \times 100 = 14.13 \text{m}^2$$

因

$$W_c c_{pc}(t'_2 - t_1) = K'_i S'_i \Delta t'_m$$

即

$$W_c c_{pc}(t'_2 - t_1) = K'_i S'_i \frac{(T - t_1) - (T - t'_2)}{\ln \dfrac{T - t_1}{T - t'_2}}$$

$$\ln \frac{T - t_1}{T - t'_2} = \frac{K'_i S'_i}{W_c c_{pc}}$$

则

$$\ln \frac{120 - 20}{120 - t'_2} = \frac{54.7 \times 14.13}{\dfrac{2400}{3600} \times 1.005 \times 1000}$$

解得

$$t'_2 = 88.5\text{℃}$$

则

$$\Delta t'_m = \frac{(T - t_1) - (T - t'_2)}{\ln \dfrac{T - t_1}{T - t'_2}} = \frac{(120 - 20) - (120 - 88.5)}{\ln \dfrac{120 - 20}{120 - 88.5}} = 59.3\text{℃}$$

所以

$$Q' = K'_i S'_i \Delta t'_m = 54.7 \times 14.13 \times 59.3 = 45833 \text{W} = 45.833 \text{kW}$$

故现有换热器能够代替原设计换热器。

得出：减小管径，空气流速增加，使通过换热管内的摩擦阻力增大，则风机的功率消耗增加。

[例 4-4] 在一列管式蒸汽冷凝器中，1109℃的饱和水蒸气在壳程冷凝为同温度的水，蒸汽冷凝传热系数为 1.1×10^4 W/（$\text{m}^2 \cdot$ ℃）。水在管内被加热，其进口温度为 25℃，比热容为 4.18kJ/（kg · ℃），流量为 12500kg/h，管壁对水的对流传热系数为 1000W（/$\text{m}^2 \cdot$ ℃）。列管式换热器由 φ25mm×2.5mm，长 3m 的 32 根钢管组成。试求冷水的出口温度。计算中忽略管壁及污垢热阻，忽略热损失。

解： 联立冷流体的热量衡算方程和传热速率方程式如下：

$$Q = W_c c_{pc}(t_2 - t_1) = K_o S_o \Delta t_m$$

因

$$\Delta t_m = \frac{(T - t_1) - (T - t_2)}{\ln \dfrac{T - t_1}{T - t_2}} = \frac{t_2 - t_1}{\ln \dfrac{T - t_1}{T - t_2}}$$

所以

$$W_c c_{pc}(t_2 - t_1) = K_o S_o \frac{t_2 - t_1}{\ln \dfrac{T - t_1}{T - t_2}}$$

整理上式得

$$\ln \frac{T - t_1}{T - t_2} = \frac{K_o S_o}{W_c c_{pc}}$$

其中

$$K_o = \frac{1}{\dfrac{1}{\alpha_o} + \dfrac{d_o}{\alpha_i d_i}} = \frac{1}{\dfrac{1}{1.1 \times 10^4} + \dfrac{25}{1000 \times 20}} = 745.8 \text{W}/(\text{m}^2 \cdot \text{℃})$$

$$S_o = n \pi d_o L = 32 \times 3.14 \times 0.025 \times 3 = 7.536 \text{m}^2$$

$$W_c c_{pc} = \frac{12500}{3600} \times 4.18 \times 10^3 \approx 14510 \, \text{W/℃}$$

$$\frac{K_o S_o}{W_c c_{pc}} = \frac{745.8 \times 7.536}{14510} = 0.3873$$

由 $T = 100℃$，$t_1 = 25℃$ 及 $\dfrac{K_o S_o}{W_c c_{pc}} = 0.3873$，得 $t_2 = 52.3℃$。

[例 4-5] 用水冷却油的并流换热器中，水的进、出口温度分别为 $25℃$ 和 $40℃$，油的进、出口温度分别为 $150℃$ 和 $100℃$，现因生产任务要求油的出口温度降至 $80℃$，设油和水的流量、进口温度及物性均不变，若原换热器的管长为 1.2m，试求将此换热器的管长增至多少米后才能满足要求。换热器的热损失可忽略。

解：当油的出口温度由 $T_2 = 100℃$ 降至 $T_2' = 80℃$ 时，两流体的 W、c_p 及 t_1、T_1 不变，由热量衡算式 $W_h c_{ph} (T_1 - T_2') = W_c c_{pc} (t_2' - t_1)$ 可知，冷流体出口温度增加为 t_2'，显然，$\Delta t_m'$ 下降。欲求新情况下的加热管长，必须联合热量衡算式与传热速率方程统一考虑。

原来情况的平均温度差为

$$\Delta t_m = \frac{(T_1 - t_1) - (T_2 - t_2)}{\ln \dfrac{T_1 - t_1}{T_2 - t_2}} = \frac{(150 - 25) - (100 - 40)}{\ln \dfrac{150 - 25}{100 - 40}} = 88.6℃$$

因

$$\frac{W_h c_{ph}}{W_c c_{pc}} = \frac{t_2 - t_1}{T_1 - T_2} = \frac{t_2' - t_1}{T_1 - T_2'}$$

即

$$\frac{40 - 25}{150 - 100} = \frac{t_2' - 25}{150 - 80} = 0.3$$

解出

$$t_2' = 46℃$$

后来情况的平均温差为

$$\Delta t_m' = \frac{(T_1 - t_1) - (T_2' - t_2')}{\ln \dfrac{T_1 - t_1}{T_2' - t_2'}} = \frac{(150 - 25) - (80 - 46)}{\ln \dfrac{150 - 25}{80 - 46}} = 69.9℃$$

列出原来情况与后来情况的热量衡算与传热速率方程：

原来　　　　　$W_h c_{ph} (150 - 100) = KS \Delta t_m = Kn\pi dL \times 88.6$

后来　　　　　$W_h c_{ph} (150 - 80) = KS' \Delta t_m' = Kn\pi dL' \times 69.9$

则

$$L' = \frac{70}{50} \times \frac{88.6}{69.9} \times 1.2 = 2.13\text{m}$$

第5章

蒸 发

食品工程原理
学习指导

本章符号说明：

英文字母：

c_P——定压比热容，kJ/(kg·℃)；

D——加热蒸汽压，kg/h；

e——单位蒸汽消耗量，kg/kg；

f——校正系数，无因次；

F——进料量，kg/h；

h——液体的焓，kJ/kg；

H——蒸汽的焓，kJ/kg；

K——总传热系数，W/(m²·℃)；

L——液面高度，m；

p——压强，Pa；

Q——传热速率，W；

r——汽化热，kJ/kg；

R_s——垢层热阻，m·℃/W；

S——传热面积，m²；

t——溶液的沸点，℃；

T——蒸汽的温度，℃；

U——蒸发强度，kg/(m²·h)；

W——蒸发量，kg/h；

x——溶质的质量分数。

希腊字母：

Δ——温度差损失，℃。

下标：

1、2——效数的序号；

0——进料的；

a——常压的；

B——溶质的；

L——热损失；

m——平均；

w——水的。

上标：

′——因溶液蒸汽压下降而引起的；

″——因液柱静压强而引起的；

‴——因流动阻力而引起的。

5.1　本章学习指导

5.1.1　本章学习目的

通过本章的学习，了解蒸发器的基本结构、特点及工作原理，并能根据实际情况选择合适的蒸发器。掌握蒸发操作中溶液沸点升高和温度差损失的原因及单效蒸发的计算项目。了解多效蒸发流程，通过对单效与多效蒸发的比较，建立多效蒸发效数的限制及最佳效数的概念。

5.1.2　本章应掌握的内容

重点掌握蒸发操作的特点、溶液的沸点升高及单效蒸发过程的计算（包括物料衡算、热量衡算、传热面积的计算）、蒸发的生产能力和生产强度等。

还应掌握蒸发设备的基本结构、特点及工作原理，并能根据情况选择合适的蒸发器。了解多效蒸发的操作流程、多效蒸发与单效蒸发的区别，并建立多效蒸发的效数有限制、存在最佳效数的概念。

5.2　概述

5.2.1　蒸发的概念

将含有不挥发溶质的溶液加热沸腾，使挥发性溶剂部分汽化从而将溶液浓缩的过程称为蒸发。蒸发操作广泛应用于化工、轻工、制药、食品等许多工业中，工业上被蒸发的溶液多为水溶液，故本章的讨论仅限于水溶液的蒸发。

5.2.2　蒸发操作的目的

（1）稀溶液的增浓。直接制取液体产品，或者将浓缩的溶液再经进一步处理（如冷却结晶）制取固体产品，例如稀烧碱溶液（电解液）的浓缩、蔗糖水溶液的浓缩以及各种果汁、牛奶的浓缩等。

（2）纯净溶剂的制取。蒸出的溶剂是产品，例如海水蒸发脱盐制取淡水。

（3）同时制备浓溶液和回收溶剂。例如中药生产中酒精浸出液的蒸发，

5.2.3　蒸发流程及过程分类

蒸发器由加热室和分离室两部分组成，其中加热室为一垂直排列的加热管束，用饱和

水蒸气在管外加热管内的溶液，使之沸腾汽化。完成液由蒸发器的底部排出。而溶液汽化产生的蒸汽经上部的分离室与溶液分离后由顶部引至冷凝器。为便于区别，将蒸出的蒸汽称为二次蒸汽，而将加热蒸汽称为生蒸汽或新鲜蒸汽。

根据蒸发操作压强的不同，可将蒸发过程分为常压蒸发、加压蒸发和减压（真空）蒸发。根据二次蒸汽是否用作另一蒸发器的加热蒸汽，可将蒸发过程分为单效蒸发和多效蒸发。根据蒸发的过程模式，可将其分为间歇蒸发和连续蒸发。

5.2.4 蒸发操作的特点

蒸发是间壁两侧均发生相变化的恒温热量传递过程，其传热速率是蒸发过程的控制因素，蒸发操作是从溶液中分离出部分溶剂，而溶液中所含溶质的数量不变。蒸发所用设备属于热交换设备。但与一般的传热过程比较，蒸发过程又具有其自身的特点，主要表现在：

（1）溶液沸点升高被蒸发的料液是含有非挥发性溶质的溶液，在相同压强下，溶液的沸点高于纯溶剂的沸点。因此，当加热蒸汽温度一定，蒸发溶液时的传热温度差要小于蒸发溶剂时的温度差。溶液的组成越复杂，这种影响也越显著。在进行蒸发设备的计算时必须考虑。

（2）物料的工艺特性，如热效性、结垢、析晶、腐蚀性等。

（3）可以进行能量利用与回收，如真空蒸发、多效蒸发、热泵蒸发、额外蒸汽取出等。

5.3 蒸发设备

随着工业蒸发技术的不断发展，蒸发设备的结构与形式也在不断改进与创新，其类型和结构多种多样。

5.3.1 蒸发器的结构与特点

常用蒸发器的多样性在于加热室、分离室的结构及其组合方式的变化。根据溶液在蒸发器中流动的情况，大致可将工业上常用的间接加热蒸发器分为循环型与单程型两类。

循环型蒸发器的特点是溶液在蒸发器内做循环流动。根据造成液体循环的原理不同，可将其分为自然循环和强制循环两类。目前常用的循环型蒸发器有以下几种，即中央循环管式蒸发器、悬筐式蒸发器、外热式蒸发器、列文蒸发器和强制循环蒸发器。单程型蒸发器的特点是溶液沿加热管壁成膜状流动，一次通过加热室即达到要求的组成。按物料在蒸发器内的流动方向及成膜原因的不同，可将其分为升膜蒸发器、降膜蒸发器、升-降膜蒸发器、刮板薄膜蒸发器。

5.3.2 蒸发器改进与发展

（1）通过改进加热管的表面形状来提高传热效果，开发出新型蒸发器。

（2）在蒸发器内装入多种形式的湍流构件或填料，改善蒸发器内液体的流动状况，可提高沸腾液体侧的传热系数。

（3）通过改进溶液性质来改善传热效果。

5.3.3　蒸发器性能的比较与选型

　　蒸发器的结构形式很多，在选择蒸发器的形式或设计蒸发器时，在满足生产任务要求、保证产品质量的前提下，还要兼顾所用蒸发器结构简单、易于制造、操作和维修方便、传热效果好等特点。除此而外，还要对被蒸发物料的工艺特性有更好的适应性，包括物料的黏性、热敏性、腐蚀性以及是否结晶或结垢等特性。

5.4　单效蒸发

　　对于单效蒸发，通常给定的生产任务和操作条件有：进料量及其温度和组成、完成液的组成、加热蒸汽的压强和冷凝器的操作压强。要求确定的条件有：水的蒸发量或完成液的量、加热蒸汽的消耗量、蒸发器的传热面积。这些计算项目需要由物料衡算、热量衡算和传热速率方程求出。

5.4.1　物料与热量衡算方程

5.4.1.1　物料衡算方程

　　对单效蒸发器进行溶质的质量衡算，可得水的蒸发量为

$$W = F\left(1 - \frac{x_0}{x_1}\right) \tag{5-1}$$

5.4.1.2　热量衡算方程

　　设加热蒸汽的冷凝液在饱和温度下排出，则由蒸发器的热量衡算得

$$Q = D(II - h_w) - WH' + (F - W)h_1 - Fh_0 + Q_L \tag{5-2a}$$

　　由式（5-2a）可知，如果在各物流的焓值已知及热损失确定的前提下，即可求出加热蒸汽用量 D 以及蒸发器的热负荷 Q。

　　溶液的焓值是其组成和温度的函数。在求算 D 时，按溶液的稀释热可以忽略的情况和稀释热不可以忽略的情况分别求算。

　　（1）大多数溶液属于可忽略溶液稀释热的情况，其焓值可由比热容近似计算。若以 0℃ 的溶液为基准，假定加热蒸汽的冷凝水在饱和温度下排出，则

$$D = \frac{Wr' + Fc_{p0}(t_1 - t_0) + Q_L}{r} \tag{5-2b}$$

　　上式表示加热蒸汽放出的热量用于以下三种情况：原料液由 t_0 升温到沸点 t_1，使水在 t_1 下汽化成二次蒸汽，弥补热损失。

　　若原料液在沸点下进入蒸发器并同时忽略热损失，则由式（5-2b）可得单位蒸汽消耗量 e 为

$$e = \frac{D}{W} = \frac{r'}{r} \tag{5-3}$$

　　e 值是衡量蒸发装置经济程度的指标。对于单效蒸发，理论上每蒸发 1kg 水约需 1kg 加热蒸汽。但实际上，由于溶液的热效应和热损失等因素，e 值约为 1.1 或更大。

（2）溶液稀释热不可忽略的情况。蒸发作为溶液稀释的逆过程，除了提供水分蒸发所需的汽化热之外，还需要提供和稀释热效应相等的浓缩热。溶质的质量分数越大，这种影响越显著。此时，加热蒸汽消耗量按下式计算，即

$$D = \frac{WH' + (F - W)h_1 - FH_0 + Q_L}{r} \tag{5-2c}$$

5.4.2 传热速率方程

蒸发器的传热速率方程与通常的热交换器相同。热负荷 Q 可通过对加热器做热量衡算求得。当忽略加热器的热损失时，Q 则为加热蒸汽冷凝放出的热量。

5.4.2.1 传热平均温度差

蒸发器加热室的一侧是蒸汽冷凝，其温度为 T；另一侧为溶液沸腾，其温度为溶液的沸点 t。因此，传热的平均温度差为

$$\Delta t_m = T - t \tag{5-4}$$

Δt_m 亦称为蒸发的有效温度差，是传热过程的推动力。

但在蒸发过程的计算中，一般给定的条件是加热蒸汽的压强（或温度 T）和冷凝器内的操作压强。由给定的冷凝器内的操作压强，可以定出进入冷凝器的二次蒸汽的温度 t_c。一般地，将蒸发器的总温度差定义为

$$\Delta t_T = T - t_c \tag{5-5}$$

蒸发计算中，通常将总温度差与有效温度差的差值称为温度差损失，即

$$\Delta = \Delta t_T - \Delta t_m \tag{5-6}$$

式中 Δ 亦称溶液的沸点升高。蒸发器内溶液的沸点升高（或温度差损失），应由如下三部分组成，即

$$\Delta = \Delta' + \Delta'' + \Delta''' \tag{5-7}$$

（1）由于溶液中溶质存在引起的沸点升高 Δ'。在相同压强下

$$\Delta' = t - T' \tag{5-8}$$

溶液的沸点 t 主要与溶质的种类、溶质含量及压强有关。一般需由实验测定，当缺乏实验数据时，可以用下式近似估算溶液的沸点升高。

$$\Delta' = f\Delta'_a \tag{5-9}$$

一般取

$$f = \frac{0.0162(T' + 273)^2}{r'} \tag{5-10}$$

溶液的沸点亦可用杜林规则估算。其表明一定组成的某种溶液的沸点与相同压强下标准液体的沸点呈线性关系。此外还可以利用杜林线图来查取溶液沸点。

（2）由于液柱静压头引起的沸点升高 Δ''。由于液层内部的压强大于液面上的压强，故相应的溶液内部的沸点高于液面上的沸点。一般以液层中部点处的压强和沸点代表整个液柱的平均压强和平均温度。二者之差即为液柱静压头引起的沸点升高。应当指出，由于溶液沸腾时形成的气液混合物，其密度大为减小，因此按上述求得的 Δ'' 值比实际值略大。

（3）由于流动阻力引起的沸点升高 Δ'''。二次蒸汽从蒸发室流入冷凝器的过程中，由于管路阻力，其压强下降，故蒸发器内压强高于冷凝器内的压强，由此造成的沸点升高以 Δ'''

表示。Δ''' 与二次蒸汽在管道中的流速、物性以及管道尺寸有关，很难定量分析，一般取经验值 $1 \sim 1.5℃$。对于多效蒸发，沸点升高一般取 $1℃$。

5.4.2.2　蒸发器的总传热系数

蒸发器的总传热系数的表达式原则上与普通换热器相同，只是管外蒸汽冷凝的传热系数 α_0 可按膜式冷凝的传热系数公式计算，垢层热阻 R_s 可按经验值估计。管内溶液沸腾，传热系数受诸多因素的影响，例如溶液的性质、蒸发器的形式、沸腾，传热的形式以及蒸发操作的条件等。

5.4.2.3　传热面积计算

在蒸发器的热负荷 Q、传热的有效温度差 Δt_m，及总传热系数 K 确定以后，蒸发器传热面积的计算与换热器相同，即 $Q = KS\Delta t_m$。

5.4.3　蒸发强度与加热蒸汽的经济性

蒸发强度与加热蒸汽的经济性是衡量蒸发装置性能的两个重要技术经济指标。

5.4.3.1　蒸发器的生产能力和蒸发强度

蒸发器的生产能力通常指单位时间内蒸发的水量，其单位为 kg/h。蒸发器生产能力的大小由蒸发器的传热速率 Q 来决定。

如果忽略蒸发器的热损失且原料液在沸点下进料，则蒸发器的生产能力为

$$W = \frac{Q}{r'} = \frac{KS\Delta t_m}{r'} \tag{5-11}$$

蒸发器的生产强度简称蒸发强度，是指单位时间内单位传热面积上所蒸发的水量，即

$$U = \frac{W}{S} \tag{5-12}$$

蒸发器的生产能力只能表示一个蒸发器生产量的大小，而蒸发强度是评价蒸发器优劣的重要指标，对于给定的蒸发量而言，蒸发强度越大，则所需的传热面积越小，因而蒸发设备的投资越小。

假定沸点进料，并忽略蒸发器热损失，则可得

$$U = \frac{Q}{Sr'} = \frac{K\Delta t_m}{r'} \tag{5-13}$$

由上式可知，提高蒸发强度的基本途径是提高总传热系数 K 和传热温度差 Δt_m。

（1）传热温度差 Δt_m 的大小取决于加热蒸汽的压强和冷凝器操作压强。

（2）提高蒸发强度的另一途径是增大总传热系数 K 或蒸汽冷凝的传热系数 α_0。

5.4.3.2　加热蒸汽的经济性

能耗是评定蒸发过程优劣的另一个重要评价指标，通常以加热蒸汽的经济性来表示。加热蒸汽的经济性 E 指 $1kg$ 生蒸汽可蒸发的水分量，即 (W/D)。E 越大，蒸发过程经济性越好。为了提高加热蒸汽的利用率或经济性，可采用多效蒸发。

5.5 多效蒸发

5.5.1 多效蒸发流程

按溶液与蒸汽相对流向的不同，多效蒸发有三种基本的加料流程（模式）。

并流模式，溶液与蒸汽的流动方向相同，均由第一效流向末效。逆流模式，溶液的流向与蒸汽的流向相反，加热蒸汽由第一效进入，而原料液由末效进入，由第一效排除。平流模式，原料液平行加入各效，完成液亦分别自各效排出，蒸汽流向仍由第一效流向末效。

5.5.2 多效蒸发与单效蒸发的比较

5.5.2.1 加热蒸汽的经济性

设单效蒸发与 n 效蒸发所蒸发的水量相同，则在理想情况下，单效蒸发时单位蒸汽用量为 1，而 n 效蒸发时为 $1/n$（kg/kg）。如果考虑了热损失、各种温度差损失以及不同压强下汽化热的差别等因素，则多效蒸发时单位蒸汽用量比 $1/n$ 稍大。但无论怎样，多效蒸发的效数越多，单位蒸汽的消耗量越小，相应的操作费用越低。

5.5.2.2 溶液的温度差损失

设多效蒸发与单效蒸发的操作条件相同，即加热蒸汽压强、冷凝器操作压强相同以及料液与完成液组成相同，则多效蒸发的温度差损失较单效蒸发时大，且效数越多，温度差损失越大，并且蒸发操作可能无法完成。

5.5.2.3 蒸发强度

设单效蒸发与多效蒸发的操作条件相同，即加热蒸汽压强、冷凝器操作压强相同以及原料与完成液组成均相同，则多效蒸发的蒸发强度较单效蒸发时小。即效数越多，蒸发强度越小，也就是说，蒸发 1kg 水需要的设备投资增大。

5.5.3 多效蒸发中的效数限制及最佳效数

随着多效蒸发效数的增加，温度差损失加大。某些溶液的蒸发还可能出现总温度差损失大于或等于总温度差的极端情况，此时蒸发操作则无法进行。因此多效蒸发的效数是有一定限制的。

随着多效蒸发效数的增加，一方面，单位蒸汽的耗量减小，操作费用降低，但降低的幅度越来越小；而另一方面，效数越多，设备投资费也越大。因此，蒸发的适宜效数应根据设备费与操作费之和为最小的原则权衡确定。通常，多效蒸发操作的效数还取决于被蒸发溶液的性质和温度差损失的大小等因素。

5.5.4 提高加热蒸汽经济性的其他措施

为了提高加热蒸汽的经济性，除采用多效蒸发外还可以采取以下措施：（1）抽出额外蒸汽；（2）冷凝水显热的利用；（3）热泵蒸发。

本章小结

　　本章内容涉及蒸发设备的基本结构、特点及工作原理，溶液的沸点升高原因及单效蒸发过程的计算，蒸发器的生产能力和蒸发强度，多效蒸发与单效蒸发的操作特点，并建立了多效蒸发的效数限制以及最佳效数的概念。

5.6 例题

　　[例 5-1] 在单效蒸发的中央循环管蒸发器内，将 4000kg/h 的 NaOH 水溶液由 10% 浓缩至 25%，原料液于 40℃进入蒸发器。分离室内绝对压强（绝压）为 15kPa，NaOH 水溶液在蒸发器加热管内的液层高度为 1.6m，操作条件下溶液的密度为 1230kg/m³。加热蒸汽为 120kPa 绝压的饱和蒸汽，冷凝水在饱和温度下排出。已测得总传热系数为 1300W/(m²·℃)，热损失为总热量的 20%。试求：

　　（1）加热蒸汽的消耗量；

　　（2）蒸发器的传热面积。

　　解：根据物料衡算，水分蒸发量为

$$W = F\left(1 - \frac{x_0}{x_1}\right) = 4000 \times \left(1 - \frac{0.1}{0.25}\right) = 2400 \text{kg/h}$$

　　（1）加热蒸汽消耗量 D。

　　NaOH 水溶液蒸发时的浓缩热不可忽略。又因冷凝水在加热蒸汽的饱和温度下排出，$H - h_w = r$，故其热量衡算式应为

$$D = \frac{WH' + (F-W)h_1 - Fh_0 + Q_L}{H - h_w} = \frac{[WH' + (F-W)h_1 - Fh_0] \times 1.2}{r}$$

　　由水的饱和蒸气压表查出：

　　加热蒸汽 $p = 120$kPa，$r = 2247$kJ/kg；二次蒸汽 $p' = 15$kPa，$h = 2594$kJ/kg。

　　由 NaOH 溶液的焓浓图查出：

　　原料液 $t_0 = 40$℃，$x_0 = 0.1$，$h_0 = 145$kJ/kg；完成液 $t = 72.7$℃，$x_1 = 0.25$，$h_1 = 280$kJ/kg。

　　将已知数据代入热量衡算式为

$$D = \frac{[2400 \times 2594 + (4000 - 2400) \times 280 - 4000 \times 145] \times 1.2}{2247} = 3254 \text{kg/h}$$

　　（2）蒸发器的传热面积。

　　首先查出 15kPa 绝压下二次蒸汽的温度 $T = 53.5$℃，汽化热 $r' = 2370$kJ/kg。

　　a. 因溶液蒸汽压下降而引起的沸点升高。由于溶液在中央循环管式蒸发器的加热管内不断循环，管内溶液始终接近完成液组成，故按 25% 的组成计算溶液的沸点升高。

　　采用校正系数法。首先可查出质量分数为 25% 的 NaOH 水溶液的沸点为 113.1℃，故常压下溶液的沸点升高为

$$\Delta'_a = 113.1 - 100 = 13.1 \text{℃}$$

　　15kPa 压强下溶液的沸点升高为

$$\Delta' = f\Delta'_a$$

$$f = \frac{0.0162(T'+273)^2}{r'} = \frac{0.0162 \times (53.5+273)^2}{2370} = 0.729$$

故 $\Delta' = 0.729 \times 13.1 = 9.55℃$。

另外，若根据 15kPa 下水的沸点 53.5℃ 及质量分数为 25% 的 NaOH 溶液查杜林线图，得操作条件下溶液的沸点为 63℃，可求得 $\Delta' = 9.5℃$。两种方法结果相近。

b. 因液柱静压强引起的沸点升高 Δ''。蒸发器加热管液层中部的压强为

$$p_m = p' + \frac{\rho g L}{2} = 15 \times 10^3 + \frac{1230 \times 9.81 \times 1.6}{2} = 24653Pa = 24.65kPa$$

查出与 $p_m = 24.65kPa$ 相对应的饱和蒸汽温度 $t_{pm} = 63.1℃$，及 $p' = 15kPa$ 下饱和蒸汽温度 $t_p = 53.5℃$，故由静压强引起的沸点升高为

$$\Delta'' = t_{pm} - t_p = 63.1 - 53.5 = 9.6℃$$

传热速率方程 $\qquad Q = KS\Delta_m = KS(T-t)$

传热速率 $\qquad Q = Dr = \frac{3254}{3600} \times 2247 = 2031kW$

加热蒸汽为 120kPa 绝对压强的饱和蒸汽温度为 104.5℃。

传热面积 $\qquad S = \frac{Q}{K'(T-t)} = \frac{2031 \times 10^3}{1300 \times (104.5-72.5)} = 49.1m^2$

[例 5-2] 在连续操作的单效蒸发器中，将 2000kg/h 的某无机盐水溶液由 10%（质量分数）浓缩至 30%（质量分数）。蒸发器的操作压力为 40kPa（绝压），相应的溶液沸点为 80℃。加热蒸汽的压力为 200kPa（绝压）。已知原料液的比热容为 3.77kJ/(kg·℃)，蒸发器的热损失为 12000W。设溶液的稀释热可以忽略，试求：

（1）水的蒸发量；

（2）原料液分别为 30℃、80℃ 和 120℃ 时的加热蒸汽耗量，并比较它们的经济性。

解：（1）水的蒸发量。

$$W = F\left(1 - \frac{x_0}{x_1}\right) = 2000 \times \left(1 - \frac{0.1}{0.3}\right) = 1333kg/h$$

（2）加热蒸汽消耗量。

查得压力为 40kPa 和 200kPa 的饱和水蒸气的冷凝潜热分别为 2312kJ/kg 和 2205kJ/kg。

a. 原料液温度为 30℃ 时，蒸汽消耗量为

$$D = \frac{2000 \times 3.77 \times (80-30) + 1333 \times 2312 + 12000 \times 3600/1000}{2205} = 1588kg/h$$

单位蒸汽消耗量为

$$e = \frac{D}{W} = \frac{1588}{1333} = 1.19kg/kg$$

b. 原料液温度为 80℃ 时，蒸汽消耗量为

$$D = \frac{1333 \times 2312 + 12000 \times 3600/1000}{2205} = 1417kg/h$$

$$e = \frac{1417}{1333} = 1.06kg/kg$$

c. 原料液温度为 120℃ 时，蒸汽消耗量为

$$D = \frac{2000 \times 3.77 \times (80-120) + 1333 \times 2312 + 12000 \times 3600/1000}{2205}$$

$$= 1280 \text{kg/h}$$

$$e = \frac{1280}{1333} = 0.96 \text{kg/kg}$$

由此可见，原料液进料液温度越高，加热蒸汽耗量越低，越经济。

[例5-3] 用一连续操作的单效标准式蒸发器，将 10%（质量分数）的 Na_2SO_4 水溶液浓缩至 25%（质量分数），进料量为 2000kg/h，沸点进料。加热介质为 0.3MPa（绝压）的饱和水蒸气，冷凝器的操作压力为 50kPa（绝压）。在操作条件下，蒸发器的总传热系数 $K = 1000 \text{W}/(\text{m}^2 \cdot \text{℃})$，溶液的平均密度为 1206kg/m^3。冷凝水在饱和温度下排出，热损失为 12000W，估计蒸发器中液面高度为 2m。试求得：

（1）水的蒸发量；

（2）加热蒸汽用量；

（3）蒸发器所需的传热面积。

解：（1）水的蒸发量。

$$W = F\left(1 - \frac{x_0}{x_1}\right) = 2000 \times \left(1 - \frac{0.10}{0.25}\right) = 1200 \text{kg/h}$$

（2）加热蒸汽用量。

已知冷凝器的操作压力为 50kPa，此压力下水蒸气的温度为 81.2℃。

取 $\Delta'' = 1$℃，则蒸发室内二次蒸汽的温度 $T' = 82.2$℃，相应的二次蒸汽压力 $p' = 52$kPa 及汽化热 $r' = 2304 \text{kJ/kg}$，加热蒸汽的冷凝热为 $r = 2168 \text{kJ/kg}$，温度为 $T = 133.3$℃。

常压下（101.3kPa）25% 质量分数的 Na_2SO_4 水溶液的沸点为 102℃，故 $\Delta'_a = 102 - 100 = 2$℃。

故，52kPa 下的沸点升高为

$$\Delta = \frac{0.0162(82.2+273)^2}{2304} \times 2 = 1.77\text{℃}$$

故液面上溶液的沸点为

$$t_B = 82.2 + 1.77 = 84.0\text{℃}$$

液层平均压力计算得到

$$p_a = p' + \frac{\rho g L}{2} = 52 \times 10^3 + \frac{1206 \times 9.81 \times 2}{2} = 63.8 \text{kPa}$$

在 63.8kPa 下水蒸气的温度为 87.2℃，故

$$\Delta'' = 87.2 - 84.0 = 3.2\text{℃}$$

因此，溶液的平均沸点为

$$t_1 = 84.0 + 3.2 = 87.2\text{℃}$$

有效温度差为

$$\Delta t_m = 133.3 - 87.2 = 46.1\text{℃}$$

因沸点进料，得

$$D = \frac{Wr' + Q_L}{r} = \frac{1200 \times 2304 + 12000}{2168} = 1280 \text{kg/h}$$

（3）蒸发器所需的传热面积。

$$A = \frac{Q}{K \Delta t_{\mathrm{m}}} = \frac{Dr}{K \Delta t_{\mathrm{m}}} = \frac{1280 \times 2168 \times 10^3}{3600 \times 46.1 \times 1000} = 16.7 \mathrm{m}^2$$

[例 5-4] 在单效蒸发器中将 2000kg/h 的某种水溶液从 10% 浓缩至 25%（质量分数），原料液的比热容为 3.77kJ/（kg·℃），操作条件下溶液的沸点为 80℃。如热蒸汽绝对压强为 200kPa，冷凝水在加热蒸汽的饱和温度下排出。蒸发室的绝对压强为 40kPa。忽略浓缩热及蒸发器的热损失。当原料液进入蒸发器的温度分别为 30℃ 及 80℃ 时，计算比较它们的蒸发经济性。

解： 因 $Q_1 = 0$，由物料衡算求出水分蒸发量，则

$$W = F \left(1 - \frac{x_0}{x_1}\right) = 2000 \times \left(1 - \frac{0.1}{0.25}\right) = 1200 \mathrm{kg/h}$$

$$D = \frac{Wr' + Fc_{p0}(t_1 - t_0)}{r}$$

由水的饱和蒸气压表查出：加热蒸汽 $p = 200 \mathrm{kPa}$ 时，$r = 2205 \mathrm{kJ/kg}$；二次蒸汽 $p' = 40 \mathrm{kPa}$ 时，$r' = 2319 \mathrm{kJ/kg}$。当 $t_0 = 30℃$ 时

$$D = \frac{1200 \times 2319 + 3.77 \times (80 - 30)}{2205} = 1433 \mathrm{kg/h}$$

$$e = \frac{D}{W} = \frac{1433}{1200} = 1.194 \mathrm{kg/kg}$$

当 $t_0 = 80℃$ 时

$$D = \frac{1200 \times 2319}{2205} = 1262 \mathrm{kg/h}$$

$$e = \frac{1262}{1200} = 1.052 \mathrm{kg/kg}$$

计算结果表明，原料液的温度越高，蒸发 1kg 水分消耗的加热蒸汽量越少。

第6章

干 燥

食品工程原理
学习指导

本章符号说明：

英文字母：

C——比容，m^3/kg；

c——比热容，$kJ/(kg \cdot \text{℃})$；

G——固体物料的质量流量，kg/s；

G'——固体物料的质量，kg；

H——空气的湿度，kg/kg；

I——湿空气的焓，kJ/kg；

I'——固体物料的焓，kJ/kg；

k_H——传质系数；

L——绝干空气流量，kg/s；

L_0——新鲜空气流量，kg/s；

p——水蒸气分压，Pa；

P——湿空气的总压，Pa；

Q——传热速率，W；热量，W；

r——汽化热，kJ/kg；

S——干燥表面积，m^2；

t——温度，℃；

U——干燥速率，$kg/(m^2 \cdot s)$；

v——湿空气的比容，m^3/kg；

w——物料的湿基含水量，kg/kg；

W——水分的蒸发量，kg/s 或 kg/h；

X——物料的干基含水量，kg/kg。

希腊字母：

α——对流传热系数，$W/(m^2 \cdot \text{℃})$；

η——热效率；

τ——干燥时间，s；

φ——相对湿度；

θ——物料表面温度。

下标：

0——进入预热器；

1——进入干燥器或离开预热器的；

2——离干燥器的；

as——绝热饱和的；

c——临界的；

d——露点的；

D——干燥器的；

g——气体的或绝干气的；

H——湿的；

L——热损失的；

m——湿物料的或平均的；

P——预热器的；

s——饱和的或绝干物料的；

v——蒸汽的；

w——湿球的。

6.1 本章学习指导

6.1.1 本章学习目的

干燥是利用热能从物料中去湿的单元操作。通过本章的学习，应熟练掌握湿空气的性质，能正确应用空气的湿度-焓图确定空气的状态点及其性质参数，能熟练应用物料衡算及热量衡算解决干燥过程中的计算问题，了解干燥过程的平衡关系和速率特征及干燥时间的计算，了解干燥器的类型及强化干燥操作的基本方法及其适用场合。

6.1.2 本章应掌握的内容

本章讨论的重点是用热空气除去湿物料中水分的对流干燥操作。因此，学习本章应重点掌握湿空气的性质参数及湿度图，湿物料中含水性质、干燥过程的物料衡算及热量衡算。理解干燥过程的速率及干燥时间的计算。了解干燥器的类型及适用场合、提高干燥热效率及强化干燥过程的措施。

6.1.3 本章学习中应注意的问题

干燥是热质同时传递的过程，影响因素较多，计算难度较大，要做一些简化假设，以便进行数学描述。还应注意，只有两个独立的性质参数才能在湿度-焓图上确定湿空气的状态点，一旦状态点被确定，便可查得湿空气的其他参数。

6.2 概述

干燥是利用热能从物料中除去湿分的操作。对物料加热的方法有直接加热（如对流干燥）和间接加热（如传导干燥）。干燥操作的要点是对物料加热使湿分汽化，并及时排出生成的蒸汽。对流干燥通常以不饱和的湿空气作干燥介质，除去物料中的水分。空气既作为载热体（将热量加给物料以汽化水分）又作为载湿体（带走汽化的水分）。对流干燥的必要条件是湿空气中水分没达到饱和并具有超过物料表面的温度，以提供传热推动力和传质推动力。

6.2.1 湿空气的性质及湿度图

在干燥过程中，湿空气中水蒸气（水汽）量不断变化，而其中绝干空气的质量不变。因此，本章湿空气的有关性质都是以1kg绝干空气为基准的。

6.2.1.1 湿空气的性质

（1）水蒸气分压 p。空气中水汽分压越大，水汽含量就越高。

（2）湿度 H。又称湿含量，为单位质量绝干空气中所含有的水汽质量。

$$H = 0.622 \frac{p}{P - p} \qquad (6\text{-}1a)$$

当空气达到饱和时，相应的湿度称为饱和湿度，此时

$$H = 0.622 \frac{p}{P - p_0} \qquad (6\text{-}1b)$$

（3）相对湿度 φ。为了表示湿空气饱和状况的程度，采用了相对湿度的概念。相对湿度定义为空气中水汽分压 p 与同温度下饱和水汽分压 p_s 之比，即

$$\varphi = \frac{p}{p_s} \times 100\% \qquad (6\text{-}2)$$

当空气绝对干燥时，相对湿度为0；当空气被水汽饱和时，相对湿度为100%；未达饱和的湿空气，相对湿度<100%。相对湿度越低，对干燥越有利。对于湿度 H 一定的湿空气，在许可的条件下，提高其温度，可以降低其相对湿度，相对湿度越低，空气的干燥能力越强，对干燥过程越有利。

6.2.1.2 湿空气的比热容和湿空气的焓

（1）湿空气的比热容 c_w。在常压下，将湿空气中1kg绝干空气和其所带有的 Hkg水汽的温度升高（或降低）1℃时所需要（放出）的热量，称为湿空气的比热容或湿比热容。

$$c_H = c_g + H c_v = 1.01 + 1.88H \qquad (6\text{-}3)$$

（2）湿空气的焓 I。湿空气中1kg绝干空气的焓与其所带有的 Hkg水汽的焓之和称为湿空气的焓。

$$I = I_g + H I_v \qquad (6\text{-}4)$$

6.2.1.3 湿空气的比容 v_H

湿空气中1kg绝干空气体积与其所带有的 Hkg水汽的体积之和称为湿空气的比容，又

称湿比容。

6.2.1.4 温度

（1）干球温度 t 和湿球温度 t_w。

用普通温度计直接测得的湿空气的温度，称为湿空气的干球温度，简称温度，以 t 表示。它是湿空气的真实温度。温度计的感温部分包裹湿纱布，便构成湿球温度计。当空气传给湿纱布的显热等于湿纱布中水分汽化所需之潜热时，所呈现的稳定的温度称为湿空气的湿球温度 t_w。t_w 的表达式为

$$t_w = t - \frac{k_H r t_w}{\alpha}(H_{s,t_w} - H) \tag{6-5}$$

（2）绝热饱和温度 t_{as}。

湿空气经历绝热饱和冷却过程（或称绝热增湿过程）所达到的温度，称为湿空气的绝热饱和冷却温度，简称绝热饱和温度，以 t_{as} 表示。

绝热增湿过程的特点为：湿空气的焓不变；空气的温度及湿度同时反方向变化达到极限值，空气的温度从 t 降至绝热饱和温度 t_{as}；空气的湿度从 H 增高至极限值 H_{as}（即 $\varphi = 100\%$）。此时

$$t_m = t - \frac{r_0}{c_H}(H_{as} - H) \tag{6-6}$$

对于空气-水蒸气系统有

$$t_w \approx t_{as} \tag{6-7}$$

（3）露点温度 t_d。

不饱和空气在总压 P 及湿度 H 保持不变的情况下进行冷却，达到饱和时的温度称为露点温度 t_d。湿空气在露点温度下，$\varphi = 100\%$。有

$$H_{s,t_d} = 0.622 \frac{P_{s,t_d}}{P - P_{s,t_d}} \tag{6-8}$$

（4）对于空气-水蒸气系统。

不饱和空气 $t > t_{as}$（或 t_w）$> t_d$，饱和空气 $t = t_{as}$（或 t_w）$= t_d$。

6.2.1.5 湿度图

在总压 P 一定时，只要规定两个互相独立的参数，湿空气的状态即被唯一地确定。如将空气各参数间的函数关系绘成图，利用图来查取各项参数数据，则会使湿空气的性质和干燥器空气状态的计算甚为简便，常用的有湿度-焓（H-I）图、温度-湿度（t-H）图等。

（1）等湿度（等 H）线群。其值范围为 $0 \sim 0.2 \mathrm{kg/kg}$。

（2）等焓（等 I）线群。其值范围为 $0 \sim 680 \mathrm{kJ/kg}$。

（3）等干球温度（等 t）线群。其值范围为 $0 \sim 250 ℃$。

（4）等相对湿度（等 φ）线群。其值范围为 $5\% \sim 100\%$。

（5）水汽分压 p 线。其值范围为 $0 \sim 25 \mathrm{kPa}$。

6.2.2 干燥过程的物料衡算与热衡算

主要计算干燥过程的水分蒸发量、空气消耗量及热量消耗量。

6.2.2.1　物料中含水量的表示方法

（1）湿基含水量 w：以湿物料为基准计算的含水量，单位为 kg/kg。

（2）干基含水量 X：以绝干物料为基准计算的含水量，单位为 kg/kg。

6.2.2.2　物料衡算

物料进出干燥器的示意图如图 6-1 所示。

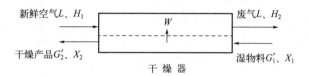

图 6-1　进出干燥器的示意图

L—绝干空气的消耗量，kg/s；H_1、H_2—分别为空气进出干燥器时的湿度，kg/kg；X_1、X_2—分别为湿物料进出干燥器时的干基含水量，kg/kg；G_1'、G_2'—分别为湿物料进出干燥器时的流量，kg/s

（1）水分蒸发量 W 为

$$W = L(H_2 - H_1) = G(X_1 - X_2) \tag{6-9}$$

或

$$G = G_1(1 - W_1) = G_2(1 - W_2) \tag{6-10}$$

（2）空气消耗量 L 为

$$L = \frac{W}{H_2 - H_1} \tag{6-11}$$

实际新鲜空气消耗量为

$$L_0 = L(1 + H_0) \tag{6-12}$$

（3）干燥产品流量 G_2 为

$$G_2 = \frac{G_1(1 - w_1)}{1 - w_2} = G(1 + X_2) \tag{6-13}$$

6.2.2.3　热量衡算

连续干燥过程的热量衡算示意图如图 6-2 所示。

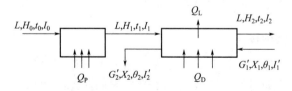

图 6-2　连续干燥过程的热量衡算示意图

H_0、H_1、H_2—分别为湿空气进入预热器、离开预热器及离开干燥器时的湿度，kg/kg；I_0、I_1、I_2—分别为湿空气进入预热器、离开预热器及离开干燥器时的焓，kJ/kg；t_0、t_1、t_2—分别为湿空气进入预热器、离开预热器及离开干燥器时的温度，℃；L—绝干空气流量，kg/s；Q_P—单位时间内预热器消耗的热量，kW；G_1'、G_2'—分别为湿物料进、出干燥器时的流量，kg/s；θ_1、θ_2—分别为物料进、出干燥器时的温度，℃；X_1、X_2—分别为湿物料进、出干燥器时的干基含水量，kg/kg；I_1'、I_2'—分别为湿物料进、出干燥器时的焓，kJ/kg；Q_D—单位时间内向干燥器补充的热量，kW；Q_L—干燥器的热损速率，kW

（1）预热器的热量衡算。

忽略预热器的热损失，则单位时间内预热器消耗的热量为

$$Q_P = L(I_1 - I_0) \qquad (6\text{-}14)$$

（2）干燥器的热量衡算为

$$Q_D = L(I_2 - I_1) + G(I_2' - I_1') + Q_L \qquad (6\text{-}15)$$

（3）单位时间内干燥系统消耗的总热量为

$$Q = Q_P + Q_D = L(I_2 - I_0) + G(I_2' - I_1') + Q_L \qquad (6\text{-}16)$$

向干燥系统输入的总热量 Q 用于：加热空气、蒸发水分、加热物料、热损失。

（4）干燥系统的热效率。蒸发水分所需的热量 Q_w 与向干燥系统输入的总热量 Q 的比为热效率，若忽略湿物料中水分带入系统中的焓，则

$$\eta = \frac{Q_w}{Q} = \frac{W(2490 - 1.88t_2)}{Q} \times 100\% \qquad (6\text{-}17)$$

干燥过程的经济性主要取决于热量的有效利用率，干燥系统的热效率越高表示热利用率越好。为减少能耗，提高热利用率，可采用如下措施：降低空气离开干燥器的温度或提高其湿度；提高空气的预热温度；采用废气循环或中间加热流程；对废气中的热量回收利用，如利用废气预热冷空气或冷物料及干燥设备和管路的保温隔热，以减少干燥系统的热损失等。

6.2.3 等焓干燥过程和非等焓干燥过程

通过物料衡算式及热量衡算式可求出 L 及 Q，但必须知道空气进、出干燥器的状态参数。当空气通过预热器时，其状态变化较简单，即 H 不变，I 升高，预热后的空气状态由工艺条件确定。一般情况下，空气出预热器状态即进入干燥器的状态，但空气通过干燥器时，空气和物料间进行传热和传质，加上其他外加热量的影响，使干燥器出口状态的确定较困难。依干燥过程中空气焓的变化，分为等焓和非等焓干燥过程。

6.2.3.1 等焓干燥过程

等焓干燥过程也称绝热干燥过程或理想干燥过程，其特点有：

（1）干燥器内不补充热量，即 $Q_D = 0$。

（2）干燥器的热损失可忽略不计，即 $Q_1 = 0$。

（3）物料进、出干燥器时的焓相等，即 $I_2' = I_1'$。

6.2.3.2 非等焓干燥过程

非等焓干燥过程也称非绝热干燥过程或实际干燥过程。空气在干燥器中的状态不是沿等 I 线变化。非等焓干燥过程中空气离开干燥器时的状态点可联立物料衡算、热量衡算及焓的表达式计算。

6.3 干燥速率与干燥时间

6.3.1 干燥过程的平衡关系

根据干燥时物料中水分除去的难易，将湿物料中所含水分分为非结合水（易于除去）

和结合水（难于除去）。根据特定干燥条件下物料中所含水分能否被除去，将物料中的水分分为自由水分（能够除去）和平衡水分（不能除去）。

应该指出，平衡水分与自由水分是物性和空气状态（φ）的函数，即对于一定的物料，平衡水分不是固定的，当空气状态改变时，其平衡水分改变，平衡水分 x^* 随 φ 的增高而增高。结合水分与非结合水分仅是物性的函数，与空气状态无关，也就是对于一定的物料，不管空气状态如何变化，其结合水分与非结合水分的量是一定的，二者分界点为相对湿度 $\varphi = 100\%$ 时物料的平衡含水量。

6.3.2　恒定干燥条件下的干燥速率

恒定干燥是指在整个干燥过程中，干燥介质的温度、湿度及流速保持不变。当大量空气通过小量湿物料时，因物料中汽化出的水分很少，接近于恒定干燥。在连续操作的干燥设备内很难维持恒定干燥条件，即空气的温度与湿度均在改变，称为变动干燥。

6.3.2.1　干燥实验及干燥曲线

在恒定干燥条件下，定时地测量物料的质量及物料表面的温度随时间的变化情况，直至其达到恒定为止，从而得到的 X-τ 及 θ-τ 关系曲线，即为恒定干燥条件下的干燥曲线，如图 6-3 所示。

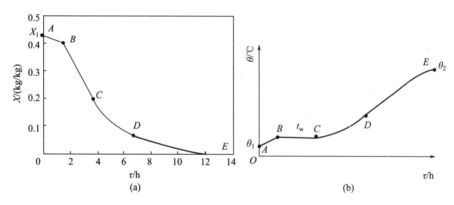

图 6-3　恒定干燥条件下的干燥曲线
（a）物料含水量随时间变化关系；（b）物料表面温度随时间变化关系

6.3.2.2　干燥速率及干燥速率曲线

干燥速率 U 是指单位时间内、单位干燥面积上汽化的水分质量。如图 6-4 所示，恒定干燥条件下的干燥速率曲线表明干燥过程明显地被划分为两个阶段，即恒速干燥阶段与降速干燥阶段。

（1）恒速干燥阶段的特点：水分汽化速率恒定，即 $U = U_0 =$ 常数，这是由于物料中水分向表面的传递速率等于物料表面水分的汽化速率；物料中的非结合水分被除去；因物料表面始终维持湿润状态，物料表面温度等于空气的湿球温度，即 $\theta = t_w$；

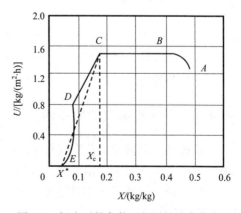

图 6-4　恒定干燥条件下的干燥速率曲线

可进行干燥速率的计算。

（2）影响干燥速率的因素和强化措施：在恒速干燥阶段，其干燥速率的大小取决于物料表面水分的汽化速率，称为表面汽化控制阶段。影响干燥速率的因素是干燥介质的状况，提高空气的温度和流速、降低物料湿度可使 U 提高。

（3）降速干燥阶段的特点：水分汽化速率随物料湿含量的减少而降低，即 U 下降；物料中水分向表面传递的速率小于物料表面水分的汽化速率；可除去物料中的结合水分与非结合水分；物料表面温度大于空气的湿球温度，即 $\theta > t_w$。

（4）影响干燥速率的因素及强化措施：在降速干燥阶段，由于湿物料中水分向其表面传递的速率总是低于物料表面水分汽化的速率，因此其干燥速率的大小取决于物料内部水分向表面迁移的速率，该阶段称为物料内部迁移控制阶段。影响干燥速率的因素是物料本身的结构、形状和尺寸大小，而与干燥介质的状态参数关系不大。所以可用减小物料尺寸，使物料分散等方法，提高降速干燥阶段的干燥速率。

（5）临界含水量：是划分物料恒速干燥阶段与降速干燥阶段的分界点。X_c 值与物料性质及干燥介质的状况有关。

6.3.3 恒定干燥条件下干燥时间的计算

6.3.3.1 恒速阶段干燥时间的计算

利用干燥速率曲线进行计算

$$\tau_1 = \frac{G'}{U_c S}(X_1 - X_c) \tag{6-18}$$

6.3.3.2 降速阶段干燥时间的计算

$$\tau_2 = \frac{G'_r(X_c - X^*)}{SU_c} \ln \frac{X_c - X^*}{X_2 - X^*} \tag{6-19}$$

式中，X^* 为平衡含水量；X_1 为物料的初始含水量，kg/kg；G'/S 为单位干燥面积上的绝干物料量，kg/m^2；X_c 为临界含水量；U_c 为临界干燥值。物料从 X 干燥至 X_2 所需要的总干燥时间为 $\tau = \tau_1 + \tau_2$。

6.4 干燥器的选型与设计

干燥器选型时主要应考虑物料性质、生产能力及干燥程度等要求。典型的对流干燥器有：气流干燥器、沸腾干燥器、转筒干燥器及喷雾干燥器等。在这些类型的干燥器中，被干燥的物料均呈悬浮状态与干燥介质接触。

6.4.1 干燥器选型的影响因素

在选择干燥器时，首先应根据湿物料的形状、特性、处理量、处理方式及可选用的热源等选择出适宜的干燥器类型。通常，干燥器选型应考虑以下各项因素：

（1）被干燥物料的性质。如热敏性、黏附性、颗粒的大小及形状、磨损性及腐蚀性、毒性、可燃性等。

（2）对干燥产品的要求。如干燥产品的含水量、形状、粒度分布、粉碎程度等。干燥食品时，产品的几何形状、粉碎程度均对成品的质量及价格有直接的影响。干燥脆性物料时应特别注意成品的粉碎与粉化。

（3）物料的干燥速率曲线与临界含水量。确定干燥时间时，应先由实验测出干燥速率曲线，确定临界含水量 X_c。物料与介质接触状态、物料尺寸与几何形状对干燥速率曲线的影响很大。如物料粉碎后再进行干燥时，除了干燥面积增大外，一般临界含水量 X_c 值也降低，有利于干燥。

（4）固体粉粒的回收及溶剂的回收。

（5）可利用的热源的选择及能量的综合利用。

（6）干燥器的占地面积、排放物及噪声是否满足环保要求。

6.4.2　干燥器的性能要求

（1）能保证生产能力及干燥产品的质量要求；

（2）干燥速率快，干燥时间短，能量消耗少；

（3）设备尺寸小，辅助设备的投资费用低；

（4）操作控制方便。

干燥器设计的基本方程有物料衡算、热量衡算、传热速率及传质速率方程式。设计的基本原则是物料在干燥器内的停留时间必须等于或稍大于所需的干燥时间。

 本章小结

本章主要内容涉及物料衡算、热量衡算、气-固间相平衡关系、速率关系和干燥时间的计算。由于干燥机理具有复杂性，对于干燥过程中的平衡关系、干燥速率及干燥器的设计，在很大程度上依靠实验测定或经验方法处理。需要了解湿空气在预热及干燥过程中的状态变化情况、干燥操作的节能环保措施、恒定干燥条件下恒速干燥段和降速干燥段提高干燥速率的途径。

6.5　例题

[**例 6-1**] 在总压为 100kPa 下，空气的温度为 20℃，湿度为 0.01kg/kg。试求：

（1）空气的相对湿度 φ_1；

（2）总压 P 与湿度 H 不变，将空气温度提高至 80℃时的相对湿度 φ_2；

（3）温度 t 与湿度 H 不变，将空气总压提高至 147kPa 时的相对湿度 φ_3；

（4）若总压提高到 300kPa，温度仍维持 20℃不变，原来每 100m³ 湿空气所冷凝出来的水分量。

解：（1）相对湿度 φ_1。

空气湿度计算式
$$H = 0.622\frac{p_s}{P - p_s}$$

相对湿度计算式
$$\varphi = \frac{p}{p_s}$$

$$p=\frac{HP}{0.622+H}=\frac{0.01\times100}{0.622+0.01}=1.582\text{kPa}$$

水的饱和蒸气压 p_s 由饱和蒸气压表中查出，$t=20℃$ 时，$p_s=2.334\text{kPa}$，则

$$\varphi_1=\frac{p}{p_s}=\frac{1.582}{2.334}=0.678=67.8\%$$

（2）相对湿度 φ_2。

因总压 P 和湿度 H 不变，则水蒸气分压仍为 $p=1.582\text{kPa}$，当将空气温度升高至 $80℃$ 时，由饱和蒸气压表查得 $p_s=47.345\text{kPa}$，则

$$\varphi_2=\frac{p}{p_s}=\frac{1.582}{47.345}=0.0334=3.34\%$$

（3）相对湿度 φ_3。

因总压提高至 147kPa，温度仍为 $20℃$，且空气湿度 $H=0.01\text{kg/kg}$ 不变，则

$$p=\frac{HP}{0.622+H}=\frac{0.01\times147}{0.622+0.01}=2.33\text{kPa}；\varphi_3=\frac{p}{p_s}=\frac{2.33}{2.334}=0.998=99.8\%$$

（4）冷凝的水分量 W。

当总压 $P=100\text{kPa}$，湿度 $H=0.01\text{kg/kg}$ 时，空气中水蒸气分压 $p=1.582\text{kPa}$。现温度 t 不变，使总压 $P=300\text{kPa}$，为原来 $P=100\text{kPa}$ 的 3 倍，则理论上水蒸气分压可达到 $p=3\times1.582=4.746\text{kPa}$，但实际上 $20℃$ 的饱和蒸气压 $p=2.334\text{kPa}$。因此加压后的空气湿度为饱和湿度。

$$H_s=0.622\frac{p_s}{P-p_s}=0.622\times\frac{2.334}{300-2.334}=0.00488\text{kg/kg}$$

加压前空气的湿度为 $H=0.01\text{kg/kg}$，加压后每 kg 绝干气所冷凝出来的水分量为

$$\Delta H=H-H_s=0.01-0.00488=0.00512\text{kg/kg}$$

原来湿空气的比容为

$$C_H=(0.772+1.244H)\times\frac{273+t}{273}\times\frac{101.33}{P}=(0.772+1.244\times0.01)\times\frac{273+20}{273}\times\frac{101.33}{100}$$

$$=0.853\text{m}^3/\text{kg}$$

原来 100m^3 湿空气冷凝出来的水分量为

$$W=\frac{100}{0.853}\times0.00512=0.6\text{kg}$$

[例 6-2] 某湿物料的处理量为 1000kg/h，温度为 $20℃$，湿基含水量为 4%，在常压下用热空气进行干燥，要求干燥后产品的湿基含水量不超过 0.5%，物料离开干燥器时温度升至 $60℃$。湿物料的平均比热容为 $3.28\text{kJ/(kg}\cdot℃)$。空气的初始温度为 $20℃$，相对湿度为 50%，若将空气预热至 $120℃$ 后进入干燥器，出干燥器的温度为 $50℃$，湿度为 0.02kg/kg。干燥过程的热损失约为预热器供热量的 10%。试求：

（1）新鲜空气消耗量 L_0；

（2）干燥系统消耗的总热量 Q；

（3）干燥器补充的热量 Q_D；

（4）干燥系统的热效率 η，若干燥系统保温良好，热损失可忽略时，热效率为多少？

解：（1）新鲜空气消耗量 L_0。

$$L=\frac{W}{H_2-H_1}；W=G(X_1-X_2)$$

$$X_1 = \frac{w_1}{1-w_1} = \frac{0.04}{1-0.04} = 0.0417\text{kg/kg}$$

$$X_2 = \frac{w_2}{1-w_2} = \frac{0.005}{1-0.005} = 0.005\text{kg/kg}$$

$$G = G_1(1-w_1) = 1000 \times (1-0.04) = 960\text{kg/h}$$

水分蒸发量为

$$W = G(X_1 - X_2) = 960 \times (0.0417 - 0.005) = 35.23\text{kg/h}$$

由已知的 $t_0 = 20℃$，$\varphi_0 = 50\%$，查 $H\text{-}I$ 图可得 $H_0 = 0.00725\text{kg/kg}$，查饱和蒸气压表，$t_0 = 20℃$时，$p_s = 2.334\text{kPa}$，所以

$$H_0 = 0.622 \times \frac{0.5 \times 2.334}{101.3 - 0.5 \times 2.334} = 0.00725\text{kg/kg}$$

绝干空气消耗量为

$$L = \frac{W}{H_2 - H_0} = \frac{35.23}{0.02 - 0.00725} = 2763\text{kg/h}$$

新鲜空气消耗量为

$$L_0 = L(1 + H_0) = 2763(1 + 0.00725) = 2783\text{kg/h}$$

（2）干燥系统消耗的总热量 Q。

$$Q = 1.01L(t_2 - t_0) + W(2490 + 1.88t_2) + Gc_m(\theta_1 - \theta_2) + Q_L$$

因干燥系统的热损失 $Q_L = 0.1Q_P$，而

$$Q_P = L(I_1 - I_0)$$

查 $H\text{-}I$ 图：由 $t_0 = 20℃$，$\varphi = 50\%$，查出 $I_0 = 38.5\text{kJ/kg}$；由 $t_1 = 120℃$，$H_1 = H_0 = 0.00725\text{kg/kg}$，查出 $I_1 = 141\text{kJ/kg}$。

用焓公式计算

$$I = (1.01 + 1.88H)t + 2490H$$

$$I_0 = (1.01 + 1.88 \times 0.00725) \times 20 + 2490 \times 0.00725 = 38.5\text{kJ/kg}$$

$$I_2 = (1.01 + 1.88 \times 0.00725) \times 120 + 2490 \times 0.00725 = 140.9\text{kJ/kg}$$

预热器供给热量为

$$Q_P = L(I_1 - I_0) = 2763(140.9 - 38.5) = 282931\text{kJ/h}$$

热损失为

$$Q_L = 0.1Q_P = 0.1 \times 282931 = 28293\text{kJ/h}$$

干燥系统消耗的总热量为

$$Q = 1.01 \times 2763(50 - 20) + 35.23(2490 + 1.88 \times 50) + 960 \times 3.28(60 - 40) + 28293$$
$$= 328998.22\text{kJ/h} = 91.39\text{kW}$$

（3）干燥器补充的热量。

$$Q_D = Q - Q_P = 328998.22 - 282931 = 46067.22\text{kJ/h}$$

（4）干燥系统的热效率。

$$\eta = \frac{W(2490 + 1.88t_2)}{Q} = \frac{35.23(2490 + 1.88 \times 50)}{3298998} = 0.2767 = 27.67\%$$

忽略热损失时，$Q = 328998 - 28293 = 300705\text{kJ/h}$，则 $\eta = 30.27\%$。

[例6-3] 某湿物料在常压气流干燥器中进行干燥。湿物料流量为 2400kg/h，初始湿基含水量为 3.5%，干燥产品的湿基含水量为 0.5%。温度为 20℃，湿度为 0.005kg/kg 的空气经预热后温度升至 120℃，进入干燥器。假设干燥器为理想干燥器。试求：

（1）当空气出口温度为 60℃时，绝干空气的消耗量及预热器所需提供的热量；

（2）当空气出口温度为 4℃时，绝干空气的消耗量及预热器所需提供的热量；

（3）若空气离开干燥器以后，因在管道及旋风分离器中散热，温度下降了 10℃，试分别判断以上两种情况是否会发生物料返潮的现象。

解：由于是理想干燥器，空气在干燥器内经历等焓干燥过程，即 $I_1 = I_2$；又因预热过程中湿度不变，即 $H_0 = H_1$。由此可求出不同空气出口温度 t_2 下的湿度 H_2。进而通过物料衡算式及热量衡算式算出 L 和 Q_P。

（1）当 $t_2 = 60℃$ 时，L 及 Q_P。

因等焓干燥 $I_1 = I_2$，即

$$(1.01 + 1.88H_1)t_1 + 2490H_1 = (1.01 + 1.88H_2)t_2 + 2490H_2$$

式中，$t_1 = 120℃$；$H_1 = H_0 = 0.005 \text{kg/kg}$。

则 $H_2 = \dfrac{(1.01 + 1.88 \times 0.005) \times 120 + 2490 \times 0.005 - 1.01 \times 60}{1.88 \times 60 + 2490} = 0.0285 \text{kg/kg}$

绝干物料量为 $G = G(1 - w_1) = 2400 \times (1 - 0.035) = 2316 \text{kg/h}$

$$X_1 = \frac{w_1}{1 - w_1} = \frac{0.035}{1 - 0.035} = 0.0363 \text{kg/kg}$$

$$X_2 = \frac{w_2}{1 - w_2} = \frac{0.005}{1 - 0.005} = 0.00503 \text{kg/kg}$$

绝干空气消耗量为

$$L = \frac{G(X_1 - X_2)}{H_2 - H_1} = \frac{2316 \times (0.0363 - 0.00503)}{0.0285 - 0.005} = 3082 \text{kg/h}$$

预热器所需提供的热量为

$$Q_P = Lc_H(t_1 - t_0) = L(1.01 + 1.88H_0)(t_1 - t_0)$$

$$= \frac{3082}{3600} \times (1.01 + 1.88 \times 0.005) \times (120 - 20) = 87.3 \text{kW}$$

（2）当 $t_2 = 40℃$ 时，L 及 Q_P。

$$H_2 = \frac{(1.01 + 1.88 \times 0.005) \times 120 + 2490 \times 0.005 - 1.01 \times 40}{1.88 \times 40 + 2490} = 0.0368 \text{kg/kg}$$

G、X_1、X_2 及 H_1 均与 $t_2 = 60℃$ 时相同，故

$$L = \frac{G(X_1 - X_2)}{H_2 - H_1} = \frac{2316 \times (0.0363 - 0.00503)}{0.0368 - 0.005} = 2277 \text{kg/h}$$

$$Q_P = \frac{2277}{3600} \times (1.01 + 1.88 \times 0.005) \times (120 - 20) = 64.5 \text{kW}$$

（3）分析物料的返潮情况。

当 $t_2 = 60℃$ 时，干燥器出口空气中的水蒸气分压为

$$p_2 = \frac{PH_2}{0.622 + H_2} = \frac{101.3 \times 0.0285}{0.622 + 0.0285} = 4.44 \text{kPa}$$

在干燥器后续设备中空气的温度降为 50℃，查出该温度下水的饱和蒸气压 $p_s = 14.99 \text{kPa}$，$p_s > p_2$，即此时空气温度尚未达到气体的露点温度，物料不会返潮。

当 $t = 40℃$ 时，干燥器出口空气中的水蒸气分压为

$$p_2 = \frac{PH_2}{0.622 + H_2} = \frac{101.3 \times 0.0368}{0.622 + 0.0368} = 5.66 \text{kPa}$$

在干燥器后续设备中空气的温度降为 30℃，查出该温度下水的饱和蒸气压 $p_s = 4.25\text{kPa}$，$p_s < p_2$，故空气已达到露点温度，有液态水析出，物料会返潮。

[例 6-4] 在一常压逆流干燥器中干燥某湿物料。已知进干燥器的湿物料量为 0.8kg/s，经干燥器干燥后，物料的含水量由 30% 减至 4%（均为湿基），温度由 25℃ 升至 60℃，湿物料的平均比热容为 3.4kJ/(kg·℃)；干燥介质为 20℃ 的常压湿空气，经预热器预热后温度计到 90℃，其中所含水蒸气分压为 0.98kPa，离开干燥器的废气温度为 45℃，其中所含水蒸气分压为 6.53kPa；干燥系统的热效率为 70%。试求：

（1）新鲜空气消耗量；

（2）干燥器的热损失。

解：（1）新鲜空气消耗量。

$$L_0 = L(1 + H_0), \quad X_1 = \frac{w_1}{1 - w_1} = \frac{0.3}{1 - 0.3} = 0.4286, \text{同理 } X_2 = 0.0417。$$

$$H_0 = 0.622\frac{p_0}{1 - p_0} = 0.622 \times \frac{0.98}{101.3 - 0.98} = 0.0061\text{kg/kg}$$

同理 $H_2 = 0.0429\text{kg/kg}$。

$$G = G_1(1 - w_1) = 0.8 \times (1 - 0.3) = 0.56\text{kg/s}$$

$$L = \frac{G(X_1 - X_2)}{H_2 - H_0} = \frac{0.56 \times (0.4286 - 0.0417)}{0.0429 - 0.0061} = 5.888\text{kg/s}$$

$$L_0 = L(1 + H_0) = 5.888 \times (1 + 0.0061) = 5.923\text{kg/s}$$

（2）干燥系统的热损失。

$$\eta = \frac{G(X_1 - X_2)(2490 + 1.88t_2)}{Q} \times 100\% = 70\%$$

$$Q = \frac{0.56 \times (0.4286 - 0.0417) \times (2490 + 1.88 \times 45)}{0.7} = 796.8\text{kW}$$

又

$$Q = 1.01L(t_2 - t_0) + W(2490 + 1.88t_2) + Gc_m(\theta_2 - \theta_1) + Q_L$$

即

$$796.8 = 1.01 \times 5.878 \times (45 - 20) + 0.56 \times (0.4286 - 0.04167) \times (2490 + 1.88 \times 45) +$$
$$0.56 \times 3.4 \times (60 - 25) + Q_L$$

解得 $Q_L = 22.79\text{kW}$。

[例 6-5] 在逆流绝热干燥装置中用热空气将湿物料中所含水分由 $w_1 = 0.18$ 降低至 $w_2 = 0.005$。湿空气进入预热器前的温度为 25℃，湿度为 0.00755kg/kg，进入干燥器的焓为 125kJ/kg，离开干燥器的温度为 50℃。试求：

（1）空气经预热后的温度 t_1；

（2）单位空气消耗量 L；

（3）若加到干燥装置的总热量为 900kW，则干燥产品量为多少 kg/h？

解：（1）空气离开预热器的温度 t_1。

根据焓的定义式求解 t_1，即

$$I_1 = (1.01 + 1.88H_0)t_1 + 2490H_0$$

将有关数据代入上式得

$$125 = (1.01 + 1.88 \times 0.00755)t_1 + 2490 \times 0.00755$$

解得 $t_1 = 103.7℃$。

（2）单位空气消耗量 L。

$$I_2 = (1.01 + 1.88H_2) \times 50 + 2490H_2 = 125 \text{kJ/kg}$$

解得 $\qquad\qquad H_2 = 0.02883 \text{kg/kg}$

$$L = \frac{1}{0.02883 - 0.00755} = 47.0 \text{kg/kg}$$

（3）干燥产品量 G_2。

$$G_2 = G(1 + X_2)$$

$$X_1 = \frac{w_1}{1 - w_1} = \frac{0.18}{1 - 0.18} = 0.2195 \text{kg/kg}$$

$$X_2 = 0.00503 \text{kg/kg}$$

对于理想干燥器，有

$$Q = Q_p = L(1.01 + 1.88 \times 0.00755) \times (t_1 - t_0)$$

即 $\qquad\qquad 900 = (1.01 + 1.88 \times 0.00755) \times (103.7 - 25)L$

$$L = 11.2 \text{kg/s} = 40320 \text{kg/h}$$

再由干燥系统的物料衡算计算干燥产品的量，即

$$L(H_2 - H_0) = G(X_1 - X_2)$$

$$40320 \times (0.02883 - 0.00755) = G \times (0.2195 - 0.00503)$$

得出 $\qquad\qquad G = 4000 \text{kg/h}$

$$G_2 = 4000 \times (1 + 0.00503) = 4020 \text{kg/h}$$

食品工程原理
学习指导

第7章

蒸 馏

本章符号说明：

英文字母：

D——馏出液流量，kmol/h；

F——原料液流量，kmol/h；

HETP——理论板当量高度，m；

I——物质的焓，kJ/kmol 或 kJ/kg；

K——相平衡常数，无因次；

L——塔内下降液体流量，kmol/h；

m——提馏段理论板数；

n——精馏段理论板数；

N——全塔板数；

p——组分的分压，Pa；

P——系统总压，Pa；

q——进料热状态参数；

Q——热负荷，kJ/h 或 kW；

r——蒸气冷凝热，kJ/kg；

R——回流比；

t——温度，℃；

V——塔内上升蒸气流量，kmol/h；

W——釜残液流量，kmol/h；

x——液相中易挥发组分的摩尔分数；

y——气相中易挥发组分的摩尔分数。

希腊字母：

α——相对挥发度；

η——组分的回收率。

下标：

A——易挥发组分；

B——难挥发组分；

B——再沸器；

C——冷凝器；

D——馏出液；

F——原料液；

h——加热；

L——液相；

m——平均；

m——提馏段塔板序号；

m——提馏段；

min——最小；

n——精馏段塔板序号；

n——精馏段；

P——实际的；

q——q 线与平衡线的交点；

T——理论的；

V——气相；

W——釜残液。

上标：

°——纯态；

*——平衡状态；

'——提馏段。

7.1 本章学习指导

7.1.1 本章学习目的

掌握蒸馏的基本概念和原理、精馏过程计算和优化。

7.1.2 本章应掌握的内容

本章讨论重点为两组分精馏过程的计算，主要应掌握的内容包括：相平衡关系的表达和应用、精馏塔的物料衡算和操作线关系、回流比的确定、理论板数的求法、影响精馏过程主要因素的分析等。应掌握平衡蒸馏、简单蒸馏和间歇精馏的特点。

7.1.3 本章学习中应注意的问题

精馏是分离混合物最常用、最直接的分离方法。精馏可以直接获得所需要的产品，而不像吸收、萃取等分离方法，需要外加溶剂才能将所提取的物质与溶剂分离。精馏的主要缺点是需要消耗较多的能量，或者需要建立高真空、高压、低温等技术条件。精馏操作既可在板式塔中进行，又可在填料塔中进行。对两组分精馏，用梯形图解法求取理论板数。

7.2 概述

7.2.1 精馏过程的基本关系

7.2.1.1 气液平衡关系

（1）气液平衡的作用：选择分离方法，在相图（t-x-y）上说明蒸馏原理，气液平衡关系是精馏过程的特征方程，分析、判断精馏操作中的实际问题。

（2）气液平衡表达方式：在精馏过程中，气液平衡可用相图和气液平衡方程表示。蒸馏中常用的相图为恒压下的温度-组成图及气相-液相组成图，其中 t-x-y 图和 x-y 图相图中的 t 代表温度（℃），x 和 y 分别代表液、气相中易挥发组分的摩尔分数。

7.2.1.2 气液平衡方程

（1）用相对挥发度表示的气液平衡方程为

$$y = \frac{\alpha x}{1 + (\alpha - 1)x} \tag{7-1}$$

对理想物系，相对挥发度可表示为

$$\alpha = \frac{p_A^\circ}{p_B^\circ} \tag{7-2}$$

由式（7-2）可知，相对挥发度 α 为全塔平均相对挥发度。

对两组分理想物系，系统总压、分压与组成间符合拉乌尔定律和道尔顿分压定律，即

$$p_A = P y_A = p_A^\circ x_A \tag{7-3}$$

$$p_B = P y_B = p_B^\circ x_B \tag{7-4}$$

$$P = p_A + p_B \tag{7-5}$$

$$x_A + x_B = y_A + y_B = 1 \tag{7-6}$$

联立式（7-3）至式（7-6）可得

$$x_A = \frac{P - p_A^\circ}{p_A^\circ - p_B^\circ} \tag{7-7}$$

$$y_A = \frac{p_A^\circ x_A^\circ}{P} \tag{7-8}$$

式（7-7）和式（7-8）即为两组分理想溶液的气液平衡关系式。

（2）用相平衡常数表示的气液平衡方程为

$$y_A = K_A x_A \tag{7-9}$$

7.2.2 物料衡算

对连续精馏过程划定衡算范围和基准，确定单位后，物料衡算的基本原则是进入系统的物料等于排出系统的物料。

7.2.2.1 全塔物料衡算

总物料　　　　　　　　　　　　$F = D + W$　　　　　　　　　　　　（7-10）

精馏塔的分离程度可用 x_D 和 x_W 表示，但也可用回收率表示，即

$$\eta_D = \frac{Dx_D}{Fx_F} \times 100\%$$ (7-11a)

$$\eta_W = \frac{W(1-x_W)}{F(1-x_F)} \times 100\%$$ (7-11b)

精馏操作中，η_D 和 η_W 恒低于 100%。

7.2.2.2 精馏段物料衡算和操作线方程

假设精馏塔内为恒摩尔流动，则由精馏段物料衡算可得

$$y_{n+1} = \frac{L}{V}x_n + \frac{L}{V}x_D$$ (7-12)

令 $$R = \frac{L}{D}$$ (7-13)

则 $$y_{n+1} = \frac{R}{R+1}x_n + \frac{x_D}{R+1}$$ (7-14)

7.2.2.3 提馏段物料衡算和操作线方程

假设精馏塔内为恒摩尔流动，则由提馏段物料衡算可得

$$y'_{m+1} = \frac{L'}{V'}x'_m - \frac{W}{V'}x_W$$ (7-15)

注意，下标 m 表示提馏段理论板序号；上标 $'$ 代表提馏段；L 和 L'、V 和 V' 各自不一定相等，它们间的关系与进料状况有关。

7.2.3 热量衡算

7.2.3.1 任意塔板的热量衡算和恒摩尔流假定

对精馏塔内没有加料和出料的任意塔板进行热量衡算，若假设：精馏塔热损失可忽略，待分离混合液中各组分的摩尔汽化热相近，混合液中各组分的沸点相差较小，即可忽略板间显热差。则可推得精馏塔内恒摩尔流动的假定，即在精馏段和提馏段内，各板上升蒸气摩尔流量相等，下降液体摩尔流量也相等。

7.2.3.2 加料板的热量衡算

通过加料板的热量衡算，并结合其物料衡算可得

$$q = \frac{L'-L}{F} = \frac{I_V-I_F}{I_V-I_L} = \frac{\text{将 1kmol 进料变为饱和蒸气所需热量}}{\text{原料的千摩尔汽化热}}$$ (7-16)

注意，q 称为进料热状态参数，其值取决于不同的进料热状态。

精馏段和提馏段间各流股的流量关系为

$$L' = L + qF$$ (7-17)

$$V' = V - (1-q)F$$ (7-18)

提馏段操作线方程式（7-15）可改写为

$$y'_{m+1} = \frac{L+qF}{L+qF-W}x'_m - \frac{W}{L+qF-W}x_W$$ (7-19)

若联立精馏段操作线方程式（7-12）和提馏段操作线方程式（7-15），整理可得

$$y = \frac{q}{q-1}x - \frac{x_F}{q-1} \tag{7-20}$$

式（7-20）称为进料方程（又称为 q 线方程），它是精馏段操作线和提馏段操作线交点的轨迹方程。

7.2.3.3 再沸器、冷凝器的热量衡算

（1）再沸器。对再沸器做热量衡算，则有

$$Q_B \approx V'(I_{VW} - I_{LW}) + Q \tag{7-21}$$

若再沸器中用饱和蒸汽加热，且冷凝液在饱和温度下排出，则加热蒸汽消耗量为

$$W_h = \frac{Q_B}{r} \tag{7-22}$$

（2）冷凝器。对冷凝器做热量衡算，以单位时间为衡算基准，并忽略热损失，则有

$$Q_C \approx V(I_{VD} - I_{LD}) \tag{7-23}$$

冷却介质消耗量为

$$W_C = \frac{Q_C}{C_{PC}(t_2 - t_1)} \tag{7-24}$$

7.2.3.4 全塔热量衡算

通过全塔热量衡算表明，对特定的分离任务和要求，精馏塔所需的外界热量恒定，但热量可分别从塔底再沸器及原料中加入，即

$$Q_B + Q_F = 常量 \tag{7-25}$$

对特定的分离任务和要求，总的耗能量是一定值，它既可从塔底加入，也可从进料中加入。若从能量分配来分析，外加热量应施加于塔底，同样所有冷量应施加于塔顶，这样使加热所产生的气相回流可返回全塔中，冷却所产生的液相回流也可通过全塔，因而可获得最大的气相与液相的循环量，增加传质推动力，提高分离效果，减少所需的理论板数。但是从废热利用出发，由于塔底温度最高，故需要较高品位的能量，相反加热原料所需的能量品位较低，且多可利用废热。由此可见，对特定的分离，热进料时虽然所需理论板数较多，但要求能量品位较低，因此生产实际中仍多采用热进料。

7.2.4 传递速率关系

精馏过程本质上是气、液两相传质过程，塔板上两相的传质速率和传热速率取决于物料的性质、操作条件、塔板类型及结构等。

7.2.4.1 理论板的概念

理论板是指气、液两相皆充分混合，且无传递过程阻力的理想塔板。也就是说气、液两相在理论板上进行接触传递，将使离开该板的两相在传热和传质两方面都达到平衡状态，即两相的温度相等，组成互成平衡，符合相平衡方程。

7.2.4.2 单板效率和实际板数

单板效率是指通过任意 n 层塔板气（液）相组成的实际变化与理论上气（液）相组成

变化之比，即

$$E_{MV} = \frac{y_n - y_{n+1}}{y_n^* - y_{n+1}} \tag{7-26}$$

全塔效率（又称总板效率）为 $\qquad E_T = \dfrac{N_T}{N_P}$ $\qquad\qquad$ (7-27)

首先根据具体的分离任务，确定所需的理论板数。所需的理论板数只取决于物系的相平衡关系和物料衡算关系，而可不涉及热量衡算关系及速率关系。这样在具体的精馏设计中，可先不确定塔板结构形式，待求得理论板数后，了解分离任务的难易程度，然后根据分离任务的难易，选定适宜的塔板类型和操作条件，并确定塔板效率及实际板数。当精馏过程在填料塔中进行时，填料层高度可按下式计算：

$$Z = N_T(\text{HETP}) \tag{7-28}$$

7.3 设计变量和条件的选定

7.3.1 精馏塔的操作压强

精馏按操作压强可分为常压精馏、减压精馏和加压精馏。常压精馏因其设备、流程简单和操作容易，应用最多、最广，选择原则如下：

（1）在常压下沸点在室温到150℃左右的混合物，宜采用常压精馏。

（2）在常压下沸点较高或者热敏性混合物，常采用减压精馏。

（3）在常压下沸点在室温以下的混合物，一般采用加压精馏。

应指出，由于在精馏塔再沸器中液体沸腾温度及冷凝器中蒸气冷凝温度均与操作压强有关，故选择适当的操作压强很重要。通常，若提高操作压强，可使蒸气冷凝温度升高，从而避免在冷凝器中使用价格昂贵的冷冻剂。若降低操作压强，可使液体沸腾温度下降，从而避免在再沸器中使用高温热流体。而且操作压强也会影响物系的平衡关系，因此需要通过经济衡算确定操作压强。

7.3.2 精馏过程的加热方式和冷凝方式

7.3.2.1 加热方式

精馏的加热方式分为间接蒸汽加热和直接蒸汽加热两种，常采用间接蒸汽加热。当欲分离的为水与易挥发组分构成的混合液时，宜采用直接蒸汽加热方式，这样可节省再沸器，提高传热速率。但是由于精馏塔中加入水蒸气，使从塔底排出的水量增加，若馏出液组成维持一定，则随釜液损失的易挥发组分增多，使其回收率减少。若要保持相同的回收率，最好降低馏出液组成，相应增加提馏段理论板数。

7.3.2.2 冷凝方式

（1）全凝器冷凝。塔顶上升蒸气进入全凝器被全部冷凝成饱和液体，部分液体作为回流，其余部分作为塔顶产品。

（2）分凝器冷凝。塔顶上升蒸气先进入一个或几个分凝器，冷凝的液体作为回流或部分作为初馏产品；从分凝器出来的蒸气进入全凝器，冷凝液作为塔顶产品。这种冷凝方式的特点是便于控制冷凝温度，可提取不同组成的塔顶产品，但是该方式流程较复杂。

7.3.3　回流比的选择

7.3.3.1　全回流

全回流时回流比为无穷大，此时无精馏段和提馏段之分，操作线方程为

$$y_{n+1} = x_n \tag{7-29}$$

7.3.3.2　最小回流比

对特定的分离任务和要求，需要无穷多理论板时的回流比，定义为最小回流比，用 R_{min} 表示，R_{min} 求法如下：

（1）对正常的平衡曲线，则有

$$R_{min} = \frac{x_D - y_q}{y_q - x_q} \tag{7-30}$$

（2）对不正常的平衡曲线，一般是通过 $x\text{-}y$ 图上的点 (x_D, y_D) 作平衡曲线的切线，该切线即为最小回流比下的操作线，用作图法算出该切线的斜率为 $\dfrac{R_{min}}{R_{min}+1}$，进而求得 R_{min}。

7.3.3.3　适宜回流比

适宜回流比应通过经济衡算确定。操作费和投资费之和最低时的回流比为最佳回流比。即

$$R_{宜} = (1.1 - 2.0)R_{min} \tag{7-31}$$

7.4　理论板数的计算

7.4.1　逐板计算法

逐板计算法的原则是利用相平衡方程和操作线方程计算所需的理论板数。假设塔顶采用全凝器，泡点回流。通常先从塔顶开始计算，即先利用平衡方程和精馏段操作线方程逐板进行计算，直到 $x_n \leqslant x_q$（q 为 q 线和平衡线交点），则精馏段理论板数为 $(n-1)$，第 n 层为提馏段第一层理论板，然后依次交替使用提馏段操作线方程和相平衡方程，直到 $x_m \leqslant x_w$ 为止，提馏段理论板数为 $(m-1)$，全塔总理论板数为 $(n+m-2)$。

7.4.2　图解法

上述的逐板计算过程可在 $x\text{-}y$ 图上进行图解，即用平衡曲线和两条操作线代替相应的方程。图解法求理论板数简单易懂，便于分析，但准确性较差。

7.4.3　简捷法

简捷法求 N_T 准确度稍差，适用于初步设计，最常用的是利用吉利兰关联图求算理论

板数。

7.5 影响精馏操作因素的分析

7.5.1 影响精馏操作的主要因素

（1）物系特性和操作压强。

（2）生产能力和产品质量（F、D、W、x_F、x_D、x_W）。

（3）回流比 R 和进料热状态参数 q。

（4）塔设备情况，包括实际板数、加料位置及全塔效率。

（5）再沸器和冷凝器热负荷。

7.5.2 各因素应遵循的基本关系

影响精馏操作的各因素应该遵循：相平衡关系、物料衡算关系、理论板数 N_T 关系、塔效率关系、热负荷关系等。因此，在分析具体过程时，应将复杂问题简单化，抓住核心关键问题，利用以上基本关系，做出正确的判断。精馏的操作型计算和设计型计算遵循的基本关系完全相同，一般需要应用试差计算法或图解试差法。

7.6 其他类型的蒸馏过程

7.6.1 复杂精馏塔

包括多股进料或出料的塔称为复杂精馏塔。当组分相同但组成不同的原料液要在同一塔内进行分离时，为避免物料混合，节省分离所需的能量（或减少理论板数），应使不同组成的料液分别在适宜位置加入塔内，即为多股进料。当需要不同组成的产品时，可在塔内组成相应的位置按侧线抽出产品，即为多股出料。抽出的产品可以是饱和液体或饱和蒸气。

复杂精馏塔的计算原则上与简单精馏塔的相同，但应注意以下几点：

（1）塔段数（或操作线数）＝塔的进、出料口数－1。

（2）各段内的下降液体摩尔流量及上升蒸气摩尔流量分别各自相同。

（3）各段操作线间应首尾相连。

（4）精馏段及提馏段的操作线方程的形式与简单精馏塔的相同，中间段的操作线方程应通过各段的物料衡算求得。

（5）最小回流比的确定也是根据操作线与平衡线的夹点求得。但两股进料时，夹点可能出现在精馏段操作线和中间段操作线的交点，也可能出现在中间段操作线和提馏段操作线的交点。对于不正常平衡线，夹点也可能出现在某一操作线与平衡线的切点。比较它们的大小，其中最大者为最小回流比。

7.6.2 分批精馏

7.6.2.1 特点

（1）分批精馏为非稳态过程。在精馏过程中，釜残液及塔中各处的组成、温度均随时间而变。

（2）分批精馏塔只有精馏段，需要消耗较多的能量，而设备的生产强度较低。

（3）塔内存液量对精馏过程、产品产量和质量都有影响，往往采用填料塔，以减少塔中存液量。

7.6.2.2　操作方式

（1）恒回流比操作过程中 R 恒定，x_D 和 x_W 不断下降。

（2）在精馏过程中，因 x_W 不断下降，为保持 x_D 不变，必须不断地增大 R。

7.6.2.3　计算

（1）x_D 和 x_W 的瞬间关系。具有一定理论板数的精馏塔（设 $N_T=3$），其瞬间馏出液组成 x_D 与釜残液组成 x_W 的对应关系，可用图解法求得。

（2）馏出液组成与釜液量的关系由微分衡算可推得，公式如下：

$$\ln \frac{F}{W_2} = \int_{x_{W2}}^{x_F} \frac{\mathrm{d}x_W}{x_D - x_W} \tag{7-32}$$

（3）馏出液平均组成为

$$x_{Dm} = \frac{F x_F - W_2 x_{W2}}{D} \tag{7-33}$$

（4）精馏过程汽化量为

$$V_T = (R+1)D \tag{7-34}$$

 本章小结

本章重点掌握相平衡关系的表达和应用、精馏塔的物料衡算和操作线关系、回流比的确定、理论板数的求法，以及精馏过程的影响因素分析；同时应掌握平衡蒸馏、简单蒸馏和间歇精馏的特点。

7.7　例题

[**例 7-1**] 试分别求含苯 0.3（摩尔分数）的苯-甲苯混合液在总压为 100kPa 和 10kPa 下的相对挥发度。苯-甲苯混合液可视为理想溶液。

苯（A）和甲苯（B）的饱和蒸气压和温度的关系（安托尼方程）为

$$\lg p_A^\circ = 6.023 - \frac{1206.35}{t+220.24}$$

$$\lg p_B^\circ = 6.078 - \frac{1343.94}{t+219.58}$$

式中，p° 的单位为 kPa，t 的单位为℃。

解：理想溶液的相对挥发度可用同一温度下两组分的饱和蒸气压求得。但因平衡温度与饱和蒸气压呈非线性关系，故应用试差法。在假设温度初值时，可参考苯和甲苯的沸点以及混合液的组成，这样可减少试差次数。

（1）总压为 100kPa 下苯-甲苯混合液的相对挥发度。

因苯-甲苯混合液为理想溶液，符合拉乌尔定律，即

$$p_A = p_A^\circ x_A$$

$$p_B = p_B^\circ (1-x_A)$$

且

$$P = p_A + p_B$$

设平衡温度为 98℃，由安托尼方程求苯和甲苯的饱和蒸气压，即

$$\lg p_A^\circ = 6.023 - \frac{1206.35}{98+220.24}$$

$$p_A^\circ = 170.7 \text{kPa}$$

$$\lg p_B^\circ = 6.078 - \frac{1343.94}{98+219.58}$$

$$p_B^\circ = 70.18 \text{kPa}$$

$$P = 170.7 \times 0.3 + 70.18 \times 0.7 = 100.3 \text{kPa} \approx 100 \text{kPa}$$

故所假设平衡温度正确，相对挥发度可由下式求得：

$$\alpha = \frac{p_A^\circ}{p_B^\circ} = \frac{170.7}{70.18} = 2.43$$

（2）总压为 10kPa 下苯-甲苯混合液的相对挥发度。

同前，先设平衡温度为 34.4℃，则

$$\lg p_A^\circ = 6.023 - \frac{1206.35}{34.4+220.24}$$

$$p_A^\circ = 19.30 \text{kPa}$$

$$\lg p_B^\circ = 6.078 - \frac{1343.94}{34.4+219.58}$$

$$p_B^\circ = 6.116 \text{kPa}$$

$$P = 19.30 \times 0.3 + 6.116 \times 0.7 = 10.07 \text{kPa} \approx 10 \text{kPa}$$

故所设平衡温度正确，相对挥发度为 $\alpha = \dfrac{19.3}{6.116} = 3.16$。

[例 7-2] 在常压（101.33kPa）连续精馏塔中，分离苯-甲苯混合液，若塔顶最上一层理论板的上升蒸气组成为 0.94（苯的摩尔分数，下同），塔底最下一层理论板的下降液体组成为 0.058，试求全塔平均相对挥发度。假设全塔压强恒定，两组分的饱和蒸气压数据如例 7-2 附表所示。

例 7-2 附表

温度/℃	80.2	84.2	108.0	110.0
p_A°/kPa	101.33	113.59	221.18	233.04
p_B°/kPa	40.0	44.4	93.92	101.33

解：应用试差法求得塔顶及塔底处的相对挥发度，即可求得全塔平均相对挥发度。

（1）塔顶处溶液的相对挥发度。

设平衡温度为 83.2℃，则两组分的饱和蒸气压分别为 $p_A^\circ = 110.5 \text{kPa}$，$p_B^\circ = 43.3 \text{kPa}$。

又

$$P = p_A^\circ x_A + p_B^\circ (1-x_A)$$

则

$$101.33 = 110.5 x_A + 43.3 \times (1-x_A)$$

解得
$$x_A = 0.864$$

$$y_A = \frac{p_A^\circ x_A}{P} = \frac{110.5 \times 0.864}{101.33} \approx 0.94$$

且
$$\frac{p_A^\circ x_A}{P} + \frac{p_B^\circ (1-x_A)}{P} = \frac{110.5 \times 0.864}{101.33} + \frac{43.3 \times 0.136}{101.33} \approx 1.00$$

故所设平衡温度正确。

相对挥发度可由下式求得：

$$\alpha_1 = \frac{p_A^\circ}{p_B^\circ} = \frac{110.5}{43.3} = 2.55$$

（2）塔底处溶液的相对挥发度。

设平衡温度为 108℃，则两组分的饱和蒸气压分别为 $p_A^\circ = 221.18\text{kPa}, p_B^\circ = 93.92\text{kPa}$。

而
$$P = p_A^\circ x_A + p_B^\circ (1-x_A) = 221.18 \times 0.058 + 93.92 \times 0.942 \approx 101.3\text{kPa}$$

故所设平衡温度正确。

相对挥发度可由下式求得：

$$\alpha_2 = \frac{p_A^\circ}{p_B^\circ} = \frac{221.18}{93.92} = 2.35$$

全塔平均相对挥发度为

$$\alpha_m = \frac{\alpha_1 + \alpha_2}{2} = \frac{2.55 + 2.35}{2} = 2.45$$

[**例 7-3**] 在一常压连续精馏塔中分离苯-甲苯混合液，原料液流量为 100kmol/h，组成为 0.5（苯摩尔分数，下同），泡点进料。馏出液组成为 0.9，釜残液组成为 0.1。操作回流比为 2.0。试求：

（1）塔顶及塔底产品流量（kmol/h）；

（2）达到馏出液流量为 56kmol/h 是否可行？最大馏出液流量为多少？

（3）若馏出液流量为 54kmol/h，x_D 要求不变，应采用什么措施？

解：（1）塔顶和塔底产品流量。

由全塔物料衡算得
$$F = D + W, F x_F = D x_D + W x_W$$

即
$$100 = D + W, 100 \times 0.5 = 0.9D + 0.1W$$

解得
$$D = 50\text{kmol/h}, W = 50\text{kmol/h}$$

（2）若要求塔顶 D 为 56kmol/h，此时易挥发组分的回收率为

$$\eta_D = \frac{D x_D}{F x_F} = \frac{56 \times 0.9}{100 \times 0.5} > 100\%$$

故从物料衡算角度而言，此时不改变 x_D，要求达到 D 为 56kmol/h 是不可能的。

塔顶可能获得的最大馏出液流量为

$$D_{max} = \frac{F x_F}{x_D} = \frac{100 \times 0.5}{0.9} = 55.56\text{kmol/h}$$

若要求获得馏出液流量为 56kmol/h，则最大的馏出液组成为

$$x_{D,max} = \frac{F x_F}{D} = \frac{100 \times 0.5}{56} = 0.89$$

（3）当要求 D 为 54kmol/h 时，苯的回收率为

$$\eta_D = \frac{Dx_D}{Fx_F} = \frac{54 \times 0.9}{100 \times 0.5} = 0.972$$

因此达到馏出液流量为 54kmol/h 在操作上是可行的，但应同时采取以下措施：增大回流比 R；将进料位置上移，应该使精馏段理论板数减小、提馏段理论板数增加。

[例7-4] 在连续精馏塔中分离两组分理想溶液，原料液流量为 100kmol/h，组成为 0.3（易挥发组分摩尔分数），其精馏段和提馏段操作线方程分别为

$$y = 0.714x + 0.257 \tag{1}$$

$$y = 1.686x - 0.0343 \tag{2}$$

试求：

（1）塔顶馏出液流量和精馏段下降液体流量（kmol/h）；

（2）进料热状态参数 q。

解： 先由两操作线方程求得 x_D、x_W 和 R，再由全塔物料衡算和回流比定义求得 D 和 L。由两操作线方程和 q 线方程联立可求得进料热状态参数。

（1）塔顶馏出液流量 D 和精馏段下降液体流量 L。

由精馏段操作线方程和对角线方程联立解得

$$x_D = \frac{0.257}{1 - 0.714} = 0.899 \approx 0.90$$

由提馏段操作线方程和对角线方程联立解得

$$x_W = \frac{0.0343}{1.686 - 1} = 0.05$$

馏出液流量由全塔物料衡算求得，即

$$D + W = F = 100, 0.9D + 0.05W = 100 \times 0.3$$

解得 $\qquad D = 29.4kmol/h, W = 70.6kmol/h$

回流比 R 由精馏段操作线斜率求得

$$\frac{R}{R+1} = 0.714$$

故 $\qquad R = 2.5$

精馏段下降液体流量为 $L = RD = 2.5 \times 29.4 = 73.5kmol/h$。

（2）进料热状态参数 q。

$$y = \frac{q}{q-1}x - \frac{x_F}{q-1} = \frac{q}{q-1}x - \frac{0.3}{q-1} \tag{3}$$

联立操作线方程式（1）和式（2）求解 x、y 值

$$0.714x + 0.257 = 1.686x - 0.0343$$

得 $\qquad x = 0.3$

将 $x = 0.3$ 代入式（1）中得 $\qquad y = 0.471$

将 x、y 值代入式（3）可得 $\qquad q = 1$（泡点进料）

第8章

吸 收

食品工程原理
学习指导

本章符号说明：

英文字母：

a——填料层的有效比表面积，m^2/m^3；

A——吸收因数，无因次；

c——组分摩尔浓度，$kmol/m^3$；

C——总摩尔浓度，$kmol/m^3$；

d——直径，m；

D——在气相中的分子扩散系数，m^2/s；

D——塔径，m；

D'——在液相中的分子扩散系数，m^2/s；

E——亨利系数，Pa 或 kPa；

H——溶解度系数，$kmol/(m^3 \cdot kPa)$；

H_G——气相传质单元高度，m；

H_L——液相传质单元高度，m；

H_{OG}——气相总传质单元高度，m；

H_{OL}——液相总传质单元高度，m；

J——分子扩散通量，$kmol/(m^2 \cdot s)$；

k_G——气相吸收分系数，$kmol/(m^2 \cdot s \cdot kPa)$；

k_L——液相吸收分系数，$kmol/(m^2 \cdot s \cdot kmol/m^3)$；

k_x——液相吸收分系数，$kmol/(m^2 \cdot s)$；

k_y——气相吸收分系数，$kmol/(m^2 \cdot s)$；

K_G——气相总吸收系数，$kmol/(m^2 \cdot s \cdot kPa)$；

K_L——液相总吸收系数，$kmol/(m^2 \cdot s \cdot kmol/m^3)$；

K_x——液相总吸收系数，$kmol/(m^2 \cdot s)$；

K_y——气相总吸收系数，$kmol/(m^2 \cdot s)$；

L——吸收剂用量，$kmol/s$；

m——相平衡常数，无因次；

N——总体流动通量，$kmol/(m^2 \cdot s)$；

N_A——溶质 A 的传递通量，kmol/（m^2·s）；

N_G——气相传质单元数，无因次；

N_L——液相传质单元数，无因次；

N_{OG}——气相总传质单元数，无因次；

N_{OL}——液相总传质单元数，无因次；

N_T——理论板数；

p——组分分压，Pa；

P——总压，Pa；

R——通用气体常数，kJ/(kmol·K)；

T——热力学温度，K；

u——气体空塔速度，m/s；

V——惰性气体摩尔质量，kmol/s；

V_s——混合气体的体积流量，m^3/s；

x——组分 A 在液相中的摩尔分数；

X——组分 A 在液相中的摩尔比；

y——组分 A 在气相中的摩尔分数；

Y——组分 A 在气相中的摩尔比；

z——扩散方向；

z_G——气膜厚度，m；

z_L——液膜厚度，m；

Z——填料层高度，m。

希腊字母：

ρ——密度，kg/m^3；

φ_A——组分 A 吸收率，无因次；

Ω——塔截面积，m^2。

下标：

A——组分 A 的；

B——组分 B 的；

G——气相的；

L——液相的；

m——对数平均的；

max——最大的；

min——最小的。

上标：

*——平衡状态。

8.1 本章学习指导

8.1.1 本章学习目的

通过本章学习，掌握吸收过程的机理、吸收过程及设备的计算、吸收过程的因素分析。

8.1.2 本章应掌握的内容

本章讨论重点为两组分物理吸收过程的计算和分析，主要应掌握的内容包括：气液平衡关系的表达和应用，吸收过程的机理和吸收速率方程式，吸收塔的物料衡算、操作线关系和液气比的确定，填料层高度的计算，影响吸收过程的因素分析等。

8.1.3 本章学习中应注意的问题

吸收操作广泛应用于气体混合物的分离，它是依据不同组分在溶剂中溶解度不同，让混合气体与适当的液体溶剂相接触，使气体中的一个或几个组分溶解于溶剂中形成溶液，难以溶解的组分保留在气相中，从而达到混合气体初步分离的操作。

在大多数吸收操作中，为了取得较纯净的溶质组分或者为了吸收剂的再生利用，其流程一般包括吸收和脱吸两个组成部分。吸收操作的经济性往往取决于再生费用。常用的脱吸方法有减压、升温和吹气等。吸收操作既可在填料塔中进行，又可在板式塔中进行，本章以填料塔为主要研究对象，重点讨论对低浓度气体混合物的单组分等温物理吸收过程。特定吸收任务中确定填料层高度（传质单元数法）是本章的核心。

8.2 概述

8.2.1 吸收过程的基本关系

对低浓度气体混合物的吸收，通常可做以下假设：

（1）流经填料塔的混合气体流量 [kmol/（$m^2 \cdot s$）] 和液体流量 [kmol/（$m^2 \cdot s$）] 可视为常量，因此全塔流动状况基本相同，致使吸收分系数 k_G 和 k_L 在全塔各截面可视为常数。

（2）吸收过程是等温进行的，因此可不必考虑热量衡算。

8.2.2 气液平衡关系

8.2.2.1 气液平衡的表达方式

对单组分物理吸收体系，在总压 P 及温度 t 一定的条件下，气液平衡时气相组成是液相组成的单值函数。由于气、液相组成可有多种表示方法，因此气液平衡应有多种函数关系。气液平衡关系一般通过实验测定，可用列表、图线或关系式表示。在二维坐标上标绘成的气液平衡关系曲线，又称为溶解度曲线。

在总压不高及一定温度下，对于稀溶液和难溶气体的体系，其数学表达式如下：

$$p^* = Ex \qquad (8-1)$$

应指出，亨利系数 E 的数值取决于物系的特性及温度。E 值越大，表示溶解度越低。因此易溶气体 E 值较小，温度越高 E 值越大。

$$p^* = \frac{c}{H} \qquad (8-2)$$

与亨利系数 E 相反，溶解度系数 H 越大，表示溶解度越高。因此易溶气体 H 值较大，

且 H 随温度 t 的升高而减小。

$$y^* = mx \tag{8-3}$$

E、H 和 m 三个常数间关系为

$$H = \frac{\rho}{EM_S} \tag{8-4}$$

$$m = \frac{E}{P} \tag{8-5}$$

式中，M_S 为溶剂 S 的摩尔质量。

8.2.2.2 气液平衡关系的应用

（1）判断过程的方向。当气、液两相接触时，可利用气液平衡关系确定一相与另一相呈平衡的组成，将其与实际组成比较，便可判断过程的方向，即：若 $Y > Y^*$ 或 $X < X^*$，则为吸收过程；若 $Y = Y^*$ 或 $X = X^*$，则两相呈平衡状态；若 $Y < Y^*$ 或 $X > X^*$，则为脱吸过程。Y^* 为与液相浓度 X 平衡的气相浓度，X^* 为与气相浓度 Y 平衡的液相浓度。

利用平衡曲线图判断过程方向更为简明，如图 8-1 所示，由气、液相实际组成在 X-Y 图上确定其状态点，称为初始状态点。若点 A_1 在平衡曲线上方，则发生吸收过程；若点 A_2 在平衡曲线下方，则发生脱吸过程；若点 A_3 在平衡曲线上，则两相呈平衡状态。

（2）计算过程推动力。在吸收过程中，通常以某一相的实际组成与平衡组成的偏离程度表示吸收过程推动力。推动力越大，吸收过程速率越快。

如图 8-1 所示，$(Y - Y^*)$ 称为以气相组成差表示的吸收推动力；$(X^* - X)$ 称为以液相组成差表示的吸收推动力。因此气、液平衡关系是描述吸收过程的基本关系之一。

（3）确定过程的极限。以逆流吸收塔为例，如图 8-2 所示。塔顶以下标 2 表示，塔底以下标 1 表示。若增加塔高，减小吸收剂用量 L（即减小液气比 L/V），则塔底吸收液的出口组成必增加，但是即使在塔非常高、吸收剂用量很小的情况下，极限也不会无限增大，其极限为

$$X_{1,\max} = X_1^* = \frac{Y_1}{m}$$

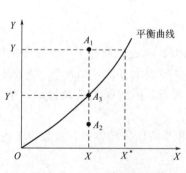

图 8-1 平衡曲线图

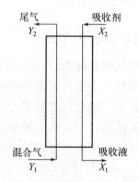

图 8-2 过程方向和过程推动力

反之，即使塔很高、吸收剂用量很大的情况下：

$$Y_{2,\min} = Y_2^* = mX_2$$

对于无限高的逆流吸收塔，平衡状态出现在塔顶还是塔底，取决于相平衡常数 m 与液

气比 L/V 的相对大小。由此可见，由相平衡关系和液气比可确定吸收液出口的最高组成。

8.3　吸收过程机理和吸收速率方程

吸收过程是溶质从气相进入液相的传质过程，它是由气相与界面间的对流传质、界面上溶质的溶解及液相与界面间的对流传质三步串联而实现的。

8.3.1　菲克定律

菲克定律是表述分子扩散现象的基本规律，其数学表达式为

$$J_A = -D \frac{dc_A}{dz} \tag{8-6}$$

菲克定律与热传导的傅里叶定律及动量传递的牛顿黏性定律在表达形式上有共同的特点，它们都是描述某种传递过程的现象方程。分子扩散系数是物质的传递特性，其值与物系、浓度、温度及压强等因素有关，一般通过实验测定，有时也可用半经验或经验公式估算。

当温度和压强改变时，气体分子扩散系数可按下式估算：

$$D = D_0 \frac{p_0}{P} \times \frac{T}{T_0}^{1.5} \tag{8-7}$$

式中，D_0 为参考温度 T_0 和压强 p_0 下的扩散系数。

8.3.2　稳态的对流扩散速率方程

对流扩散速率方程可仿照对流传热速率方程导出。

对气相
$$N_A = \frac{D}{z_G} \times \frac{P}{P_{Bm}} (p_A - p_{Ai}) \tag{8-8}$$

对液相
$$N_A = \frac{D'}{z_L} \times \frac{C}{c_{Sm}} (C_{Ai} - C_A) \tag{8-9}$$

式中，P_{Bm} 为惰性组分 B 在气膜中的平均分压，kPa；c_{Sm} 为溶剂 S 在液膜中的平均浓度，$kmol/m^3$；C_{Ai}、C_A 为相界面和液相主体处组分 A 的浓度。

8.3.3　双膜理论

双膜理论是吸收过程的简化模型，目前在工程上仍被普遍采用。该模型可归纳为流动和传质模型两部分。

流动部分：

（1）相互接触的气、液两相存在一固定的相界面；

（2）界面两侧分别存在气膜和液膜，膜内流体呈滞流流动，膜外流体呈湍流流动，膜层厚度取决于流动状况，湍流越剧烈，膜层厚度越薄。

传质部分：

（1）传质过程为稳态过程，因此沿传质方向上的溶质传递速率为常量；

（2）界面上无传质阻力，即在界面上气、液两相呈平衡关系；

（3）在界面两侧的膜层内，物质以分子扩散机理进行传质；

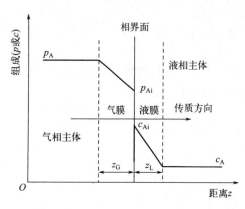

图 8-3　气、液相界面两侧的组成分布

（4）膜外湍流主体内，传质阻力可忽略，因此气、液相界面的传质阻力取决于界面两侧的膜层传质阻力。

根据双膜理论，吸收过程中气、液相界面两侧的组成分布如图 8-3 所示。

8.3.4　吸收速率方程

吸收速率方程的一般表达式为：吸收速率＝吸收系数×吸收推动力＝吸收推动力/吸收阻力。

应强调，吸收速率方程可用总吸收系数和分吸收系数两种方法表达，相应的推动力也不相同。此外因气、液相组成有多种表示方法，所以吸收速率方程也有多种表达方式。在使用时一定要注意各式中吸收系数和吸收推动力两者在范围和单位上的一致性。

（1）用分吸收系数表示的吸收速率方程。

$$N_A = k_G(p_1 - p_i) \tag{8-10}$$

$$N_A = k_L(c_i - c_2) \tag{8-11}$$

$$N_A = k_y(y_1 - y_i) \tag{8-12}$$

$$N_A = k_x(x_i - x_2) \tag{8-13}$$

$$N_A = k_y(Y_1 - Y_i) \tag{8-14}$$

$$N_A = k_x(X_i - X_2) \tag{8-15}$$

$$k_G = \frac{D}{DTz_G} \times \frac{P}{P_{Bm}} \tag{8-16}$$

$$k_L = \frac{D'}{z_L} \times \frac{C}{c_{Sm}} \tag{8-17}$$

式中，k_G 为以 Δp 为推动力的分吸收系数，又称气膜吸收系数，kmol/（m^2·s·kPa）；k_L 为以液相内 Δc 为推动力的分吸收系数，又称液膜吸收系数，m^{-2}·s^{-1}·m^3；上述各式中下标 1 表示气相主体，2 表示液相主体，i 表示气液相界面。各组成均指溶质 A 的组成，故在相应符号中略去下标 A。

（2）用总吸收系数表示的吸收速率方程。

$$N_A = K_G(p - p^*) \tag{8-18}$$

$$N_A = K_L(c^* - c) \tag{8-19}$$

$$N_A = K_y(y - y^*) \tag{8-20}$$

$$N_A = K_x(x^* - x) \tag{8-21}$$

$$N_A = K_y(Y - Y^*) \tag{8-22}$$

$$N_A = K_x(X^* - X) \tag{8-23}$$

应指出，采用哪一个速率方程计算吸收速率，通常以方便为原则；为避开界面组成，则宜用含有总吸收系数的速率方程。在低浓度气体混合物的吸收计算中，最常用的速率方程为：$N_A = K_y (Y - Y^*)$，$N_A = K_x (X^* - X)$。

8.3.5　各种吸收系数之间的关系

（1）总吸收系数和分吸收系数之间的关系。

当气液平衡关系符合亨利定律时，总吸收系数和分吸收系数之间的关系为

$$\frac{1}{K_G} = \frac{1}{k_G} + \frac{1}{Hk_L} \tag{8-24}$$

$$\frac{1}{K_L} = \frac{1}{k_L} + \frac{H}{k_G} \tag{8-25}$$

$$\frac{1}{K_y} = \frac{1}{k_y} + \frac{m}{k_x} \tag{8-26}$$

$$\frac{1}{K_x} = \frac{1}{k_x} + \frac{1}{mk_y} \tag{8-27}$$

对易溶气体，因 m 很小或 H 很大，故 $K_G \approx k_G$ 或 $K_y \approx k_y$ 称为气膜控制。

对难溶气体，因 m 很大或 H 很小，故 $K_L \approx k_L$ 或 $K_x \approx k_x$ 称为液膜控制。

（2）各种分系数之间的关系。

当系统总压 $P \leqslant 506.5 \text{kPa}$ 时，则有

$$k_y = Pk_G，k_x = Ck_L \tag{8-28}$$

（3）总系数之间的关系。

当系统总压 $P \leqslant 506.5 \text{kPa}$，且气、液相浓度很稀时，则有

$$k_y \approx Pk_G，k_x \approx Ck_L \tag{8-29}$$

8.4　吸收塔的物料衡算

8.4.1　全塔物料衡算

对图 8-2 所示的逆流操作的填料吸收塔，作全塔溶质组分的物料衡算，可得

$$V(Y_1 - Y_2) = L(X_1 - X_2) \tag{8-30}$$

式中，下标 1 为塔底；下标 2 为塔顶。

吸收塔的分离效果，通常用溶质的回收率来衡量，回收率（又称吸收率）定义为

$$\varphi_A = \frac{\text{被吸收的溶质量}}{\text{混合气中溶质总量}} = \frac{Y_1 - Y_2}{Y_1} \times 100\% \tag{8-31}$$

吸收过程中，φ_A 恒低于 100%。

8.4.2　吸收操作线方程和操作线

在塔顶或塔底与塔中任意截面间列溶质的物料衡算，整理可得

$$Y = \frac{L}{V}X + \left(Y_2 - \frac{L}{V}X_2\right) \tag{8-32}$$

上式可称为逆流吸收塔的操作线方程。该方程在 X-Y 图上为一直线，称为吸收塔操作线。操作线位置仅取决于塔顶、塔底两端的气、液相组成，该直线的斜率为液气比 L/V。

操作线上任何一点 A，均代表塔内任一截面上的气、液相组成已被确定。吸收塔操作线总是位于平衡曲线的上方，两线相距越远，表示吸收推动力越大，越有利于吸收过程。

应注意，操作线是由物料衡算决定的，仅与 V、L 及两相组成有关，而与塔型及压强、温度等无关。

8.4.3 吸收剂用量

在极限情况下，操作线和平衡线相交（有特殊平衡线时为相切），交点推动力为零，所需填料层为无限高，对应的吸收剂用量即为最小用量。该操作线斜率为最小液气比 $(L/V)_{min}$。因此最小吸收剂用量可用下式求得：

$$L_{min} = \frac{V(Y_1 - Y_2)}{X_1^* - X_2} \tag{8-33}$$

若气液平衡关系服从亨利定律，则式中 X_1^* 可由亨利定律算出，否则可由平衡曲线读出。适宜的吸收剂用量应通过经济衡算确定，但一般在设计中可取经验值，即

$$L = (1.1 \sim 2.0)L_{min} \tag{8-34}$$

8.4.4 填料吸收塔塔径的确定

$$D = \sqrt{\frac{4V_s}{\pi u}} \tag{8-35}$$

8.5 填料层高度的计算

8.5.1 传质单元数法

根据吸收速率方程，推导出求算填料层高度关系式的方法，称为传质单元数和传质单元高度法。

（1）基本公式。

$$Z = 传质单元数 \times 传质单元高度$$

由于吸收速率方程形式多样，也可导出相应的求填料层高度的计算式，如

$$Z = \frac{V}{K_y a\Omega} \int_{Y_1}^{Y_2} \frac{\mathrm{d}Y}{Y^* - Y} = H_{OG} N_{OG} \tag{8-36}$$

$$Z = \frac{L}{K_x a\Omega} \int_{X_2}^{X_1} \frac{\mathrm{d}X}{X^* - X} = H_{OL} N_{OL} \tag{8-37}$$

$$Z = \frac{V}{k_y a\Omega} \int_{Y_1}^{Y_2} \frac{\mathrm{d}Y}{Y_i - Y} = H_G N_G \tag{8-38}$$

$$Z = \frac{L}{k_x a\Omega} \int_{X_2}^{X_1} \frac{\mathrm{d}X}{X_i - X} = H_L N_L \tag{8-39}$$

式中　N_{OG}——气相总传质单元，$N_{OG} = \int_{Y_1}^{Y_2} \frac{\mathrm{d}Y}{Y^* - Y}$；

　　　　H_{OL}——液相总传质单元高度，m，$H_{OL} = \frac{L}{K_x a\Omega}$；

H_{OG}——气相总传质单元高度，m，$H_{OG} = \dfrac{V}{K_y a \Omega}$；

N_{OL}——液相总传质单元数，$N_{OL} = \displaystyle\int_{X_2}^{X_1} \dfrac{\mathrm{d}X}{X - X^*}$；

H_G——气相传质单元高度，m，$H_G = \dfrac{V}{k_y a \Omega}$；

N_G——气相传质单元数，$N_G = \displaystyle\int_{Y_1}^{Y_2} \dfrac{\mathrm{d}Y}{Y_i - Y}$；

H_L——液相传质单元高度，m，$H_L = \dfrac{L}{K_x a \Omega}$；

N_L——液相传质单元数，$N_L = \displaystyle\int_{X_2}^{X_1} \dfrac{\mathrm{d}X}{X_i - X}$。

（2）传质单元高度。

$$H_{OG} = H_G + \frac{mV}{L} H_L \tag{8-40}$$

$$H_{OL} = H_L + \frac{L}{mV} H_G \tag{8-41}$$

（3）传质单元数。

传质单元数综合反映该吸收过程难易程度，其值与分离要求、平衡关系及液气比有关，而与设备形式及气液流动条件无关。以 $N_{OG} = \displaystyle\int_{Y_2}^{Y_1} \dfrac{\mathrm{d}Y}{Y - Y^*}$ 为例，若 $N_{OG} = 1$，表示气体流经某单元填料层高度（即 $Z = H_{OG}$）时，其浓度变化恰等于该填料单元内气体平均推动力，则此单元称一个传质单元。$\displaystyle\int_{Y_2}^{Y_1} \dfrac{\mathrm{d}Y}{Y - Y^*}$ 表示塔底到塔顶所包含的总传质单元数。

平均推动力法：

$$N_{OG} = \frac{Y_1 - Y_2}{\Delta Y_m} \tag{8-42}$$

及

$$N_{OL} = \frac{X_1 - X_2}{\Delta X_m} \tag{8-43}$$

$$\Delta Y_m = \frac{(Y_1 - Y_1^*) - (Y_2 - Y_2^*)}{\ln \dfrac{Y_1^* - Y_1}{Y_2^* - Y_2}} \tag{8-44}$$

$$\Delta X_m = \frac{(X_1 - X_1^*) - (X_2 - X_2^*)}{\ln \dfrac{X_1^* - X_1}{X_2^* - X_2}} \tag{8-45}$$

式中　ΔY_m——气相对数平均浓度差；

ΔX_m——液相对数平均浓度差。

当 $\dfrac{\Delta Y_1}{\Delta Y_2}$（或 $\dfrac{\Delta X_1}{\Delta X_2}$）$\leqslant 2$ 时，ΔY_m 可用算术平均浓度差计算。则

$$N_{OG} = \frac{1}{1 - \dfrac{mV}{L}} \ln \frac{\Delta Y_1}{\Delta Y_2} \tag{8-46}$$

若$\dfrac{mV}{L}=1$，即平衡线和操作线为两互相平行的直线时，则有

$$N_{\mathrm{OG}}=\frac{Y_1-Y_2}{Y_1-Y_1^*}=\frac{Y_1-Y_2}{Y_2-Y_2^*} \tag{8-47}$$

脱吸因子法：

$$N_{\mathrm{OG}}=\frac{1}{1-\dfrac{mV}{L}}\ln\left[\left(1-\frac{mV}{L}\right)\left(\frac{Y_1-mX_2}{Y_2-mX_2}\right)+\frac{mV}{L}\right] \tag{8-48}$$

式中，$\dfrac{mV}{L}$ 为脱吸因子，是平衡线斜率和操作线斜率之比。

N_{OL} 的计算式，读者可根据式（8-48）自行整理。脱吸因子法多用于吸收过程的操作型计算。此外，N_{OG} 值还可以直接从图8-4中查得。

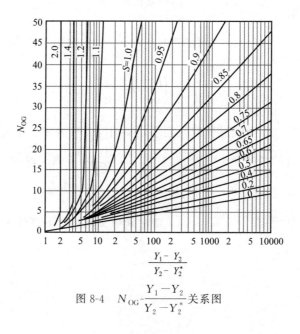

图 8-4　N_{OG}-$\dfrac{Y_1-Y_2}{Y_2-Y_2^*}$ 关系图

8.5.2　等板高度法

$$Z=N(\mathrm{HETP}) \tag{8-49}$$

（1）梯级图解法。与两组分精馏塔理论板图解法相同。

（2）解析法。

$$N_{\mathrm{T}}=\frac{1}{\ln A}\ln\left[\left(1-\frac{1}{A}\right)\frac{Y_1-mX_2}{Y_2-mX_2}+\frac{1}{A}\right] \tag{8-50}$$

式中，A 为吸收因子，$A=\dfrac{L}{mV}$。

当平衡线和操作线均为直线时，N_{T} 和 N_{OG} 间的关系为

$$\frac{N_{\mathrm{T}}}{N_{\mathrm{OG}}}=\frac{A-1}{A\ln A} \tag{8-51}$$

8.6　吸收过程的影响因素

8.6.1　增加吸收过程推动力

（1）增加吸收剂用量 L 或增大液气比 L/V，这样操作线位置上移，吸收平均推动力增大。

（2）改变相平衡关系，可通过降低吸收剂温度、提高操作压强或将吸收剂改性，从而使相平衡常数 m 减小，这样平衡线位置下移，吸收平均推动力增大。

（3）降低吸收剂入口组成 X_2，这样液相进口处推动力增大，全塔平均推动力也随之增大。

应指出，适当调节上述三个条件，都可增大吸收推动力，提高吸收效果。如当吸收和脱吸联合操作时，吸收剂入口组成会受到脱吸条件限制，增加吸收剂用量的同时，应考虑脱吸塔的能力，否则可能得不偿失。又如降低吸收剂温度，将影响流动特性和物质扩散性能，也对吸收过程造成不良影响。

8.6.2　提高传质系数

（1）开发和采用新型填料，使填料的比表面积增加。

（2）改变操作条件：对气膜控制的物系，宜增大气速和增强气相湍动；对液膜控制的物系，宜增大液速和湍动。此外吸收温度不能过低，否则分子扩散系数减小、黏度增大，会致使吸收阻力增加。

 本章小结

　　本章学习应重点掌握以填料塔为主要研究对象时，气液平衡关系的表达和应用、吸收过程的机理、吸收速率方程式、吸收塔的物料衡算、操作线关系、液气比的确定、填料层高度的计算和吸收过程的影响因素分析等。

8.7　例题

[例 8-1] 在常压 101.33kPa 及 25℃下，溶质组成为 0.05（摩尔分数）的 CO_2 空气混合物分别与以下几种溶液接触，试判断传质过程方向。（1）摩尔浓度为 $1.1 \times 10^3 kmol/m^3$ 的 CO_2 水溶液；（2）摩尔浓度为 $1.67 \times 10^{-3} kmol/m^3$ 的 CO_2 水溶液；（3）摩尔浓度为 $3.1 \times 10^{-3} kmol/m^3$ 的 CO_2 水溶液。

已知常压及 25℃下 CO_2 在水中的亨利系数 E 为 $1.662 \times 10^5 kPa$。

解： 由亨利系数 E 换算得相平衡常数，即

$$m = \frac{E}{P} = \frac{1.662 \times 10^8}{1.0133 \times 10^5} = 1640$$

将实际溶液的摩尔浓度换算为摩尔分数，即

（1）$x \approx \dfrac{c}{\dfrac{\rho_s}{M_s}} = \dfrac{1.1 \times 10^{-3}}{\dfrac{1000}{18}} = 1.98 \times 10^{-5}$。

（2）$x = \dfrac{1.67 \times 10^{-3}}{\dfrac{1000}{18}} = 3.0 \times 10^{-5}$。

（3）$x = \dfrac{3.1 \times 10^{-3}}{\dfrac{1000}{18}} = 5.58 \times 10^{-5}$。

当气相摩尔分数为 0.05 时，与其平衡的液相浓度为

$$x^* = \frac{y}{m} = \frac{0.05}{1640} = 3.0 \times 10^{-5}$$

比较各种溶液浓度下的 x 与 x^* 大小，结果如例 8-1 附表所示。

例 8-1 附表

序号	气相浓度 y	液相浓度 x	与气相平衡的液相浓度 x^*	传质推动力 $x^* - x$	传质方向
1	0.05	1.98×10^{-5}	3.0×10^{-5}	>0	吸收
2	0.05	3.0×10^{-5}	3.0×10^{-5}	$=0$	平衡
3	0.05	5.58×10^{-5}	3.0×10^{-5}	<0	脱吸

以上计算也可通过比较气相组成 y 和与液相呈平衡的气相组成 y^* 之值的大小来判断过程方向。即 $y > y^*$ 为吸收过程，$y < y^*$ 为脱吸过程。气、液相平衡可以判断传质过程方向和极限。若 $x = x^*$，则为平衡状态，是吸收的极限，此时吸收推动力为零，吸收过程停止。x 与 x^* 偏差越大，传质推动力越大，越有利于传质过程。可见气、液相平衡关系是计算吸收过程的重要基础。

[例 8-2] 在常压（101.33kPa）和 25℃ 下，$1m^3$ CO_2-空气混合气体（CO_2 体积分数为 20％）与 $1m^3$ 清水在 $2m^3$ 的密闭容器中接触传质。假设空气不溶于水中，试求 CO_2 在水中的极限浓度（摩尔分数）及剩余气体的总压。已知操作条件下气液平衡关系服从亨利定律，亨利系数 E 为 1.662×10^5 kPa。

解： 由气液相平衡关系和物料衡算关系联解，可求得 CO_2 在水中的极限浓度和剩余气体总压。

根据亨利系数，可写出气液平衡方程：

$$p^* = 1.662 \times 10^5 x \tag{1}$$

物料衡算：CO_2 空气混合气体的体积，V 为 $1m^3$，气相中失去的 CO_2 的物质的量 n_1 为

$$n_1 = \frac{V}{RT}(0.2P - p^*) = \frac{1}{8.314 \times 298} \times (0.2 \times 101.33 - p^*) = 0.00818 - 0.000404 p^*$$

液相中获得的 CO_2 为

$$n_2 = CV_L x = \frac{1000}{18} \times 1 \times x = 55.56 x$$

则

$$0.00818 - 0.000404 p^* = 55.56 x \tag{2}$$

联立式（1）和式（2），解得

$$x = 6.67 \times 10^{-5}（即为 CO_2 在水中极限浓度）$$

$$p^* = 11.1 \text{kPa}$$

剩余气体总压为

$$P_余 = 0.8P + p^* = 0.8 \times 101.33 + 11.1 = 92.16 \text{kPa}$$

气、液开始接触时，吸收推动力最大，其值为

$$\Delta p = P - p^* = 0.2 \times 101.33 - 0 = 20.3 \text{kPa}$$

结果表明，随着吸收过程进行，吸收推动力不断减小，直到推动力为零时达到平衡。

[**例 8-3**] 填料吸收塔某截面上的气、液相组成为 $y = 0.05$，$x = 0.01$（皆为溶质摩尔分数），气膜体积吸收系数 $k_y a = 0.03 \text{kmol}/(\text{m}^3 \cdot \text{s})$，液膜体积吸收系数 $k_x a = 0.02 \text{kmol}/(\text{m}^3 \cdot \text{s})$，若相平衡关系为 $y = 2.0x$，试求两相间传质总推动力、总阻力、传质速率以及各相阻力的分配。

解： 假设相平衡常数为 2，传质总推动力为：

以气相浓度差表示　　$\Delta y = y - mx = 0.05 - 2 \times 0.01 = 0.03$

以液相浓度差表示　　$\Delta x = \dfrac{y}{m} - x = \dfrac{0.05}{2} - 0.01 = 0.015$

传质总阻力和总体积吸收系数为

$$\frac{1}{K_y a} = \frac{1}{k_y a} + \frac{m}{k_x a} = \frac{1}{0.03} + \frac{2}{0.02} = 133.3 (\text{m}^3 \cdot \text{s})/\text{kmol}$$

$$K_y a = 0.0075 \text{kmol}/(\text{m}^3 \cdot \text{s})$$

$$K_x a = K_y a m = 0.0075 \times 2 = 0.015 \text{kmol}/(\text{m}^3 \cdot \text{s})$$

$$\frac{1}{K_x a} = \frac{1}{0.015} = 66.7 (\text{m}^3 \cdot \text{s})/\text{km}$$

传质速率为

$$N_A = K_y a \Delta y = 0.0075 \times 0.03 = 2.25 \times 10^{-4} \text{kmol}/(\text{m}^2 \cdot \text{s})$$

气膜阻力占总阻力的分数为

$$\frac{\dfrac{1}{k_y a}}{\dfrac{1}{K_y a}} = \frac{\dfrac{1}{0.03}}{133.3} = 0.25 = 25\%$$

液膜阻力占总阻力的分数为

$$\frac{\dfrac{1}{k_x a}}{\dfrac{1}{K_x a}} = \frac{\dfrac{1}{0.02}}{66.7} = 0.75 = 75\%$$

结果表明，当相平衡常数 m 为 2.0 时，本吸收过程中液膜阻力占总阻力的 3/4，即相应地总推动力的 3/4 用于液相传质，克服液膜阻力。

[**例 8-4**] 在逆流操作的填料塔中，用纯溶剂吸收某气体混合物中的溶质组分。已知进塔气体组成为 Y_1，在操作条件下气液平衡关系符合亨利定律，试推导以下关系：

（1）$(L/V)_{\min}$ 与吸收率 φ 间的关系；

（2）填料层高度 Z 与 φ 间的关系。

解：（1）$(L/V)_{\min}$ 与吸收率 φ 间的关系。

出塔气体组成为

$$Y_2 = (1-\varphi)Y_1$$

在最小液气比下，出塔液体组成为 $X_{1.\max} = \dfrac{Y_1}{m}$。

最小液气比与 φ 间关系为

$$(L/V)_{\min} = \frac{Y_1 - Y_2}{\dfrac{Y_1}{m}} = \frac{Y_1 - (1-\varphi)Y_1}{\dfrac{Y_1}{m}} = m\varphi$$

当 m 一定时，$(L/V)_{\min}$ 随 φ 增大而增大。

（2）Z 与 φ 间关系。

实际液气比为某一吸收率下的最小液气比的某一倍数，即

$$\frac{L}{V} = Am \quad (\varphi = 1)$$

出塔液体组成为

$$X_1 = \frac{V(Y_1 - Y_2)}{L} = \frac{\varphi Y_1}{Am}$$

所需填料层高为

$$Z = H_{OG}N_{OG} = H_{OG}\frac{Y_1 - Y_2}{\dfrac{(Y_1 - mX_1) - Y_2}{\ln \dfrac{Y_1 - mX_1}{Y_2}}} = \frac{H_{OG}}{1 - \dfrac{mV}{L}}\ln\frac{Y_1 - mX_1}{Y_2} = \frac{H_{OG}}{1 - \dfrac{1}{A}}\ln\frac{Y_1 - m\dfrac{\varphi Y_1}{Am}}{(1-\varphi)Y_1}$$

$$= \frac{H_{OG}}{1 - \dfrac{1}{A}}\ln\frac{1 - \dfrac{\varphi}{A}}{1 - \varphi}$$

若上式中 H_{OG} 及 A 一定，则 $Z = f(\varphi)$。

结果表明，当用纯溶剂吸收混合气体中溶质时，最小液气比及在一定液气比下所需塔高仅与溶质回收率有关，而与混合气体的原始组成无关。

第9章

蒸馏和吸收塔设备

食品工程原理
学习指导

本章符号说明：

英文字母：

D——塔径，m；

e_v——雾沫夹带量，kg/kg（液/气）；

E_M——单板效率（默弗里板效率）；

E_O——点效率；

E_T——总板效率（全塔效率）；

H_T——板间距，m；

HETP——等板高度，m；

l_W——堰长，m；

L_S——塔内液体流量，m^3/s；

L_W——润湿速率，$m^3/(m \cdot s)$；

N_P——实际塔板层数；

N_T——理论塔板层数；

Δp——压强降，Pa；

u——空塔气速，m/s；

u_F——泛点气速，m/s；

U——喷淋密度，$m^3/(m^2 \cdot s)$；

V_S——塔内气相流量，m^3/s；

Z——塔的有效段高度，填料层高度，m。

希腊字母：

α——相对挥发度；

ε——空隙率；

μ——黏度，$Pa \cdot s$；

σ——填料层的比表面积，m^2/m^3。

下标：

max——最大的；

min——最小的；

L——液相的；

V——气相的。

9.1 本章学习指导

9.1.1 本章学习目的

通过对本章学习，掌握蒸馏和吸收塔设备的流体力学及传质特性（特别是提高传质速率的有效措施）、设计的基本方法和程序，最后能够根据生产任务要求，选择适宜的塔设备类型并确定设备的主要工艺尺寸。

9.1.2 本章应掌握的内容

掌握板式塔和填料塔的基本结构、流体力学及传质特性（包括板式塔的负荷性能图）；了解塔设备设计的基本方法和程序。

9.1.3 本章学习中应注意的问题

学习本章要紧紧围绕提高塔设备传质速率，理解各种塔板及新型填料结构设计的思路和特点，最终体现在塔设备的综合性能优劣。

9.2 概述

高径比很大的设备叫塔器。用于蒸馏和吸收的塔器分别称为蒸馏塔和吸收（脱吸）塔，通称气液传质设备。蒸馏和吸收作为分离过程，虽基于不同的物理化学原理，但其均属于气、液两相间的传质过程，有着共同的特点，可在同样的设备中进行操作。

9.2.1 塔设备的基本功能

为获得最大的传质速率，塔设备应该满足两条基本原则：

（1）使气、液两相充分地接触，以提供尽可能大的传质面积和传质系数，接触后两相又能及时完全分离。

（2）在塔内使气、液两相最大限度地接近逆流，以提供最大的传质推动力。

9.2.2 对塔设备性能的评价指标

（1）通量：指单位塔截面的生产能力，表征塔设备的处理能力和允许空塔气速。

（2）分离效率：单位压强塔的分离效果，对板式塔以板效率表示，对填料塔以等板高度表示。

（3）适应能力：操作弹性，表现为对物料的适应性及负荷波动的适应性。

塔设备还需要满足流动阻力低、结构简单、金属消耗量少、造价低、易于操作控制等要求。

9.2.3　气液传质设备的分类

（1）按结构分为板式塔和填料塔；

（2）按气、液接触情况分为逐级式与微分式。

通常板式塔为逐级接触式。按照塔内气、液流动方式又分错流塔板与逆流塔板。错流塔板中，液体横向流过塔板，气体垂直穿过液层，但从塔整体来看，液相从塔顶流至塔底，气相则从塔底向塔顶流动，两相逆向流动。在错流塔板中，气、液两相组成呈阶梯式变化。填料塔为微分接触式塔器，一般两相逆向流动，两相组成呈连续变化。在正常操作情况下，在错流塔板中，液体为连续相，气体在液体中分散；在填料塔中，气相为连续相，液体则沿填料表面流动。

9.3　板式塔

9.3.1　错流塔板的几种典型结构

错流塔板包括泡罩塔板、筛孔塔板和浮阀塔板。其中，泡罩塔板具有操作弹性大，对物料适应性强，不易漏液等优点，但其结构复杂、造价高、压强降大。合理设计的筛孔塔板具有结构简单、造价低廉、通量大、压强降低、便于清理检修等优点，其缺点是操作弹性较小、小孔易堵塞。为了克服雾沫夹带现象这一不利因素的影响，还设计了斜向喷射的舌形塔板、斜孔板、垂直筛板、浮舌塔板、浮动喷射塔板等不同结构形式的塔板，有些塔板结构还能减少因水力梯度（液位梯度）造成的气体不均匀分布现象。

9.3.2　塔板效率及其影响因素

9.3.2.1　塔板效率的表示方法

包括总板效率（全塔效率）、单板效率与点效率。

（1）总板效率反映了整个塔内的平均传质效果，包含了影响传质过程的全部动力学因素；单板效率是指气相或液相经过一层塔板前后的实际组成变化与理论组成变化的比较。二者比较基准不同，即使各板单板效率完全相同，总板效率与单板效率在数值上也不相同。另外，总板效率的数值一般不会达到 100%，在大塔径的塔内，单板效率的数值却可能超过 100%。

（2）按气相组成变化表示的单板效率 E_{MV} 与按液相组成变化表示的单板效率 E_{ML}，对于同一层塔板其数值并不相等，只有当操作线与平衡线为平行直线时，二者才会相等。

（3）点效率 E_{OV} 是指塔板上某点的局部效率，反映了该点上气、液接触的状况，而单板效率描述的是全板的平均值。只有当塔径很小或当板上液体完全均匀混合时，点效率 E_{OV} 与单板效率 E_{MV} 才具有相同的数值。

9.3.2.2　影响塔板效率的因素

（1）物系性质：主要指黏度、相对挥发度、溶解度系数、密度、表面张力、扩散系数等。对一定结构的塔板，黏度、相对挥发度、溶解度系数等的影响比较显著。

（2）塔板结构：主要包括塔径、板间距、堰高、降液管面积与长度（或宽度）、开孔率等结构参数。

（3）操作条件：主要指操作温度、压强、空塔气速、气液流量比等操作参数。

9.3.2.3　板式塔内可能出现的非理想流动

如果塔的设计不够优化或操作不当，将会出现非理想流动，从而降低塔板效率：

（1）空间的反向流动：包括液相的反方向流动，雾沫夹带（气速过高或板间距过小）；气相的反向流动，气泡夹带（溢流速度过大）。

（2）不均匀流动：表现为液相方面的液面落差（水力梯度）及由于水力梯度造成的气体分布不均匀。

（3）液体短路气速过小造成的漏液。

9.3.2.4　塔板效率的估算

对精馏塔可用奥康耐尔关联式估算总板效率，即

$$E_T = 0.49(\alpha\mu_L)^{-0.245} \tag{9-1}$$

9.3.3　板式塔的工艺设计及负荷性能图

9.3.3.1　板式塔的工艺设计

不同结构板式塔的工艺设计程序大同小异，均包括塔高、塔径及塔板上主要部件工艺尺寸的设计计算。

（1）塔高：

$$Z = (N_T/E_T) \times H_T = N_P H_T \tag{9-2}$$

式中

$$N_P = N_T/E_T \tag{9-3}$$

H_T 较大时，塔径可减小，并且可减少雾沫夹带、抑制液泛、提高塔的操作能力和生产能力，但塔高要增加。选择板间距时，还应考虑安装、检修及塔体的总体匀称。

（2）塔径：

$$D = \sqrt{4V_S/\pi u} \tag{9-4}$$

（3）溢流装置与塔板设计：主要在于确定堰长 l_w、堰高 h_w、降液管宽度 W_d 与截面积 A_f、塔盘布局、开孔数及开孔率等结构参数。

9.3.3.2　塔板的流体力学验算

（1）单板压强降。其值影响全塔压强降及降液管液泛，可通过开孔率及板上液层厚度进行调节。

（2）液泛。以降液管内的清液层高度为控制指标。为防止液泛，可增大板间距、降液管面积和降低单板压强降。

（3）雾沫夹带。以 $e_v = 0.1\text{kg/kg}$（液/气）为控制指标。物性参数、空塔气速、板间距等均影响 e_v 值。

（4）漏液。对浮阀塔板，以阀孔动能因子 $F_0 = 5\sim6$ 为下限。

（5）对于直径不大的塔板，一般可忽略液面落差的影响。

9.3.3.3 负荷性能图

浮阀塔板负荷性能图如图 9-1 所示。

（1）雾沫夹带线 1。当气相负荷超过此线时，雾沫夹带量将过大，以 $e_v \leqslant 0.1 \text{kg/kg}$ 为指标。

（2）液泛线 2。塔板的适宜操作区应在此线以下，否则将发生液泛。

（3）液相负荷上限线 3。液相流量超过此线，将造成气相严重返混甚至发生降液管液泛。

（4）漏液线 4。气相负荷低于此线将发生严重漏液现象，气液接触不充分，对浮阀塔板以阀孔动能因子 $F_0 = 5 \sim 6$ 为下限。

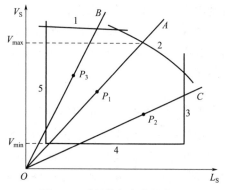

图 9-1　浮阀塔板负荷性能图

（5）液相负荷下限线 5。液相负荷低于此线将使塔板上液流分布不均匀。

操作时的气相流量 V_S 与液相流量 L_S 在负荷性能图上的坐标点 P 称为操作点，OP 连线称为操作线。操作线与负荷性能图上两条边界线的交点分别表示塔的上、下操作极限。两极限的气体流量之比称为塔板的操作弹性。如操作线 OA 所对应的操作弹性为

$$\text{操作弹性} = V_{\max}/V_{\min} \tag{9-5}$$

式中，$V_{\max}$、$V_{\min}$ 分别为气相的最大和最小流量，m^3/s。

操作点位于操作区内的适中位置（如 P_1 点）可获得稳定性良好的操作效果。若操作点靠近任一边界线，则当负荷稍有波动时，便会使塔的正常操作受到破坏，此时应调整塔的结构参数或改变气、液负荷，使操作点居中。例如图 9-1 中操作线为 OC 时，控制因素是液相负荷上限和漏液，可通过增大降液管面积或板间距使液相负荷上限线右移。再如图 9-1 中操作线为 OB 时，操作上限由雾沫夹带控制，下限为液相负荷下限控制，此时减小堰长 l_W 或用齿形堰代替平直堰，均可使液相负荷下限线左移。通常，通过调整板间距、开孔率或塔径来实现优化设计。

9.4　填料塔

填料塔为微分接触式气液传质设备。其特点是结构简单、压强降低、通过材质选择可处理腐蚀性物系。

9.4.1　填料的性能评价

塔内填料是提供气、液接触的场所，填料塔的生产能力和传质速率与填料特性密切相关。填料的性能评价用传质速率、通量及填料层压降三个参数的综合指标来表达。

9.4.1.1　填料的几何特性

（1）比表面积 σ。单位体积填料层的填料表面积称为比表面积，单位为 m^2/m^3。显然，σ 值越大，越有利于增大传质面积。

（2）空隙率 ε。单位体积填料层的空隙体积称为空隙率，其单位为 m^3/m^2。ε 值大，气、

液通过能力大，流动阻力小，压强降低。

（3）填料因子 φ。填料因子 φ 代表实际操作时湿填料的流体力学特性。φ 值小，表明流动阻力小，液泛速度较高。

选择填料时，一般要求 σ 值及 ε 值大，填料的润湿性能好，造价低，并有足够的力学强度。其中实体填料阶梯环、金属矩鞍环及丝网波纹规整填料的综合性能较好，因而得到广泛应用。

9.4.1.2 填料塔的流体力学特性

填料塔正常操作时，液体作为分散相沿填料表面呈膜状向下流动，气体以连续状态通过填料孔隙自下而上与液体逆向接触进行传质，两相组成沿塔高连续变化。为保证两相良好接触，需要装置液体喷洒及再分布器。

（1）$\Delta p/Z$-u 关系曲线。在双对数坐标纸上标绘不同喷淋量下的单位高度填料层的压强降 $\Delta p/Z$ 与空塔气速 u 关系的实测数据，便得到图 9-2 所示的 $\Delta p/Z$-u 关系曲线。此曲线表明了压强降、持液量与空塔气速之间的关系。

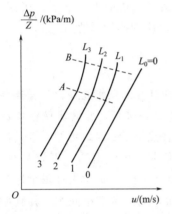

图 9-2　填料层的 $\Delta p/Z$-u 关系

当无液体喷淋时，即 $L_0=0$ 时，干填料的 $\Delta p/Z$-u 是直线，其斜率为 1.8～2.0。

当有一定喷淋量时（图 9-2 中 $L_3 > L_2 > L_1$），$\Delta p/Z$-u 的关系变成折线，两个转折点将折线分为三个区。

下转折点 A 称为载点，A 点以下的线段称为恒持液量区，该直线段与 0 线平行。达到 A 点的气速称为载点气速。上转折点 B 称为泛点，B 点以上线段为液泛区，该线段的斜率可达 10 以上。达到泛点时的气速称为泛点气速或液泛气速，用 u_F 表示。AB 之间的区段称为载液（拦液）区，随气速增加持液量加大，塔的操作应在此区段。泛点以后，持液量的急骤增加使液相从分散相变为连续相，而气相则由连续相变为分散相在液体中鼓泡。因此泛点又称转相点。

（2）$\Delta p/Z$ 与 u_F 的经验关联。对于各种乱堆填料，目前工程设计计算中广泛使用埃克特通用关联图来计算填料塔的泛点气速 u_F 与适宜气速下的压强降 $\Delta p/Z$。适宜操作气速取泛点气速的 50%～85%。空塔气速与泛点气速的比值称为泛点率。泛点气速 u_F 的值受填料特性、物料性质及液气比所影响。

（3）填料塔内液体的喷淋量。为使填料获得良好的润湿，应使塔内液体喷淋量不低于某一极限值——最小喷淋密度，即单位时间内单位塔截面上喷淋的液体体积。最小喷淋密度能维持填料的最小润湿速率，即

$$U_{min}=L_{w,min}\sigma \tag{9-6}$$

润湿速率是指在塔的截面上，单位长度填料周边上液体的体积流量。对于直径不大于 75mm 的环形填料，可取 $L_{w,min}=0.08\text{m}^3/(\text{m}\cdot\text{h})$；对于直径大于 75mm 的环形填料，可取 $L_{w,min}=0.12\text{m}^3/(\text{m}\cdot\text{h})$。

9.4.2 填料塔的工艺设计计算

9.4.2.1 填料层的有效高度 Z

（1）传质单元法：

$$Z = 传质单元高度 \times 传质单元数 \tag{9-7}$$

（2）等板高度法：

$$Z = N_{T}(\mathrm{HETP}) \tag{9-8}$$

其中 HETP 越小，说明填料层的传质速率越高，完成一定分离任务所需填料层总高度可降低。

9.4.2.2 塔径

在确定了 V_S 及 u 的前提下，可以计算塔径 D。

9.4.2.3 核算

（1）填料层的总压强降。

（2）喷淋密度是否大于最小喷淋密度。

（3）塔径与填料尺寸之比应在 8 以上，以保证填料润湿均匀。

（4）填料层有效高度 Z 与塔径 D 之比大于某规定值时，要将填料分段，并增设液体再分布装置。

 本章小结

学习本章时可以通过列表对比学习错流板式塔和填料塔的异同，如两种类型塔设备作为气液传质设备均以提高传质速率、分离效率和增大生产通量为目标，但在设备性能指标方面各有优劣，并且各自有其适用的场合。对板式塔应重点掌握泡罩塔板、筛孔塔板及浮阀塔板的基本结构特点、操作特性及适用场合，对填料塔应了解常用填料的类型及性能。

9.5 例题

[**例 9-1**] 如例 9-1 附图所示为某塔板的负荷性能图，A 点为操作点。试根据该图：

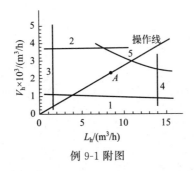

例 9-1 附图

（1）确定塔板的气、液负荷；

（2）判断塔板的操作上、下限各为什么控制；

（3）计算塔板的操作弹性。

解：（1）操作点 A 的坐标值即为塔板的气、液负荷，由例 9-1 附图查得 $V_h = 2300\text{m}^3/\text{h}$，$L_h = 8.5\text{m}^3/\text{h}$。

（2）连接 OA，即作出操作线。由操作线与负荷性能图上曲线确定该塔板的操作上限为液泛控制，操作下限为漏液控制。

（3）由例 9-1 附图中交点 B、C 查得并计算出操作弹性为 3.0。

食品工程原理
学习指导

第 10 章

液–液萃取

本章符号说明：

英文字母：

a——填料的比表面积，m^2/m^3；

A——组分 A；

B——组分 B；

B——组分 B 的流量，kg/h；

D——塔径，m；

E——萃取相的量，kg 或 kg/h；

E'——萃取液的量，kg 或 kg/h；

F——原料液的量，kg 或 kg/h；

h——萃取段的有效高度，m；

H——传质单元高度，m；

HETS——理论级当量高度，m；

k——以质量分数表示相组成的分配系数；

K——以质量比表示相组成的分配系数；

$K_x a$——体积传质系数，h^{-1}；

M——混合液的量，kg 或 kg/h；

n——理论级数；

N——传质单元数；

R——萃余相的量，kg 或 kg/h；

R'——萃余液的量，kg 或 kg/h；

S——组分 S；

S——组分 S 的量，kg 或 kg/h；

x——组分在萃余相中的质量分数；

X——组分在萃余相中的质量比组成，kg/kg；

y——组分在萃取相中的质量分数；

Y——组分在萃取相中的质量比组成，kg/kg。

希腊字母：

β——溶剂的选择性系数；

δ——以质量比表示相组成的操作线斜率。

下标：

A、B、S——分别代表组分 A、组分 B 及组分 S；

C——连续相；

D——分散相；

E——萃取相；

F——原料液的；

n——理论级数；

O——总的；

R——萃余相。

10.1 本章学习指导

10.1.1 本章学习目的

通过本章的学习，需要掌握液-液相平衡在三角形相图上的表示方法，会用三角形相图分析液-液萃取过程中相及组成的变化，能熟练应用三角形相图对萃取过程进行分析、计算，了解萃取设备的类型及结构特点。

10.1.2 本章应掌握的内容

（1）掌握萃取分离的原理及流程、萃取过程的相平衡关系（包括萃取剂及操作条件的选择）、单级萃取过程的计算、三角形液-液平衡相图、杠杆规则、萃取计算的三角形坐标图解法。

（2）了解多级萃取过程的计算，回流萃取，超临界萃取，萃取设备的类型、结构特点及选用，流体力学及传质特性。

10.2 概述

10.2.1 萃取分离原理

对于液体混合物的分离，除可采用蒸馏的方法外，还可采用萃取的方法，液-液萃取又称溶剂萃取，是向液体混合物中加入适当溶剂，利用原混合物中各组分在溶剂中溶解度的差异，使溶质组分从原料液转移到溶剂的过程。选用的溶剂称为萃取剂，以 S 表示；原料液中易溶于 S 的组分，称为溶质，以 A 表示；难溶于 S 的组分称为原溶剂（或稀释剂），以 B 表示。如果萃取过程中，萃取剂与原料液中的有关组分不发生化学反应，则称之为物理萃取，反之则称之为化学萃取。

如图 10-1 所示，工业萃取过程由三个基本过程组成，即

（1）混合。采取措施使萃取剂和原料液充分混合，实现溶质 A 由原溶液向萃取剂传递。

（2）沉降分层。进行萃取相 E 和萃余相 R 的分离。

（3）脱溶剂。萃取相和萃余相脱除溶剂得到萃取液 E′和萃余液 R′，萃取剂循环使用。

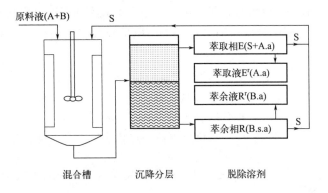

图 10-1　萃取操作示意图

A. a—经过溶剂回收后，萃取相中以溶质 A 为主的纯净产物；B. a—经过溶剂回收后，萃余相中以原溶剂 B 为主的产物；
B. s. a—分层后的富含 B、含少量 S 和微量 A 的液相

10.2.2　萃取分离的适用场合

根据技术可行性和经济合理性，萃取适用于如下场合：

（1）不能用普通蒸馏、蒸发方法分离的物系，如热敏性物系等。

（2）用蒸馏方法很不经济的场合，如相对挥发度接近于"1"的物系、待分离组分含量很低且为重组分的物系。

（3）多种金属物质的提取，如核燃料及稀有元素的提取。

（4）环境保护，如废水脱酚等。

10.2.3　萃取操作的特点

（1）外界加入萃取剂建立两相体系，萃取剂与原料液只能部分互溶，完全不互溶为理想选择。

（2）萃取是一个过渡性操作，E 相和 R 相脱溶剂后才能得到富集 A 或 B 组分的产品。

（3）三元甚至多元物系的相平衡关系更为复杂，根据组分 B、S 的互溶度采用多种方法描述相平衡关系，其中三角形相图在萃取中用得比较普遍。

10.3　三元体系的相平衡关系

萃取过程以相平衡为极限。相平衡关系是进行萃取过程计算和分析过程影响因素的基本依据之一。

根据组分间的互溶度，混合液分为两类：

（1）Ⅰ类物系。组分 A、B 及 A、S 分别完全互溶，组分 B、S 部分互溶或完全不互溶。

（2）Ⅱ类物系。组分 A、S 与组分 B、S 形成两对部分互溶体系。

10.3.1 三元相图

对于组分 B、S 部分互溶物系，相的组成、相平衡关系和萃取过程的计算，采用图 10-2 所示的等腰直角三角形相图最为简明方便。常用质量分数表示相组成。组成在三角形相图上的表示为：

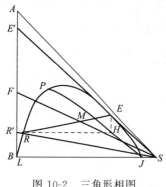

三角形的三个顶点分别表示纯组分 A、B、S。

三角形的边 AB、AS 和 SB 依次表示组分 A 与 B、A 与 S 以及 S 与 B 的二元混合液。

三角形内任一点代表三元混合液的组成。

10.3.1.1 相平衡关系在三角形相图上的表示

要能够根据一定条件下测得的溶解度数据和共轭相的对应组成在三角形相图上准确做出溶解度曲线 LPJ、联结线（共轭线）RE、辅助曲线 PHJ，并确定临界混溶点 P。会

图 10-2 三角形相图

利用辅助曲线由一已知相组成点确定与之平衡的另一相组成点的坐标位置。溶解度曲线将三角形分成单相区（均相区）与两相区，萃取操作只能在两相区中进行。

（1）不同物系在相同温度下具有不同形状的溶解度曲线。

（2）同一物系，当温度变化时，可能引起溶解度曲线和两相区面积的变化，甚至发生 Ⅰ、Ⅱ 类物系的转化。一般温度升高，组分间互溶度加大，两相区面积缩小，不利于萃取分离。

（3）一定温度下，同一物系中大多数物系的联结线倾斜方向随溶质组成而变，即各联结线一般互不平行；少数物系联结线的倾斜方向也会发生改变。

10.3.1.2 萃取过程的三个基本阶段

（1）混合。将 S kg 的萃取剂加到 F kg 的料液中并混匀，即得到总量为 M kg 的混合液，其组成由点 M 的坐标位置读取。

$$F + S = M \tag{10-1}$$

$$F x_F + S y_S = M x_M \tag{10-2}$$

式中，x_F 为原料液的组成；y_S 为萃取剂中溶质 A 的质量分数或摩尔分数；x_M 为混合液中溶质 A 的质量分数或摩尔分数。

（2）沉降分层。混合液沉降分层后，得到平衡的两液相 E、R，其组成由图 10-2 读得，各相的量由杠杆规则及总物料衡算求得，即

$$E = M \times \frac{MR}{ER} \tag{10-3}$$

$$R = M - E \tag{10-4}$$

图 10-2 中的 M 点称为和点，R、E 或 F、S 称为差点。

（3）脱除溶剂。若将得到的萃取相及萃余相完全脱除溶剂，则得到萃取液 E' 和萃余液 R'，其组成由图 10-2 读得，其量利用杠杆规则确定，即

$$E' = E \times \frac{SE}{SE'} \tag{10-5}$$

$$R' = F - E' \tag{10-6}$$

杠杆规则是物料衡算过程的图解表示、萃取过程在三角形相图上的表示和计算。

10.3.2 分配系数和分配曲线

10.3.2.1 分配系数

在一定温度下,溶质 A 在平衡的萃取相和萃余相中组成之比称为分配系数,即

$$k_A = y_A / x_A \tag{10-7a}$$

同样,对于组分 B 也可写出相应表达式,即

$$k_B = y_B / x_B \tag{10-7b}$$

10.3.2.2 分配曲线

若主要关心溶质 A 在平衡的两液相中的组成关系,则可在直角坐标图上表示相组成,如图 10-3 所示的 x-y 关系曲线,即为分配曲线。

10.3.3 组分 B、S 完全不互溶物系的相平衡关系

在操作条件下,若组分 B、S 互不相溶,则以质量比表示相组成的分配系数可写成如下形式:

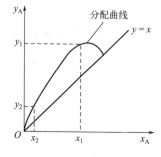

图 10-3 分配曲线

$$K_A = \frac{Y_A}{X_A} \tag{10-7c}$$

其分配曲线可仿照吸收中平衡曲线的方法,做出以质量比表示相组成的 X-Y 相图。

10.3.4 萃取剂的选择

萃取剂的选择是萃取操作分离效果和是否经济的关键。

10.3.4.1 萃取剂的选择性和选择性系数

选择性是指萃取剂 S 对原料液中两个组分溶解能力的差异,可用选择性系数来表示:

$$\beta = \frac{y_A}{y_B} \bigg/ \frac{x_A}{x_B} = k_A \frac{x_B}{y_B} \tag{10-8}$$

β 对应于蒸馏中的相对挥发度 α,统称为分离因子。萃取操作中,β 值均应大于 1。β 值越大,越有利于组分的分离;若 $\beta = 1$,萃取相和萃余相脱除溶剂 S 后将具有相同的组成,且均等于原料液的组成,无分离能力,说明所选择的萃取剂是不适宜的。

当在操作条件下组分 B、S 可视作不互溶时,为 $y_B = 0$,选择性系数趋于无穷大。

10.3.4.2 组分 B、S 间的互溶度

在相同温度下,同一种二元原料液与不同萃取剂 S_1、S_2 所构成的相平衡关系图如图 10-4 所示。由图可见,萃取剂 S_1 与组分 B 的互溶度较小。萃取操作都是在两相区内进行

的，达平衡后均分成两个平衡的 E 相和 R 相。若将 E 相脱除溶剂，则得到萃取液，根据杠杆规则，萃取液组成点必为 SE 延长线与 AB 边的交点，显然溶解度曲线的切线与 AB 边的交点即为萃取相脱除溶剂后可能得到的具有最高溶质组成的萃取液。

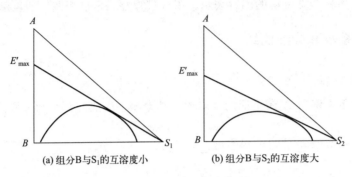

(a)组分B与S_1的互溶度小　　(b)组分B与S_2的互溶度大

图 10-4　互溶度对萃取操作的影响

10.3.4.3　萃取剂回收的难易

萃取后的 E 相和 R 相，通常以蒸馏的方法进行分离。萃取剂回收的难易直接影响萃取操作的费用，从而在很大程度上决定萃取过程的经济性。因此，要求萃取剂 S 与原料液中的组分的相对挥发度要大，不应形成恒沸物，并且最好是组成低的组分为易挥发组分。若被萃取的溶质不挥发或挥发度很低时，则要求 S 的汽化热要小，以节省能耗。

10.3.4.4　其他

为使两相在萃取器中能较快地分层，要求萃取剂与被分离混合物有较大的密度差，特别是对没有外加能量的设备，较大的密度差可加速分层，提高设备的生产能力。

两液相间的界面张力对萃取操作具有重要影响。萃取物系的界面张力较大时，分散相液滴易聚结，有利于分层，但界面张力过大，则液体不易分散，难以使两相充分混合，反而使萃取效果降低。界面张力过小，虽然液体容易分散，但易产生乳化现象，使两相较难分离，因此，界面张力要适中。

溶剂的黏度对分离效果也有重要影响。溶剂的黏度低，有利于两相的混合与分层，也有利于流动与传质，故当萃取剂的黏度较大时，往往加入其他溶剂以降低其黏度。此外，选择萃取剂时，还应考虑其他因素，如萃取剂应具有化学稳定性和热稳定性，对设备的腐蚀性要小，来源充分，价格较低廉，不易燃易爆等。

10.4　萃取过程的计算

10.4.1　两相的接触方式

两相接触方法包括逐级接触式萃取和连续接触逆流萃取，需要掌握各种接触萃取方式的特点及萃取过程的计算。

10.4.2　单级萃取

单级萃取过程中，有两种类型的计算。

10.4.2.1　组分 B、S 部分互溶体系的计算

已知原料液组成 x_F 及其处理量 F，规定萃余相组成 x_1，要求计算萃取剂用量 S、萃取相与萃余相的量 E 及 R、萃取相的组成 y_1。

萃取剂的用量 S 可利用杠杆规则确定：

$$S = F \times \frac{MF}{MS} \tag{10-9}$$

已知原料液的组成 x_F 及其处理量 F、萃取剂的用量 S，要求计算萃取相、萃余相的量及两相组成。此类计算需利用辅助曲线，通过和点 M 利用试差法作联结线，两相组成由联结线两端点坐标位置读得。经过单级萃取后所能获得的最高萃取液组成 y'_{max}，一般可由点 S 作溶解度曲线的切线 SE_{max} 而确定。

10.4.2.2　组分 B、S 完全不互溶体系的计算

当组分 B、S 可视作完全不互溶体系时，则以质量比表示相组成的物料衡算式为

$$B(X_F - X_1) = S(Y_1 - Y_S) \tag{10-10}$$

10.4.3　多级错流接触萃取

多级错流接触萃取操作的特点是：每级都加入新鲜溶剂，前级的萃余相为后级的原料，传质推动力大，只要级数足够多，最终就可获得所希望的萃取率。其缺点是溶剂用量较多。多级错流接触萃取设计型计算中，通常已知 F、x_F 及各级溶剂用量 S_i，规定最终萃余相组成 x_n，要求计算所需理论级数。

10.4.3.1　组分 B、S 部分互溶时的三角形相图图解法

多级错流萃取的三角形相图图解法是单级萃取图解的多次重复。可以证明，对于一定的溶剂总用量，各级溶剂用量相同时，可获得最佳萃取效果。

10.4.3.2　组分 B、S 不互溶时的直角坐标图解法

设各级溶剂用量相等，则各级萃取相中的溶剂 S_i 和萃余相中的稀释剂 B 均可视作常量，此时错流萃取的操作线方程式为

$$Y_n = -\frac{B}{S} X_n + \left(\frac{B}{S} X_{n-1} + Y_S\right) \tag{10-11}$$

10.4.3.3　解析法求解理论级数

若在操作条件下，组分 B、S 可视作完全不互溶，且以质量比表示相组成的分配系数 K 可视作常数，再若各级溶剂用量相等，则所需萃取级数可用下式计算：

$$n = \frac{1}{\ln(1 + A_m)} \ln \frac{X_F - Y_S/K}{X_n - Y_S/K} \tag{10-12}$$

式中，A_m 为萃取因子，其值大有利于萃取分离。其定义为

$$A_m = \frac{KS_i}{B} \tag{10-13}$$

式中，S_i 为第 i 级萃取剂用量。

10.4.4 多级逆流接触萃取

多级逆流接触萃取操作的特点是：大多为连续操作，平均推动力大，分离效率高，达到规定萃取率溶剂用量最少。多级逆流接触萃取的设计型计算中，原料液处理量 F 及其组成 x_F、最终萃余相组成 x_n 均由工艺条件规定，溶剂用量 S 及其组成 y_s 由经济权衡而选定，由以上参数计算所需的理论级数。

10.4.4.1 组分 B、S 部分互溶时的解析计算

对于组分 B、S 部分互溶物系，传统上常在三角形坐标图上利用平衡关系和操作关系，用逐级图解法求解理论级数。以萃取装置为控制体列物料衡算式，计算方法如下：

总衡算 $\qquad\qquad\qquad F + S = E_1 + R_n \tag{10-14}$

组分 A $\qquad\quad F x_{F,A} + S y_{0,A} = E_1 y_{1,A} + R_n x_{n,A} \tag{10-15}$

组分 S $\qquad\quad F x_{F,S} + S y_{0,S} = E_1 y_{1,S} + R_n x_{n,S} \tag{10-16}$

式中的 $x_{n,A}$ 与 $x_{n,S}$，$y_{1,S}$ 与 $y_{1,A}$ 分别满足溶解度曲线关系式：

$$x_{n,S} = \varphi(x_{n,A}) \tag{10-17}$$

$$y_{1,S} = \varphi(y_{1,A}) \tag{10-18}$$

$$y_{1,S} = F(x_{1,A}) \tag{10-19}$$

联解式（10-14）～式（10-19）便可求得各物料流股的量及组成。

10.4.4.2 组分 B、S 不互溶时理论级数的计算

根据平衡关系情况，可用图解法和解析法求解理论级数。

在 X-Y 坐标图上求解理论级数的方法与脱吸计算十分相似。此时的操作线方程式为

$$Y_n = \frac{B}{S} X_{n-1} + \left(Y_1 - \frac{B}{S} X_F \right) \tag{10-20}$$

若在操作范围内以质量比表示相组成的分配系数为常数时，可用下式求解理论级数：

$$n = \frac{1}{\ln A_m} \left[\left(1 - \frac{1}{A_m} \right) \frac{X_F - \dfrac{Y_s}{K}}{X_n - \dfrac{Y_s}{K}} + \frac{1}{A_m} \right] \tag{10-21}$$

10.4.4.3 溶剂比 $\dfrac{S}{F}$（或 $\dfrac{S}{B}$）和萃取剂的最小用量

达到指定分离程度需要无穷多个理论级时所对应的萃取剂用量为最小溶剂用量，用 S_{min} 表示。在 x-y 或 X-Y 坐标图上，出现某操作线与分配曲线相交或相切时对应的 S_{min} 即为最小溶剂用量。

对于组分 B、S 完全不互溶的物系，萃取剂的最小用量可用下式计算：

$$S_{min} = \frac{B}{\delta_{min}} \tag{10-22}$$

适宜的萃取剂用量通常取 $S = (1.1 \sim 2.0) S_{min}$。

10.4.5　微分接触逆流萃取

微分接触逆流萃取操作常在塔式设备内进行。塔式设备的计算和气液传质设备一样，即要求确定塔高及塔径两个基本尺寸。

10.4.5.1　塔高的计算

塔高的计算有两种方法，即

（1）理论级当量高度法。

$$h = n(\text{HETS}) \tag{10-23}$$

（2）传质单元法（以萃余相为例）。

假设在操作条件下组分 B、S 完全不互溶，用质量比表示相组成，再若在整个萃取段内体积传质系数 $K_x a$ 可视作常数，则萃取段的有效高度可用下式计算：

$$h = H_{OR} N_{OR} \tag{10-24}$$

$$H_{OR} = \frac{B}{K_x a \Omega} \tag{10-25}$$

式中，Ω 为萃取塔设备的横截面积，m^2。

10.4.5.2　塔径的计算

塔径的尺寸取决于两液相的流量及适宜的操作速度，可用下式计算：

$$D = \sqrt{\frac{4V_C}{\pi U_C}} = \sqrt{\frac{4V_D}{\pi U_D}} \tag{10-26}$$

式中，V_C 为塔截面连续相的体积流量；U_C 为塔截面连续相的流速；V_D 为塔截面分散相的体积流量；U_D 为塔截面分散相的流速。

10.5　液-液萃取设备

在液-液萃取过程中，要求萃取相和萃余相在设备内密切接触，以实现有效的质量传递；又能使两相快速、完全分离，以提高分离效率。由于萃取操作中两相密度差较小，对设备提出了更高的要求。

（1）为使两相密切接触、适度湍动，并且存在高频率的界面更新，可采用外加能量，如机械搅拌、射流和脉冲等。

（2）为使两相完全分离，除重力沉降外，还可采用离心分离的方法（离心分离机、旋液分离器等）。

（3）根据物系性质、分离的难易程度、设备特性及条件，合理选取萃取设备类型及尺寸。

本章小结

　　本章比较简要地讨论了两液相之间的传质过程及设备、萃取设备主体尺寸的优化设计、萃取过程的操作。不管设计型计算还是操作型计算，都以相平衡关系、物料衡算和传质理论为依据，从这些方面来说，萃取过程和蒸馏、吸收过程的讨论十分相似。但由于液-液两相密度差比气-液两相间密度差小得多，分散相的分散和两相的分离困难得多且每一相中通常至少涉及三个组分，因而在萃取操作中的相平衡关系的表达、分散相的选择、设备的结构设计、过程的强化措施等方面都比气-液传质过程更为复杂。

　　萃取过程的计算应掌握如下要点：

　　（1）对于组分 B、S 部分互溶三元体系，熟练地运用杠杆规则在三角形相图上进行萃取过程计算。

　　（2）在操作条件下，当组分 B、S 可视作不互溶，且以质量比表示相组成的分配系数可取作常数时，则可仿照吸收（脱吸）的计算方法，用解析法进行萃取过程计算。

10.6　例题

　　[例 10-1] 某 A、B、S 三元体系的溶解度曲线和辅助曲线如例 10-1 附图所示。原料液由 A、B 两组分组成，其中溶质 A 的质量分数为 0.4，每批的处理量为 400kg。试求：

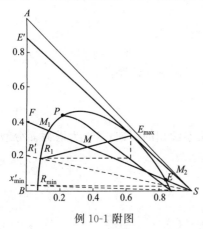

例 10-1 附图

　　（1）能进行萃取分离的最小和最大萃取剂用量；

　　（2）经单级萃取可获得的最高萃取液组成及其量；

　　（3）单级萃取可能获得的最低萃余液组成；

　　（4）获得最高萃取液组成时溶剂的选择性系数及分配系数。

　　解：（1）最小和最大萃取剂用量。

　　能够进行萃取分离的要求是物系组成必须落到两相区，萃取剂的用量范围即受此条件制约。由原料液的组成在 AB 边上定出点 F，联结 F 与 S 两点交溶解度曲线于点 M_1 和 M_2，M_1 对应最小萃取剂用量，M_2 对应最大萃取剂用量。具体量利用杠杆规则计算，即

$$S_{min} = F \times \frac{FM_1}{M_1S} = 400 \times \frac{10}{70} = 57.14 \text{kg}$$

$$S_{max} = F \times \frac{FM_2}{M_2S} = 400 \times \frac{67.5}{12.5} = 2160 \text{kg}$$

　　（2）萃取液的最高组成及其量。

　　可能获得的最高萃取液组成由以下方法确定，即由 S 点作溶解度曲线的切线 SE_{max} 并延长交 AB 边于 E' 点，该点即对应可能获得的最高萃取液组成，从图上读得 $y'_{max} = 0.87$，萃取液的量 E'_{max} 需利用杠杆规则求解。过切点 E_{max} 作联结线 $E_{max}R_1$，连 S 与 R_1 两点并延长交 AB 边于 R'_1 点，则

$$E' = F \times \frac{R'_1F}{E'R'_1} = 400 \times \frac{0.4-0.2}{0.87-0.2} = 119.4 \text{kg}$$

（3）萃余液的最低组成。

当萃取剂用量为最大（M_2 点）时，其组成即为最低组成的萃余相，其脱除溶剂后可获得最低的萃余液组成。由图上读得 $x_{min} = 0.028$。

（4）选择性系数 β。

由萃取相、萃余相组成计算。由图上读得，两共轭相的组成为

$$y_A = 0.34, y_B = 0.05$$
$$x_A = 0.19, x_B = 0.73$$

连立解得

$$\beta = \frac{\dfrac{y_A}{y_B}}{\dfrac{x_A}{x_B}} = \frac{\dfrac{0.34}{0.05}}{\dfrac{0.19}{0.73}} = 26.13$$

分配系数 k_A 由 y_A 及 x_A 计算，即 $k_A = y_A / x_A = 0.34/0.19 = 1.79$。

[例 10-2] 用纯溶剂 S 对 A、B 两组分混合液进行单级萃取。原料液中溶质 A 的质量分数为 0.3，处理量为 400kg，要求萃余液中溶质 A 的质量分数不大于 0.1。在操作范围内分配系数 k_A 为 1.8，操作条件下的溶解度曲线如例 10-2 附图所示。试求：

（1）纯溶剂 S 的用量；

（2）组分 A 的萃取率 φ_A；

（3）在不改变萃取液组成的前提下，欲使萃余液中组分 A 的含量（质量分数）不大于 0.05，应采取何措施。

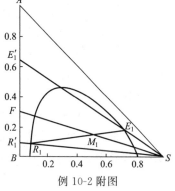
例 10-2 附图

解：由已知原料液和萃余液组成在 AB 边上确定点 F 和 R_1'，连接 FS 与 $R_1'S$。$R_1'S$ 与溶解度曲线交于 R_1，此点即为萃余相组成坐标点，由例 10-2 附图读得 $x_A = 0.09$，与之平衡的萃取相中组分 A 的组成为 $y_A = k_A x_A = 1.8 \times 0.09 = 0.162$。

由 $y_A = 0.162$ 便可在溶解度曲线上定出萃取相组成坐标点 E_1，联点 S 与点 E_1 并延长交 AB 边于点 E_1'。由点 E_1' 可读得萃取液中 A 的质量分数为 0.65。

（1）纯溶剂用量 S。

过点 R_1 作联结线 R_1E_1，与 FS 交于 M_1 点。利用杠杆规则求溶剂用量，即 $S = 400$kg。

（2）溶质 A 的萃取率 φ_A。

$$E_1' = F \times \frac{FR_1'}{E_1'R_1'} = 400 \times \frac{0.3 - 0.1}{0.65 - 0.1} = 145.5 \text{kg}$$

$$\varphi_A = \frac{E_1' y_1'}{F x_F} = \frac{145.5 \times 0.65}{400 \times 0.3} = 0.788 = 78.8\%$$

（3）可采取的措施。

在不改变萃取液组成的前提下，欲使萃余液组成（A 的质量分数）降为 0.05，可采用两级错流或逆流萃取，比如再增加一级即可满足要求。与此同时，由于溶质 A 萃取率的提高，而萃取液组成保持不变，萃取剂用量相应要有所增加。

[例 10-3] 在单级萃取器中用纯溶剂 $S = 100$kg 从 A、B 混合液中提取溶质组分 A。原料液处理量 $F = 100$kg，原料液中含组分 A40kg。已知萃余液组成为 $x_A = 0.18$，选择性系

数 $\beta=10$，试求萃取液的组成 y_A 及 E。

解： 已知 x_A 和 β，可通过 β 的定义式计算 y_A，并通过物料衡算求 E。

$$\beta=\frac{y_A}{1-y_A}/\frac{x_A}{1-x_A}$$

代入数据，解得 $\qquad\qquad y_A'=0.687$

$$E=F\frac{x_F-x_A}{y_A-x_A}=100\times\frac{0.4-0.18}{0.687-0.18}=43.39\text{kg}$$

[例 10-4] 用纯溶剂 45kg 在单级萃取器中处理 A、B 两组分混合液。料液处理量为 39kg，其中组分 A 的质量比组成为 $X_F=0.3$。操作条件下，组分 B、S 可视作完全不互溶，且两相的平衡方程为 $Y=1.5X$，试求组分 A 的萃出率 φ_A。

解： 由题给条件得出

$$Y_S=0,S=45\text{kg}$$
$$B=F/(1+X_F)=39/(1+0.3)=30\text{kg}$$

根据理论级的假设，$Y_1=1.5X_1$，由组分 A 的物料衡算便可求得 X_1（或 Y_1），即

$$B(X_F-X_1)=S(Y_1-Y_S)$$

即 $\qquad\qquad 30\times(0.3-X_1)=45\times(1.5X_1-0)$

解得 $X_1=0.09231$，$\varphi_A=SY_1/BX_F=69.23\%$。

[例 10-5] 在 25℃ 下用纯溶剂 S 逆流萃取 A、B 混合液中的溶质 A。原料液的处理量 F 为 1000kg/h，其中组分 A 的含量 $x_F=0.35$，要求最终萃余相中 A 的含量不高于 0.01，采用的溶剂比 $S/F=0.8$。操作条件下，级内的相平衡关系为 $y_A=0.75x_A^{0.4}$，$y_S=0.992-1.04y_A$，$x_S=0.01+0.06x_A$。试问经两级萃取能否达到要求？

解： 先假定经两级逆流萃取能够达到分离要求，求得 $x_2\leqslant0.01$，证明假设成立。

首先以萃取装置为控制体做物料衡算，即

$$F+S=1.8F=1800=E_1+R_2$$

组分 A $\qquad\qquad 1000\times0.35=E_1y_1+0.01R_2$

组分 S $\qquad\qquad 800\times1=E_1y_{1.S}+x_{2.S}R_2$

$$y_{1.S}=0.992-1.04y_{1.A}$$
$$x_{2.S}=0.01+0.06x_{2.A}=0.01+0.06\times0.01=0.0106$$
$$y_{1.A}=0.75x_{1.A}^{0.4}$$
$$x_{1.S}=0.01+0.06x_{1.A}=0.01+0.06\times0.098=0.01+0.00588=0.01588$$

联立上面各式解得

$$E_1=1160\text{kg/h},R_2=640\text{kg/h}$$
$$y_{1.A}=0.2962,x_{1.A}=0.098$$
$$y_{1.S}=0.684,x_{1.S}=0.01588$$

再对第一理论级列物料衡算及平衡关系式，得

$$1000+E_2=R_1+1160$$

组分 A $\qquad\qquad Fx_F+E_2y_{2.A}=R_1x_{1.A}+1160y_{1.A}$

组分 S $\qquad\qquad E_2y_{2.S}=R_1x_{1.S}+1160y_{1.S}$

式中，$y_{2.S}=0.992+1.04y_{2.A}$；$x_{1.S}=0.01588$；$y_{2.A}=0.75x_{2.A}^{0.4}$。

联立上面各式解得

$E_2=878\text{kg/h},R_1=718\text{kg/h}$；$y_{2.A}=0.07254,x_{2.A}=0.0029<x_n=0.01$；$y_{2.S}=0.9166$

第11章

食品工程原理虚拟仿真实验指导

食品工程原理
学习指导

11.1 软件平台使用指南

11.1.1 软件环境要求

（1）WIN 7 或 WIN 10 操作系统，要求联网状态下使用。

（2）电脑配置：

CPU：Intel i5 第 8 代以上处理器或与 AMD 同等性能的处理器（含以上）。

内存：8GB 以上，显示内存 2GB 以上，独立显卡要求 NVIDIA Geforce GTX 950 或 AMD Radeon HD 7870 或其他厂牌同性能。

11.1.2 注意事项

（1）360 杀毒、电脑管家：软件部署前建议退出该杀毒软件。

（2）金山毒霸、2345 杀毒：软件部署前必须卸载该杀毒软件。

（3）关闭电脑防火墙。

11.1.3 下载安装流程

（1）打开浏览器输入网址：https://new.oberyun.com/login，输入账号、密码、验证码登录。

（2）登录后弹出修改密码界面，如不需要修改密码可以直接点击"×"跳过。

（3）点击软件名称后进入软件练习页面，第一步安装软件运行平台，初次使用软件网站会提示没有安装运行平台，点击"下载链接安装"下载运行平台。

（4）平台下载完毕后，双击安装，根据提示进行安装即可，安装成功后点击软件的"启动"按钮，平台会自动加载部署软件，软件部署完成后点击"启动"按钮就可以练习和操作软件了。

（5）软件使用完毕后要想退出可以在任务栏右下角找到"欧倍尔仿真平台助手"图标，右键选择"关闭当前软件"即可。

11.1.4 仿真软件练习成绩查询

（1）学生依次点击学习首页—仿真练习—学习记录，就可以查看自己过往所有的软件练习记录及评分详情。

（2）管理员账号可以在管理中心—仿真管理—仿真记录查询中查看自己负责班级学生的练习成绩。

11.1.5 班级创建及导入账号

（1）登录管理员账号，依次点击人员管理—下载模板；

（2）模板下载完毕后将其打开，填写想用的账号密码信息，组织架构里必须要写清楚所有的层级关系，例如想往化学化工学院（试用）中添加一个食品科学与工程2402班级，那么需要按照需求填写。

（3）模板编辑完成后点击人员导入—选择模板导入即可。

11.1.6 仿真考试流程

（1）登录教师账号—点击仿真管理—仿真试卷管理，选中分类名称，点击添加试卷；

（2）选择固定题目试卷；

（3）输入试卷名称，点击添加项目，选择要考试的软件和项目，选择完毕后点击保存；

（4）设置试卷策略，如考试时间、考试次数（校内考试建议设置多次）、考试权重（权重要为1）、成绩是否可见等相关策略，创建完毕后点击保存；

（5）创建仿真考试：选择试卷考试—选中分类—点击创建考试；

（6）输入考试名称—选择创建好的试卷—设置具体的考试时间—勾选考试的班级，创建完毕后点击确定；

（7）试卷创建完毕后，考生即可登录账号，在首页中可以看到自己的仿真考试试卷，点击立即考试进入试卷界面；

（8）打开试卷界面后，考生点击启动按钮即可启动软件开始答题；

（9）考生作答完毕后，老师登录教师账号，在仿真管理—仿真成绩—点击考试名称后的查看详情，即可查看到考生的实时答题情况，点击导出成绩明细可以将考生的考试成绩导出。

11.1.7 软件操作方法

（1）人物的移动：点击键盘上的W、A、S、D键可以实现人物的前后左右移动；

（2）视角的调节：按住鼠标右键不要松，上下左右拖动鼠标可以实现人物视角的调整；

（3）视野距离调节：滑动鼠标中间的滚轮可以拉近当前视野的距离，可以实现第三人称视角和第一人称视角的切换；

（4）评分界面：是对当前软件操作步骤进程的评定，可以比较直观地呈现学生当前软件的操作进度和掌握程度。

11.2 实训项目操作说明

实训仿真软件是利用动态数学模型实时模拟真实实训装置的操作现象和过程，通过3D仿真实训装置交互式操作，产生和真实实训一致的实训现象和结果。每位学生都能亲自动手操作，观察实训现象，记录实训数据，达到学习原理和操作流程的目的。能够体现化工实训操作流程和数据梳理等基本实训过程，满足工艺操作要求，能够安全、长周期运行。

（1）人物控制：W（前）、S（后）、A（左）、D（右）、鼠标右键（视角旋转）。

（2）拉近镜头：鼠标左键双击设备进行操作。

（3）视角高度：按住中间滚轮上下滑动鼠标。

（4）鼠标左键单击操作：打开或关闭阀门、总电源，对设备进行开关。

（5）实训介绍：介绍实训装置的基本情况，如实验目的及内容、实验原理、实验装置基本情况、实验方法及步骤和实验注意事项等，单击"实验介绍"按钮可查看详细内容。

（6）文件管理：可设置数据的存储文件名，并设置为当前记录文件。

（7）文件管理：单击文件管理工具框，点击下方"新建"或"另存"按钮，可新建记录文件，可以修改新建文件名称，并设置为当前记录文件，点击"保存"。

（8）记录数据：实现数据记录功能，并能对记录数据进行处理。记录数据后，对于要进行数据处理的数据进行勾选，然后单击"数据处理"即可生成对应的数据。

（9）记录数据：按照实验要求记录多组数据。

（10）查看图表：根据记录的实验数据可以生成目标表格，并可插入到实验报告中。

（11）打印报告：设置好打印信息后，点击"打印"按钮，仿真软件可生成打印报告作为预习报告。

（12）退出软件。

11.3　实验内容

11.3.1　雷诺演示实验

11.3.1.1　实验目的

本装置可以演示层流、过渡流、湍流等各种流型，清晰观察到流体在圆管内流动过程的速度分布，并可测定出不同流动型态对应的雷诺数。

11.3.1.2　实验内容

通过控制水的流量，观察管内红线的流动型态来理解流体质点的流动状态，并分别记录不同流动型态下的流体流量值，计算出相应的雷诺数。

11.3.1.3　实验原理

流体在圆管内的流型可分为层流、过渡流、湍流三种状态，可根据雷诺数来予以判断。流体做层流流动时，其流体质点做平行于管轴的直线运动，且在径向无脉动；流体做湍流流动时，其流体质点除沿管轴方向做向前的运动外，还在径向有脉动，从而在宏观上显示出流体紊乱地向各个方向做不规则的运动。本实验通过测定不同流型状态下的雷诺数值来验证该理论的正确性。雷诺数是一个由各影响变量组合而成的无因次数群，故其值不会因采用不同的单位制而不同。但应当注意，数群中各物理量必须采用同一单位制。

层流转变为湍流时的雷诺数称为临界雷诺数，用 Re 表示。工程上一般认为，流体在直圆管内流动时，当 Re 小于 2000 时为层流；当 Re 大于 4000 时为湍流；当 Re 为 2000 到

4000时，流体处于一种过渡状态，可能是层流，也可能是湍流，或者是二者交替出现，这是视外界干扰而定，一般称该 Re 范围为过渡区。雷诺数的公式表明，对于一定温度的流体，在特定的圆管内流动，雷诺数仅与流体流速有关。本实验就是通过改变流体在管内的速度，观察在不同雷诺数下流体的流动型态。

11.3.1.4　实验装置

雷诺实验装置如图 11-1 所示。

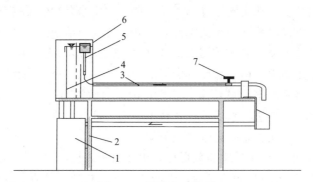

图 11-1　雷诺实验装置

1—供水器；2—实验台；3—实验管道；4—溢流板；5—有色水水管；6—水箱；7—实验流量调节阀

11.3.1.5　实验操作步骤

（1）实验前准备：向红墨水瓶中加入适量用水稀释过的红墨水，观察细管位置是否处于管道中心线上，若未处于，则适当调整使细管位置处于观察管道的中心线上。

（2）开始实验：打开水龙头开关，打开上水调节阀，使水进入水箱。待水箱溢流槽内有液体时，打开流量调节阀。待实验管中有水流过后，打开红墨水入口阀，观察实验管内现象并记录流量数据。改变流量多测几组。实验结束后关闭红墨水入口阀、流量调节阀、水龙头开关、上水调节阀。

11.3.1.6　仿真画面

雷诺实验仿真画面如图 11-2 所示。

图 11-2　雷诺实验仿真画面

11.3.2　流体流动综合实验

11.3.2.1　实验目的

（1）学习直管摩擦阻力 ΔP_{f}，直管摩擦系数 λ 的测定方法。

（2）掌握直管摩擦系数 λ 与雷诺数 Re 和相对粗糙度之间的关系及其变化规律。

（3）掌握局部摩擦阻力 ΔP_{f}、局部阻力系数 ζ 的测定方法。

（4）学习压强差的几种测量方法和提高其测量精确度的一些技巧。

11.3.2.2　实验内容

（1）测定实验管路内流体流动的阻力和直管摩擦系数 λ。

（2）测定实验管路内流体流动的直管摩擦系数 λ 与雷诺数 Re 和相对粗糙度之间的关系曲线。

（3）测定管路部件局部摩擦阻力 ΔP_{f} 和局部阻力系数 ζ。

（4）测定不同直径光滑管的摩擦系数 λ 与雷诺数 Re 的关系曲线。

（5）测定粗糙管不同物系的摩擦系数 λ 与雷诺数 Re 的关系曲线。

（6）测定粗糙管不同相对粗糙度的摩擦系数 λ 与雷诺数 Re 的关系曲线。

11.3.2.3　实验原理

（1）直管摩擦系数 λ 与雷诺数 Re 的测定。

直管的摩擦系数是雷诺数和相对粗糙度的函数，对一定的相对粗糙度而言，$\lambda = f\,(Re)$。

在实验装置中，直管段管长 l 和管径 d 都已固定。若液体温度一定，则液体的密度 ρ 和黏度 μ 也是定值。所以本实验实质上是测定直管段流体阻力引起的压强降 ΔP_{f} 与流速 u（流量 V）之间的关系。根据实验数据可计算出不同流速下的直管摩擦系数 λ、Re，并整理出直管摩擦系数和雷诺数的关系，绘出 λ 与 Re 的关系曲线。

（2）局部阻力系数 ζ 的测定。

$$h_{\mathrm{f}}' = \frac{\Delta P_{\mathrm{f}}'}{\rho} = \zeta \frac{u^2}{2}, \zeta = \frac{2}{\rho} \times \frac{\Delta P_{\mathrm{f}}'}{u^2}$$

式中　ζ——局部阻力系数，无因次；

　　$\Delta P_{\mathrm{f}}'$——局部阻力引起的压强降，Pa；

　　ρ——为被测流体密度，kg/m³；

　　h_{f}'——局部阻力引起的能量损失，J/kg。

局部阻力测量取压口布置图如图 11-3 所示。

图 11-3　局部阻力测量取压口布置图

局部阻力引起的压强降 $\Delta P_{\mathrm{f}}'$ 可用下面的方法测量：在一条各处直径相等的直管段上，安装待测局部阻力的阀门，在其上、下游开两对测压口 aa' 和 bb'，见图 11-3，使

$$ab = bc \quad ; \quad a'b' = b'c'$$

则 $\Delta P_{\mathrm{f},ab} = \Delta P_{\mathrm{f},bc}$；$\Delta P_{\mathrm{f},a'b'} = \Delta P_{\mathrm{f},b'c'}$。

在 aa' 之间列伯努利方程式：$P_a - P_{a'} = 2\Delta P_{\mathrm{f},ab} + 2\Delta P_{\mathrm{f},a'b'} + \Delta P_{\mathrm{f}}'$

在 bb' 之间列伯努利方程式：$P_b - P_{b'} = \Delta P_{\mathrm{f},bc} + \Delta P_{\mathrm{f},b'c'} + \Delta P_{\mathrm{f}}'$
$$= \Delta P_{\mathrm{f},ab} + \Delta P_{\mathrm{f},a'b'} + \Delta P_{\mathrm{f}}'$$

联立两式则

$$\Delta P_{\mathrm{f}}' = 2\,(P_b - P_{b'}) - (P_a - P_{a'})$$

为了实验方便，称（$P_b - P_{b'}$）为近点压差，称（$P_a - P_{a'}$）为远点压差。用差压传感器来测量。

11.3.2.4 实验装置

（1）实验装置流程示意图如图 11-4 所示。

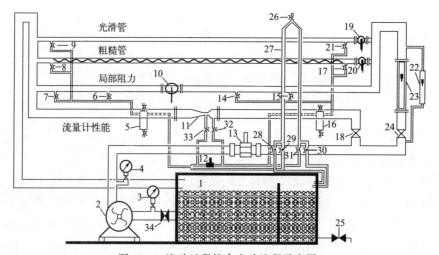

图 11-4　流动过程综合实验流程示意图

1—储液槽；2—离心泵；3—入口真空表；4—出口压力表；5,16—缓冲罐；6,14—测局部阻力近端阀；7,15—测局部阻力远端阀；8,17—粗糙管测压阀；9,21—光滑管测压阀；10—局部阻力阀；11—待标定文丘里流量计；12—压力传感器；13—涡轮流量计；18,24—流量调节阀；19—光滑管导向阀；20—粗糙管导向阀；22—小转子流量计；23—大转子流量计；25—储液槽放液阀；26—倒 U 形管放空阀；27—倒 U 形管；28,30—倒 U 形管排液阀；29,31—倒 U 形管平衡阀；32—压差传感器右阀；33—压差传感器左阀；34—储液槽注液阀

离心泵 2 将储液槽 1 中的液体抽出，送入实验系统，经玻璃转子流量计 22、23 测量流量，然后送入被测直管段测量流体流动阻力，经回流管流回储液槽 1。被测直管段流体流动阻力 $\Delta P_{\mathrm{f}}'$ 可根据其数值大小分别采用压力传感器 12 或空气-液体倒 U 形管来测量。

（2）实验设备主要技术参数如表 11-1 所示。

表 11-1　实验设备主要技术参数

序号	名称	规格	材料
1	玻璃转子流量计	LZB-25,100～1000L/h LZB-10,10～100L/h	
2	压差传感器	型号 LXWY,测量范围 0～200kPa	不锈钢

序号	名称	规格	材料
3	离心泵	型号 WB70/055	不锈钢
4	文丘里流量计	喉径 0.020m	不锈钢
5	实验管路	管径 0.042m	不锈钢
6	真空表	测量范围 0.1～0MPa　精度 1.5 级,真空表测压位置管内径 $d_1=0.028$m	
7	压力表	测量范围 0～0.25MPa　精度 1.5 级,压强表测压位置管内径 $d_2=0.042$m	
8	涡轮流量计	型号 LWY-40,测量范围 0～20m³/h	
9	变频器	型号 N2-401-H,规格 0～50Hz	

11.3.2.5　实验方法及步骤

（1）光滑管流体阻力测定。

a. 打开注液阀 V34,向储液槽内注液至超过其容积的 50% 为止,关闭注液阀 V34（注意液体不要注满）。

b. 打开电源,打开离心泵前阀,启动离心泵;打开光滑管导向阀 V19 以及光滑管测压阀 V9 和 V21;打开流量调节阀 V24,分别打开缓冲罐 5、16 顶阀 V32、V33。观察当缓冲罐有液位溢出时,关闭缓冲罐 5、16 顶阀 V32、V33。管路赶气操作完成。

c. 关闭流量调节阀 V24,打开通向倒 U 形管的平衡阀 V29、V31,检查导压管内是否有气泡存在（倒 U 形管是否有液柱高度差）。若倒 U 形管内液柱高度差不为零,则表明导压管内存在气泡。需要进行赶气泡操作。

d. 赶气泡操作:打开倒 U 形管平衡阀 V29、V31,打开大流量计调节阀 V24,加大流量,使倒 U 形管内液体充分流动,以赶出管路内的气泡。若观察气泡已赶净,将流量计调节阀 V24 及倒 U 形管平衡阀 V29、V31 关闭,慢慢旋开倒 U 形管上部的放空阀 V26 后,分别缓慢打开倒 U 形管排液阀 V28、V30,使液柱降至中点上下时马上关闭,管内形成气-液柱,此时管内液柱高度差不一定为零。然后关闭放空阀 V26,打开倒 U 形管平衡阀 V29、V31,此时倒 U 形管两液柱的高度差应为零（1～2mm 的高度差可以忽略）,如不为零则表明管路中仍有气泡存在,需要重复进行赶气泡操作。

e. 打开小转子流量调节阀 V22,用倒 U 形管压差测量压差,在最小流量和最大流量之间测取至少 7 组数据,记录流量及相应的压差。关闭小转子流量计调节阀 V22,关闭倒 U 形管的平衡阀 V29、V31。打开流量计调节阀 V24,用压差表测量压差,在最小流量和最大流量之间测取至少 7 组数据,记录流量及相应的压差。（注:在测大流量的压差时应关闭倒 U 形管的平衡阀 V29、V31,防止液体利用倒 U 形管形成回路影响实验数据。）

f. 待数据测量完毕,关闭流量调节阀 V24,关闭光滑管导向阀 V19 以及光滑管测压阀 V9 和 V21,停止离心泵,关闭离心泵前阀,关闭电源。

（2）粗糙管流体阻力测定。

a. 打开注液阀 V34,向储液槽内注液至超过其容积的 50% 为止,关闭注液阀 V34（注意液体不要注满）。打开电源,打开离心泵前阀,启动离心泵。打开粗糙管导向阀 V20 以及粗糙管测压阀 V8、V17。打开流量调节阀 V24,分别打开缓冲罐 5、16 顶阀 V32、V33。

观察当缓冲罐有液位溢出时，关闭缓冲罐 5、16 顶阀 V32、V33。管路赶气操作完成。

b. 关闭流量调节阀 V24，打开通向倒 U 形管的平衡阀 V29、V31，检查导压管内是否有气泡存在（倒 U 形管是否有液柱高度差）。若倒 U 形管内液柱高度差不为零，则表明导压管内存在气泡。需要进行赶气泡操作。

c. 赶气泡操作：打开倒 U 形管平衡阀 V29、V31，打开流量计调节阀 V24，加大流量，使倒 U 形管内液体充分流动，以赶出管路内的气泡。若观察气泡已赶净，将流量计调节阀 V24 及倒 U 形管平衡阀 V29、V31 关闭，慢慢旋开倒 U 形管上部的放空阀 V26 后，分别缓慢打开倒 U 形管排液阀 V28、V30，使液柱降至中点上下时马上关闭，管内形成气-液柱，此时管内液柱高度差不一定为零。然后关闭放空阀 V26，打开倒 U 形管平衡阀 V29、V31，此时 U 形管两液柱的高度差应为零（1～2mm 的高度差可以忽略），如不为零则表明管路中仍有气泡存在，需要重复进行赶气泡操作。

d. 打开小转子流量调节阀 V22，用倒 U 形管压差计测量压差，在最小流量和最大流量之间测取至少 7 组数据，记录流量及相应的压差。关闭小转子流量计调节阀 V22，关闭倒 U 形管的平衡阀 V29、V31。打开流量计调节阀 V24，用压差表测量压差，在最小流量和最大流量之间测取至少 7 组数据，记录流量及相应的压差。（注：在测大流量的压差时应关闭倒 U 形管的平衡阀 V29、V31，防止液体利用倒 U 形管形成回路影响实验数据。）

e. 待数据测量完毕，关闭流量调节阀 V24，关闭粗糙管导向阀 V20 以及粗糙管测压阀 V8、V17，停止离心泵，关闭离心泵前阀，关闭电源。

（3）局部阻力测定。

a. 打开注液阀 V34，向储液槽内注液至超过其容积的 50% 为止，关闭注液阀 V34（注意液体不要注满）。

b. 打开电源，打开离心泵前阀，启动离心泵，打开局部阻力阀 V10 及局部阻力近端阀 V6、V14，打开缓冲罐 5、16 顶阀 V32、V33，打开流量调节阀 V24。观察当缓冲罐有液位溢出时，关闭缓冲罐 5、16 顶阀 V32、V33。管路赶气操作完成。

c. 调节流量计调节阀 V24，记录近端压力。关闭局部阻力近端阀 V6、V14，打开局部阻力远端阀 V7、V15，记录远端压力及相关数据。待数据测量完毕，关闭流量调节阀 V24，关闭局部阻力阀 V10。

d. 关闭局部阻力远端阀 V7、V15，停止离心泵，关闭离心泵前阀，关闭电源。

（4）不同直径光滑管阻力曲线测定：方法参考光滑管流体阻力测定步骤说明。

（5）粗糙管不同物系下阻力曲线测定：方法参考粗糙管流体阻力测定步骤说明。

（6）不同相对粗糙度阻力曲线测定：方法参考粗糙管流体阻力测定步骤说明。

11.3.2.6　实验注意事项

（1）启动离心泵之前以及从光滑管阻力测量过渡到其他测量之前，都必须检查所有流量调节阀是否关闭。

（2）利用压力传感器测量大流量时，应切断空气-液体倒 U 形玻璃管的阀门，否则将影响测量数值的准确。

（3）在实验过程中每调节一个流量之后，应待流量和直管压降的数据稳定以后记录数据。

（4）该装置电路采用五线三相制配电，实验设备应良好接地。

（5）实验水质要清洁，以免影响涡轮流量计运行。

11.3.2.7 数据记录

光滑管、粗糙管及局部阻力的实验数据记录示例如表11-2、表11-3、表11-4所示。

表11-2 光滑管流体阻力实验数据记录

序号	流量/ (L/h)	压差表读数/ kPa	倒U形管读数/ mmH$_2$O	直管压差 ΔP/Pa	流速 u/ (m/s)	雷诺数 Re	阻力系数 λ
1	10.00		4.8	47	0.06	493	0.146
2	20.00		9.7	94	0.11	987	0.073
3	30.00		14.5	141	0.17	1480	0.049
4	40.00		19.3	189	0.22	1973	0.036
5	50.00		39.7	388	0.28	2467	0.048
6	60.00		54.0	528	0.33	2960	0.045
7	70.00		70.1	685	0.39	3453	0.043
8	80.00		87.9	859	0.44	3946	0.041
9	90.00		107.4	1050	0.50	4440	0.040
10	100.00		128.6	1256	0.55	4933	0.039
11	200.00	4.1		4142	1.11	9866	0.032
12	300.00	8.4		8379	1.66	14799	0.029
13	400.00	13.9		13850	2.21	19732	0.027
14	500.00	20.5		20480	2.76	24665	0.025
15	600.00	28.2		28230	3.32	29598	0.024
16	700.00	37.1		37050	3.87	34531	0.023
17	800.00	46.9		46920	4.42	39465	0.023
18	900.00	57.8		57790	4.98	44398	0.022
19	1000.00	69.7		69660	5.53	49331	0.022

表11-3 粗糙管流体阻力实验数据记录

序号	流量/ (L/h)	压差表读数/ kPa	倒U形管读数/ mmH$_2$O	直管压差 ΔP/Pa	流速 u/ (m/s)	雷诺数 Re	阻力系数 λ
1	10.00		17.0	166	0.04	395	1.565
2	20.00		37.4	365	0.07	789	0.860
3	30.00		61.3	599	0.11	1184	0.627
4	40.00		88.4	863	0.14	1579	0.508
5	50.00		118.3	1156	0.18	1973	0.436
6	60.00		151.1	1476	0.21	2368	0.386
7	70.00		186.5	1822	0.25	2763	0.350
8	80.00		224.6	2194	0.28	3157	0.323
9	90.00		265.3	2592	0.32	3552	0.302
10	100.00		308.5	3014	0.35	3946	0.284
11	200.00	8.6		8598	0.71	7893	0.203
12	300.00	16.6		16590	1.06	11839	0.174
13	400.00	27.0		26990	1.42	15786	0.159

续表

序号	流量/ (L/h)	压差表读数/ kPa	倒 U 形管读数/ mmH$_2$O	直管压差/ ΔP/Pa	流速 u/ (m/s)	雷诺数 Re	阻力系数 λ
14	500.00	39.8		39790	1.77	19732	0.150
15	600.00	55.0		54980	2.12	23679	0.144
16	700.00	72.6		72570	2.48	27625	0.140
17	800.00	92.6		92550	2.83	31572	0.136
18	900.00	114.9		114900	3.18	35518	0.134
19	1000.00	139.6		139600	3.54	39465	0.132

表 11-4　局部阻力实验数据记录

序号	流量/ (L/h)	近端压力/ kPa	远端压力/ kPa	局部阻力压差/ Pa	管内流速/ (m/s)	雷诺数 Re	局部阻力系数 ζ
1	100.00	0.8	0.8	884	0.09	1973	226.6
2	200.00	3.4	3.4	3408	0.18	3946	218.4
3	300.00	7.6	7.6	7564	0.27	5920	215.4
4	400.00	13.5	13.5	13459	0.35	7893	215.6
5	500.00	21.0	21.1	20994	0.44	9866	215.2
6	600.00	30.3	30.4	30164	0.53	11839	214.8
7	700.00	41.2	41.4	41072	0.62	13813	214.8
8	800.00	53.9	54.1	53726	0.71	15786	215.2
9	900.00	68.1	68.4	67896	0.80	17759	214.8
10	1000.00	84.1	84.5	83747	0.88	19732	214.7

11.3.2.8　仿真画面

流体流动综合实验虚拟仿真画面如图 11-5 所示。

图 11-5　流体流动综合实验虚拟仿真画面

11.3.3　离心泵综合性能测定实验

11.3.3.1　实验目的

（1）熟悉离心泵的操作方法，掌握离心泵特性曲线和管路特性曲线的测定方法；

（2）掌握节流式流量计的标定方法，了解节流式流量计流量系数 C 随雷诺数 Re 的变化规律。

11.3.3.2　实验内容

（1）测定离心泵在一定转速（频率）下的特性曲线；

（2）测定离心泵出口阀门开度一定时的管路特性曲线；

（3）测定离心泵在不同转速（频率）下的特性曲线；

（4）测定不同型号离心泵在相同转速（频率）下的特性曲线；

（5）了解离心泵的工作点和流量调节；

（6）标定节流式流量计。

11.3.3.3　实验原理

（1）离心泵特性曲线。

离心泵是化工生产中输送液体常用的设备，其主要性能参数有流量 Q、压头 H、轴功率 N、效率 η 等。这些参数之间存在一定的关系。在一定转速下，H、N、η 都随流量 Q 的变化而变化，通过实验测出在一定转速下 $H\text{-}Q$、$N\text{-}Q$ 及 $\eta\text{-}Q$ 之间的关系，并用曲线表示，该曲线称为离心泵的特性曲线。根据离心泵的特性曲线，可以确定离心泵的最佳工作点，实际生产中根据生产任务所选取的泵应尽量让其在最高效率点附近工作。特性曲线是确定泵的适宜操作条件和选用泵的重要依据来源，因此了解泵的性能参数非常重要。

（2）管路特性曲线。

当离心泵在特定的管路系统中工作时，实际的工作压头和流量不仅与离心泵本身的性能有关，还与管路特性有关，也就是说，在液体输送过程中，泵和管路二者相互制约。管路特性曲线是指流体流经管路系统的流量与所需压头之间的关系。若将泵的特性曲线与管路特性曲线在同一坐标图上表示，两曲线交点即为泵在该管路中的工作点。因此，同通过改变阀门开度来改变管路特性曲线，求出泵的特性曲线一样，可通过改变泵转速来改变泵的特性曲线，从而得出管路特性曲线。泵的压头 H 计算同上。

具体测定时，应固定阀门某一开度不变（此时管路特性曲线一定），改变泵的转速，测出各转速下的流量以及相应的压力表、真空表读数，算出泵的压头 H，从而做出管路特性曲线。

（3）流量计性能测定。

用涡轮流量计作为标准流量计来测量流量 V_s。每一个流量在压差计上都有一对应的读数，将压差计读数 ΔP 和流量 V_s 绘制成一条曲线，即流量标定曲线。同时利用下式整理数据可进一步得到 $C\text{-}Re$ 关系曲线。

$$V_s = CA_0 \sqrt{\dfrac{2(P_上 - P_下)}{\rho}}$$

式中，V_s 为被测流体（水）的体积流量，m^3/s；C 为流量系数，无因次；A_0 为流量计节流孔截面积，m^2；$P_上 - P_下$ 为流量计上、下游两取压口之间的压强差，Pa；ρ 为被测流体（水）的密度，kg/m^3。

11.3.3.4　实验装置

（1）离心泵、流量计性能测定：离心泵将储水槽内的水输送到实验系统，流体经涡轮流量计计量，用流量调节阀 V18 调节流量，回到储水槽。同时测量文丘里流量计两端的压差、离心泵进出口压强、离心泵电机输入功率并记录。

（2）管路特性曲线测定：用流量调节阀 V18 调节流量到某一位置，改变电机频率，测定涡轮流量计的流量、泵入口压强、泵出口压强并记录。

11.3.3.5　实验方法及步骤

（1）离心泵特性曲线测定。

a. 打开注水阀，向储水槽内注水超过其容积的 50%，关闭注水阀（注意：水不要注满）；打开电源；

b. 打开泵入口压力表阀门和泵出口压力表阀门；打开离心泵前阀，启动离心泵，系统稳定后记录水流量为 0 时的泵前后压力；

c. 打开流量调节阀 V18，将其依次从 0 均匀调节到最大值，稳定后记录相应的流量和泵前后压力，记录不少于 10 组数据；

d. 实验结束，关闭流量计调节阀 V18，停止离心泵，关闭离心泵前阀，关闭泵进口压力表阀门，关闭电源。

（2）管路特性曲线测定。

a. 打开注水阀，向储水槽内注水超过其容积的 50%，关闭注水阀（注意：水不要注满）；打开电源；

b. 打开泵入口压力表阀门和泵出口压力表阀门；打开离心泵前阀，启动离心泵；

c. 打开流量调节阀 V18，设置为约 2/3 的开度；调节离心泵电机频率，依次从 50Hz 均匀调节到 0Hz，系统稳定后记录相应的频率以及泵前后压力和流量，记录不少于 10 组数据；

d. 实验结束，关闭流量调节阀 V18，停止离心泵，关闭离心泵前阀，关闭泵进口压力表阀门，关闭电源。

（3）流量计性能测定。

a. 打开注水阀，向储水槽内注水超过其容积的 50%，关闭注水阀（注意：水不要注满）；打开电源；

b. 打开流量计性能测定阀 V12 和 V13；打开离心泵前阀，启动离心泵；

c. 打开流量调节阀 V18，在 0 到最大流量依次取至少 10 个点，并记录相应的流量和文丘里流量计压差，要求至少记录 10 组数据；

d. 实验结束，关闭流量计调节阀 V18，停止离心泵，关闭离心泵前阀，关闭电源。

（4）不同转速下离心泵特性曲线测定。

a. 打开注水阀，向储水槽内注水超过其容积的 50%，关闭注水阀（注意：水不要注满）；打开电源；

b. 打开泵入口压力表阀门和泵出口压力表阀门；打开离心泵前阀，设置泵的频率在 20～50Hz 范围内，启动离心泵；

c. 打开流量调节阀 V18，依次从 0 均匀调节到最大值，系统稳定后记录相应的流量和泵前后压力，记录不少于 10 组数据；重新设置泵频率，采用如上方法调节流量调节阀 V18，记录不少于 10 组数据；

d. 实验结束，关闭流量计调节阀 V18，停止离心泵，关闭离心泵前阀，关闭泵进口压力表阀门，关闭电源。

（5）不同阀门开度管路特性曲线测定。

a. 打开注水阀，向储水槽内注水超过其容积的 50%，关闭注水阀（注意：水不要注满）；打开电源；

b. 打开泵入口压力表阀门和泵出口压力表阀门；打开离心泵前阀，启动离心泵；

c. 打开流量调节阀 V18，设置开度要大于自身的 10%；

d. 调节离心泵电机频率，依次从 50Hz 均匀调节到 0Hz，系统稳定后记录相应的频率以及泵前后压力和流量，记录不少于 10 组数据；重新设置流量调节阀 V18 开度，采用如上方法调节离心泵电机频率，记录不少于 10 组数据；

e. 实验结束，关闭流量计调节阀 V18，停止离心泵，关闭离心泵前阀，关闭泵进口压力表阀门，关闭电源。

（6）不同型号离心泵特性曲线测定。

a. 打开注水阀，向储水槽内注水超过其容积的 50%，关闭注水阀（注意：水不要注满）；打开电源；

b. 打开泵入口压力表阀门和泵出口压力表阀门；打开离心泵前阀，启动离心泵；系统稳定后记录水流量为 0 时的泵前后压力；

c. 打开流量调节阀 V18，依次从 0 均匀调节到最大值，系统稳定后记录相应的流量和泵前后压力，记录不少于 10 组数据；

d. 实验结束，关闭流量计调节阀 V18，停止离心泵，关闭离心泵前阀，关闭泵进口压力表阀门，关闭电源。

11.3.3.6　实验注意事项

（1）直流数字表操作方法请仔细阅读其说明书，待熟悉其性能和使用方法后再进行使用操作。

（2）启动离心泵之前以及从光滑管阻力测量过渡到其他测量之前，都必须检查所有流量调节阀是否关闭。

（3）利用压力传感器测量大流量下的 ΔP 时，应切断空气-水倒 U 形玻璃管的阀门，否则将影响测量数值的准确。

（4）在实验过程中每调节一个流量之后应待流量和直管压降的数据稳定以后记录数据。

（5）若之前较长时间未使用该装置，启动离心泵时应先盘轴转动，否则易烧坏电机。

（6）该装置电路采用五线三相制配电，实验设备应良好接地。

（7）启动离心泵前，必须关闭流量调节阀，关闭压力表和真空表的开关，以免损坏测量仪表。

（8）实验水质要清洁，以免影响涡轮流量计运行。

11.3.3.7 实验数据记录

离心泵特性曲线数据记录、管路特性曲线数据记录、流量计性能测定数据记录示例如表 11-5、表 11-6、表 11-7 所示。

表 11-5　离心泵特性曲线数据记录

序号	泵入口压力 P_1/MPa	泵出口压力 P_2/MPa	电机功率/ kW	流量 Q/ (m³/h)	压头 H/ m	泵轴功率 N/ W	有效功率 Ne/ W	泵效率/ %
1	0.000	0.226	0.40	0.00	23.34	296	0	0.000
2	0.000	0.211	0.49	1.52	21.83	363	90	24.843
3	0.000	0.194	0.57	2.91	20.15	422	159	37.748
4	0.000	0.178	0.63	4.17	18.61	466	211	45.191
5	0.000	0.161	0.68	5.30	16.98	503	244	48.556
6	0.000	0.146	0.72	6.30	15.56	533	266	49.969
7	−0.002	0.132	0.75	7.20	14.46	555	283	50.941
8	−0.004	0.117	0.77	7.92	13.24	570	285	49.984
9	−0.005	0.106	0.79	8.60	12.34	585	288	49.278
10	−0.007	0.096	0.81	9.19	11.63	599	290	48.401
11	−0.008	0.086	0.82	9.69	10.80	607	284	46.842

表 11-6　管路特性曲线数据记录

序号	电机频率/Hz	泵入口压力 P_1/MPa	泵出口压力 P_2/MPa	流量 Q/(m³/h)	压头 H/m
1	50	−0.002	0.131	7.18	14.36
2	47	−0.001	0.121	6.88	13.13
3	44	0.000	0.110	6.56	11.91
4	41	0.000	0.099	6.23	10.75
5	38	0.000	0.088	5.89	9.63
6	35	0.000	0.078	5.55	8.53
7	32	0.000	0.068	5.18	7.48
8	30	0.000	0.062	4.92	6.81
9	28	0.000	0.056	4.68	6.14
10	25	0.000	0.047	4.28	5.20
11	10	0.000	0.014	2.30	1.72
12	5	0.000	0.008	1.75	1.08
13	0	0.000	0.000	0.00	0.00

表 11-7　流量计性能测定数据记录

序号	文丘里流量计压差/kPa	文丘里流量计压差/Pa	流量 Q/($\mathrm{m^3/h}$)	流速 u/(m/s)	雷诺数 Re	流量系数 C
1	0.3	300	1.52	0.305	14347	1.733
2	1.3	1300	2.91	0.584	27466	1.594
3	3.8	3800	4.18	0.839	39453	1.339
4	7.4	7400	5.31	1.065	50119	1.219
5	11.7	11700	6.31	1.266	59557	1.152
6	16.3	16300	7.19	1.442	67863	1.112
7	20.9	20900	7.95	1.595	75037	1.086
8	25.5	25500	8.62	1.729	81360	1.066
9	29.8	29800	9.20	1.846	86835	1.053
10	33.7	33700	9.70	1.946	91554	1.044

11.3.3.8　仿真画面

离心泵综合性能测定实验虚拟仿真画面如图 11-6 所示。

图 11-6　离心泵综合性能测定实验虚拟仿真画面

11.3.4　恒压过滤实验

11.3.4.1　实验目的

（1）掌握恒压过滤常数 K、q_e、θ_e 的测定方法，加深对 K、q_e、θ_e 概念和影响因素的理解。

（2）学习滤饼的压缩性指数 s 和物料常数 k 的测定方法。

（3）学习 $\dfrac{\mathrm{d}\theta}{\mathrm{d}q}$-$q$ 关系的实验确定方法。

（4）学习用正交实验法来安排实验，达到最大限度地减小实验工作量的目的。

（5）学习对正交实验法的实验结果进行科学的分析，分析出每个因素重要性的程度，指出实验指标随各因素变化的趋势，了解适宜操作条件的确定方法。

11.3.4.2　实验内容

（1）测定不同压力实验条件下的过滤常数 K、q_e、θ_e。

（2）根据实验测量数据，计算滤饼的压缩性指数 s 和物料常数 k。

11.3.4.3　实验原理

过滤是利用过滤介质进行液-固系统的分离过程，过滤介质通常采用带有许多毛细孔的物质，如帆布、毛毯、多孔陶瓷等。含有固体颗粒的悬浮液在一定压力作用下，液体通过过滤介质，固体颗粒被截留，从而使液固两相分离。在过滤过程中，由于固体颗粒不断地被截留在介质表面上，滤饼厚度逐渐增加，使得液体流过固体颗粒之间的孔道加长，增加了流体流动阻力。故恒压过滤时，过滤速率是逐渐下降的。随着过滤的进行，若想得到相同的滤液量，则过滤时间要增加。

11.3.4.4　实验装置

（1）实验装置流程示意图如图 11-7 所示。

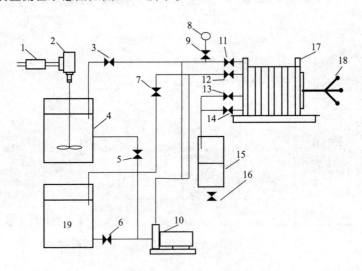

图 11-7　恒压过滤实验装置图

1—调速器；2—电动搅拌器；3,5,6,7,9,16—阀门；4—滤浆槽；8—压力表；10—齿轮泵；11—后滤液入口阀；12—前滤液入口阀；13—后滤液出口阀；14—前滤液出口阀；15—滤液槽；17—过滤机组；18—压紧装置；19—反洗水箱

（2）实验设备主要技术参数如表 11-8 所示。

表 11-8　实验设备主要技术参数

序号	名称	规格	材料
1	搅拌器	型号：KDZ-1	
2	过滤板	$160 \times 180 \times 11$（mm）	不锈钢

序号	名称	规格	材料
3	滤布	工业用	
4	过滤面积	$0.0475m^2$	
5	计量桶	长327mm、宽286mm	

11.3.4.5　实验方法及步骤

（1）过滤实验。

a. 打开总电源，打开搅拌器调速器开关，调节调速器旋钮（设定电流），将滤液槽内浆液搅拌均匀（搅拌速度15~22r/min）。点击板框过滤器，过滤器依次自动安装滤框、滤板、滤布，点击压紧装置压紧板框。

b. 全开阀门3、5、13、14。启动齿轮泵，打开阀门9，利用调节阀门3使压力达到规定值（50kPa、100kPa、150kPa，三者选一）。

c. 待压力表数值稳定后，打开过滤后滤液入口阀11开始过滤，同时点击右上方的秒表开始计时，记录滤液每增加10mm高度所用的时间，记录至少10组数据。滤液高度最高到达150mm，然后关闭后滤液入口阀11。

d. 全开阀门3使压力表指示值下降，关闭齿轮泵开关。打开阀门16放出计量桶内的滤液。关闭阀门16。

e. 过滤实验结束后，关闭滤浆槽出口阀门5。调节调速器旋转按钮，停止滤浆槽搅拌，并关闭调速器开关。关闭洗涤出口阀13和过滤出口阀14，关闭阀门3。

（2）洗涤实验。

a. 全开阀门6、7，启动旋涡泵。打开阀门13、12。调节阀门7使压力表达到过滤要求的数值（50kPa、100kPa、150kPa，三者选一）。等到阀门13有液体流下时开始计时，滤液每增加10mm高度，测量4~6组数据（洗涤实验测得的数据不用记录）。实验结束后，关闭阀门12、13，全开阀门7使压力表指示值下降。

b. 关闭齿轮泵开关，关闭反洗水箱出口阀门6和阀门7，打开阀门16将计量桶内的滤液放到水桶中，关闭阀门16。

c. 开启压紧装置，点击板框过滤器，过滤器自动拆装并取出滤饼。关闭总电源。按照上述过滤和洗涤步骤做不同过滤压力的实验。

11.3.4.6　数据记录

过滤实验物料常数、压缩性指数记录如表11-9所示。

表11-9　过滤实验物料常数、压缩性指数数据表

序号	斜率	截距/(s/m²)	压差/Pa	$K/[m^3/(m^2 \cdot s)]$	$q_e/(m^3/m^2)$	θ_e/s
1	26955	336.23	50000	0.0000742	1.25×10^{-2}	2.10
2	16781	132.04	100000	0.0001192	7.87×10^{-3}	5.19×10^{-1}
3	12157	143.45	150000	0.0001645	1.18×10^{-2}	8.46×10^{-1}

注：物料常数$k=3.0\times10^{-8}$，压缩性指数$s=0.28$。

11.3.4.7 仿真画面

恒压过滤虚拟仿真画面如图 11-8 所示。

图 11-8 恒压过滤虚拟仿真画面

11.3.5 传热实验

11.3.5.1 实验目的

（1）通过对冷物料-热物料简单套管换热器的实验研究，掌握对流传热系数 α_i 的测定方法，加深对其概念和影响因素的理解。

（2）通过对管程内部插有螺旋线圈的冷物料-热物料强化套管换热器的实验研究，掌握对流传热系数的测定方法，加深对其概念和影响因素的理解。

（3）学会应用线性回归分析方法，确定传热管关联式 $Nu = ARe^m Pr^{0.4}$ 中常数 A、m 数值，强化管关联式 $Nu = BRe^m Pr^{0.4}$ 中 B 和 m 数值。

（4）根据计算出的强化管的努塞尔准数 Nu、普通管的努塞尔准数 Nu_0，比较强化传热的效果，加深理解强化传热的基本理论和基本方式。

（5）通过变换列管换热器换热面积，测取数据计算总传热系数 K_0，加深对其概念和影响因素的理解。

（6）认识套管换热器（普通、强化）、列管换热器的结构及操作方法，测定并比较不同换热器的性能。

11.3.5.2 实验内容

（1）测定 6 组不同流速下简单套管换热器的对流传热系数 α_i。

（2）测定 6 组不同流速下强化套管换热器的对流传热系数 α_i。

（3）测定 6 组不同流速下冷物料全流通列管换热器总传热系数 K_0。

（4）测定 6 组不同流速下冷物料半流通列管换热器总传热系数 K_0。

（5）对 α_i 的实验数据进行线性回归，确定关联式 $Nu = ARe^m Pr^{0.4}$ 中常数 A、m 数值。

（6）通过关联式 $Nu = ARe^m Pr^{0.}$ 计算出 Nu、Nu_0。

11.3.5.3　实验原理

（1）普通套管换热器传热系数及其准数关联式的测定。

① 对流传热系数 α_i 的测定。

对流传热系数 α_i 可以根据牛顿冷却定律，用实验来测定。

$$\alpha_i = \frac{Q_i}{\Delta t_m \times S_i} \tag{11-1}$$

式中　α_i——管内流体对流传热系数，W/（m²·℃）；

　　　Q_i——管内传热速率，W；

　　　S_i——管内换热面积，m²；

　　　Δt_m——壁面与主流体间的温度差，℃。

平均温度差计算公式如下：

$$\Delta t_m = t_w - t_m \tag{11-2}$$

式中　t_m——冷流体的入口、出口平均温度，℃；

　　　t_w——壁面平均温度，℃。

因为换热器内管为紫铜管，其导热系数很大，且管壁很薄，故认为内壁温度、外壁温度和壁面平均温度近似相等，用 t_w 来表示，因为管外使用蒸汽，所以 t_w 近似等于热流体的平均温度。

管内换热面积计算公式如下：

$$S_i = \pi d_i L \tag{11-3}$$

式中　d_i——内管管内径，m；

　　　L——传热管测量段的实际长度，m。

由热量衡算式得

$$Q_i = W_i c_{pi}(t_2 - t_1) \tag{11-4}$$

式中　W_i——冷物料质量流量，kg/s；

　　　c_{pi}——冷流体的定压比热，kJ/（kg·K）；

　　　t_1——冷物料进口温度，℃；

　　　t_2——冷物料出口温度，℃。

其中质量流量由下式求得：

$$W_i = \frac{V_i \rho_i}{3600} \tag{11-5}$$

式中　V_i——冷流体在套管内的平均体积流量，m³/h；

　　　ρ_i——冷流体的密度，kg/m³。

c_{pi} 和 ρ_i 可根据定性温度 t_m 查得，$t_m = \dfrac{t_1 + t_2}{2}$ 为冷流体进出口平均温度。t_1、t_2、t_w、V_i 可通过采取一定的测量手段得到。

② 对流传热系数准数关联式的实验确定。

流体在管内做强制湍流，处于被加热状态，准数关联式的形式为

$$Nu_i = A Re_i^m Pr_i^n \tag{11-6}$$

式中，$Nu_i = \dfrac{\alpha_i d_i}{\lambda_i}$；$Re_i = \dfrac{u_i d_i \rho_i}{\mu_i}$；$Pr_i = \dfrac{c_{pi} \mu_i}{\lambda_i}$。式中，$\rho_i$ 为冷流体的密度，kg/m³；λ_i 为

冷流体的热导率，W/（m·℃）；μ_i 为冷流体的黏度，Pa·s。

物性数据 λ_i、c_{pi}、ρ_i、μ_i 可根据定性温度 t_m 查得。经过计算可知，对于管内被加热的冷物料，普兰特数 Pr 变化不大，可以认为是常数，则关联式的形式简化为

$$Nu_i = ARe_i^m Pr_i^{0.4} \tag{11-7}$$

这样通过实验确定不同流量下的 Re_i 与 Nu_i，然后用线性回归方法确定 A 和 m 的值。

（2）强化套管换热器传热系数、准数关联式及强化比的测定。

强化传热可以通过减小初设计的传热面积，以减小换热器的体积和重量；可以提高现有换热器的换热能力；可以使换热器在较低温差下工作；能够减少换热器的阻力以减少换热器的动力消耗，从而更有效地利用能源和资金。强化传热的方法有多种，本实验装置是采用了多种强化方式。

（3）列管换热器总传热系数 K_o 的计算。

总传热系数 K_o 是评价换热器性能的一个重要参数，也是对换热器进行传热计算的依据。对于已有的换热器，可以测定有关数据，如设备尺寸、流体的流量和温度等，通过传热速率方程式计算 K_o 值。传热速率方程式是换热器传热计算的基本关系。该方程式中，冷、热流体温度差 ΔT 是传热过程的推动力，它随着传热过程冷热流体的温度变化而改变。

11.3.5.4 实验装置

实验设备流程示意图如图 11-9 和图 11-10 所示。

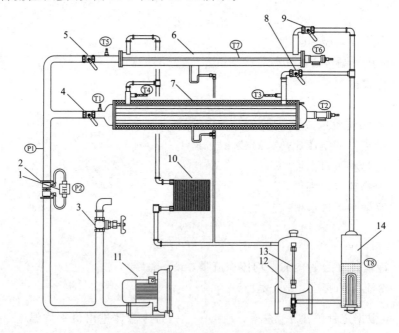

图 11-9 空气-水蒸气传热综合实验装置流程图

1—压差传感器；2—孔板流量计；3—冷物料旁路调节阀；4—列管冷物料进口阀；5—套管冷物料进口阀；6—套管换热器；7—列管换热器；8—列管热物料进口阀；9—套管热物料进口阀；10—风冷冷凝器；11—旋涡气泵；12—储水槽；13—液位计；14—蒸汽发生器；P1—冷物料入口压力；P2—孔板流量计压差；T1，T2—列管换热器冷物料进出口温度；T3，T4—列管换热器蒸汽进出口温度；T5，T6—套管换热器冷物料进出口温度；T7—套管换热器内管壁面温度；T8—蒸汽发生器内液体温度

冷物料由旋涡气泵吹出，由旁路调节阀调节，经孔板流量计，由支路控制阀选择不同的支路进入换热器管程。蒸汽由加热釜发生后自然上升，经支路控制阀选择逆流进入换热器壳程，由另一端蒸汽出口自然喷出，达到逆流换热的效果。

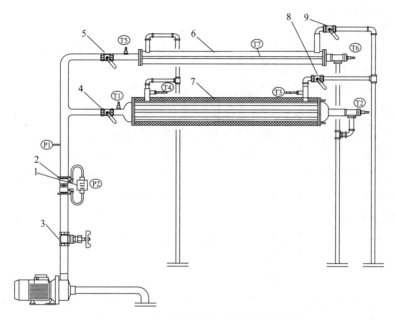

图 11-10　液-液传热综合实验装置流程图

1—压差传感器；2—孔板流量计；3—冷物料进料调节阀；4—列管冷物料进口阀；5—套管冷物料进口阀；6—套管换热器；7—列管换热器；8—列管热物料进口阀；9—套管热物料进口阀；P1—冷物料入口压力；P2—孔板流量计压差；T1，T2—列管换热器冷物料进出口温度；T3，T4—列管换热器蒸汽进出口温度；T5，T6—套管换热器冷物料进出口温度；T7—套管换热器内管壁面温度

冷物料由离心泵输出，由冷物料调节阀调节，经孔板流量计，由支路控制阀选择不同的支路进入换热器管程。热流体上升，经支路控制阀选择逆流进入换热器壳程，由另一端热流体出口流出，达到逆流换热的效果。

11.3.5.5　实验方法及步骤

（1）普通套管换热器实验。

a. 以空气-水蒸气传热为例。

实验前准备：仪器按设定好的加热电压自动控制加热电压，蒸汽发生器内的水经过加热后产生热物料，并经过冷物料冷却器冷凝后变为冷凝液回到储水槽中。加热电压的设定：按一次◀键，闪烁数字便向左移动一位，小点在哪个位置上就可以利用▲、▼键调节相应位置的数值，调好后在不按动仪表上任何按键的情况下 30 秒后仪表自动确认，并按所设定的数值应用。确认储水槽中加入蒸馏水至 2/3 处，全开套管换热器蒸汽进口阀，打开总电源开关，设置加热电压为 180V。

开始实验：打开加热开关，等待壁温上升并稳定；打开套管换热器冷物料进口阀；全开冷物料流量旁路调节阀；启动风机（风冷冷凝器）；调节冷物料流量旁路调节阀，调整流量至所需值后稳定 3～5min 后，分别记录孔板流量计压差、冷物料进出口的温度及壁面温度；改变冷物料旁路调节阀开度，测量下组数据。一般从小流量到最大流量之间，要测量 6

组数据。

实验结束：关闭加热开关；换热器壁温低于 60℃后，全开冷物料流量旁路调节阀；关闭风机；关闭套管换热器蒸汽进口阀；关闭冷物料流量旁路调节阀；关闭套管换热器冷物料进口阀；关闭总电源。

b. 以氨气-水蒸气传热为例。

实验前准备：确认储水槽中加入蒸馏水至 2/3 处，全开套管换热器蒸汽进口阀；打开总电源开关；设置加热电压为 180V。

开始实验：打开加热开关，等待壁温上升并稳定；打开套管换热器冷物料进口阀；打开冷物料进料调节阀；启动风机；调节冷物料进料调节阀，调整流量至所需值后稳定 3～5min 后，分别记录孔板流量计压差、冷物料进出口的温度及壁面温度；改变冷物料进料调节阀开度，测量下组数据。一般从小流量到最大流量之间，要测量 6 组数据。

实验结束：关闭加热开关；冷物料温度低于 60℃后，关闭风机；关闭冷物料进料调节阀；关闭套管换热器热物料进口阀；关闭套管换热器冷物料进口阀；关闭总电源。

c. 以液-液传热为例。

实验前准备：打开套管换热器热物料进口阀，打开总电源开关。

开始实验：等待壁温上升并稳定，打开套管换热器冷物料进口阀；启动泵开关；调节冷物料流量调节阀，调整流量至所需值后稳定 3～5min 后，分别记录孔板流量计压差、冷物料进出口的温度及壁面温度；改变冷物料调节阀开度，测量下组数据。一般从小流量到最大流量之间，要测量 6 组数据。

实验结束：关闭套管换热器热物料进口阀，关闭套管换热器冷物料进口阀，关闭冷物料流量调节阀，关闭泵开关，关闭总电源。

（2）强化套管换热器实验。

a. 以空气-水蒸气传热为例。

实验前准备：点击套管换热器封头，把螺旋线圈装进套管换热器内并装好；确认储水槽中加入蒸馏水至 2/3 处，全开套管换热器蒸汽进口阀；打开总电源开关；设置加热电压为 180V。

开始实验：打开加热开关，等待壁温上升并稳定；打开套管换热器冷物料进口阀；全开冷物料流量旁路调节阀；启动风机；调节冷物料流量旁路调节阀，调整流量至所需值后稳定 3～5min 后，分别记录孔板流量计压差、冷物料进出口的温度及壁面温度；改变冷物料旁路调节阀开度，测量下组数据。一般从小流量到最大流量之间，要测量 6 组数据。

实验结束：关闭加热开关；换热器壁温低于 60℃后，全开冷物料流量旁路调节阀；关闭风机；关闭套管换热器蒸汽进口阀；关闭冷物料流量旁路调节阀；关闭套管换热器冷物料进口阀；关闭总电源。

b. 以氨气-水蒸气传热为例。

实验前准备：点击套管换热器封头，把螺旋线圈装进套管换热器内并装好；确认储水槽中加入蒸馏水至 2/3 处，全开套管换热器蒸汽进口阀；打开总电源开关；设置加热电压为 180V。

开始实验：打开加热开关，等待壁温上升并稳定；打开套管换热器冷物料进口阀；打开冷物料进料调节阀；启动风机；调节冷物料进料调节阀，调整流量至所需值后稳定 3～5min 后，分别记录孔板流量计压差、冷物料进出口的温度及壁面温度；改变冷物料进料调节阀开度，测量下组数据。一般从小流量到最大流量之间，要测量 6 组数据。

实验结束：关闭加热开关；冷物料温度低于 60℃后，关闭风机；关闭冷物料进料调节阀；关闭套管换热器热物料进口阀；关闭套管换热器冷物料进口阀；关闭总电源。

c. 以液-液传热为例。

实验前准备：点击套管换热器封头，把螺旋线圈装进套管换热器内并装好；打开套管换热器热物料进口阀；打开总电源开关。

开始实验：等待壁温上升并稳定，打开套管换热器冷物料进口阀；启动泵开关；调节冷物料流量调节阀，调整流量至所需值后稳定 3～5min 后，分别记录孔板流量计压差、冷物料进出口的温度及壁面温度；改变冷物料调节阀开度，测量下组数据。一般从小流量到最大流量之间，要测量 6 组数据。

实验结束：关闭套管换热器热物料进口阀，关闭套管换热器冷物料进口阀，关闭冷物料流量调节阀，关闭泵开关，关闭总电源。

（3）列管换热器实验。

a. 以空气-水蒸气传热为例。

实验前准备：确认储水槽中加入蒸馏水至 2/3 处，全开列管换热器蒸汽进口阀；打开总电源开关；设置加热电压为 180V。

开始实验：打开加热开关，等待列管换热器蒸汽进出口温度上升并稳定；打开列管换热器冷物料进口阀；全开冷物料流量旁路调节阀；启动风机；调节冷物料流量旁路调节阀，调整流量至所需值后稳定 3～5min 后，分别记录孔板流量计压差、冷物料进出口的温度及蒸汽进出口温度；改变冷物料旁路调节阀开度，测量下组数据。一般从小流量到最大流量之间，要测量 6 组数据。

实验结束：关闭加热开关；列管换热器蒸汽进出口温度低于 60℃后，全开冷物料流量旁路调节阀；关闭风机；关闭列管换热器蒸汽进口阀；关闭冷物料流量旁路调节阀；关闭列管换热器冷物料进口阀；关闭总电源。

b. 以氨气-水蒸气传热为例。

实验前准备：确认储水槽中加入蒸馏水至 2/3 处，全开列管换热器蒸汽进口阀；打开总电源开关；设置加热电压为 180V。

开始实验：打开加热开关，等待列管换热器蒸汽进出口温度上升并稳定；打开列管换热器冷物料进口阀；打开冷物料进料调节阀；启动风机；调节冷物料进料调节阀，调整流量至所需值后稳定 3～5min 后，分别记录孔板流量计压差、冷物料进出口的温度及蒸汽进出口温度；改变冷物料进料调节阀开度，测量下组数据。一般从小流量到最大流量之间，要测量 6 组数据。

实验结束：关闭加热开关；换热器壁温低于 60℃后，关闭冷物料进料调节阀；关闭风机；关闭列管换热器蒸汽进口阀；关闭列管换热器冷物料进口阀；关闭总电源。

c. 以液-液传热为例。

实验前准备：打开列管换热器热物料进口阀，打开总电源开关。

开始实验：打开列管换热器冷物料进口阀；启动泵开关；调节冷物料进料调节阀，调整流量至所需值后稳定 3～5min 后，分别记录孔板流量计压差、冷物料进出口的温度及蒸汽进出口温度；改变冷物料进料调节阀开度，测量下组数据。一般从小流量到最大流量之间，要测量 6 组数据。

实验结束：关闭列管换热器热物料进口阀，关闭冷物料进料调节阀，关闭泵开关，关闭列管换热器冷物料进口阀，关闭总电源。

11.3.5.6 数据处理记录

普通套管换热器、强化套管换热器对流传热系数测定，列管换热器全流通数据记录如表 11-10、表 11-11、表 11-12 所示。

表 11-10 数据记录表（普通套管换热器）

项目	实验序号						
	1	2	3	4	5	6	7
孔板流量计压差/kPa	0.50	1.00	1.50	2.00	2.50	2.98	3.2
冷物料进口温度 t_1/℃	39.2	40.2	41.3	42.6	44.7	47.1	49.2
流量计处冷物料密度 ρ_{t1}/(kg/m³)	1.14	1.14	1.14	1.13	1.12	1.12	1.11
冷物料出口温度 t_2/℃	76.3	74.8	74	73.7	74.3	75.1	76.1
壁面温度 t_w/℃	99.4	99.0	98.6	98.4	98.4	98.4	98.4
冷物料定性温度 t_m/℃	57.75	57.50	57.65	58.15	59.50	61.10	62.65
t_m 下的冷物料密度 ρ_{tm}/(kg/m³)	1.08	1.08	1.08	1.08	1.07	1.07	1.06
t_m 下的导热系数 $\lambda_{tm} \times 100$/[W/(m·K)]	2.88	2.88	2.88	2.88	2.89	2.90	2.92
t_m 下的比热 c_{ptm}/[J/(kg·K)]	1005	1005	1005	1005	1005	1005	1005
t_m 下的冷物料黏度 μ_{tm}/μPa·s	1.99	1.99	1.99	2.00	2.00	2.01	2.02
$(t_2 - t_1)$/℃	37.10	34.60	32.70	31.10	29.60	28.00	26.90
Δt_m/℃	41.65	41.50	40.95	40.25	38.90	37.30	35.75
孔板流量计处冷物料流量 V_{t1}/(m³/h)	14.80	20.96	25.71	29.74	33.36	36.55	38.12
t_m 下冷物料流量 V_{tm}/(m³/h)	15.67	22.11	27.04	31.21	34.91	38.15	39.71
冷物料流速 u/(m/s)	13.86	19.55	23.91	27.59	30.87	33.73	35.11
传热速率 Q/W	175	231	267	292	310	318	317
传热系数 α/[W/(m²·℃)]	56	74	86	96	106	113	118
雷诺数 Re	15009	21203	25910	29817	33111	35867	37016
传热准数 Nu	39	51	60	67	73	78	81
$Nu/Pr^{0.4}$	45	59	69	77	84	90	93

表 11-11 数据记录表（强化套管换热器）

项目	实验序号						
	1	2	3	4	5	6	7
孔板流量计压差/kPa	0.40	0.80	1.18	1.64	2.00	2.39	2.64
冷物料进口温度 t_1/℃	40.1	40.5	41.8	43.8	46.1	50.0	52.4
流量计处冷物料密度 ρ_{t1}/(kg/m³)	1.14	1.14	1.13	1.13	1.12	1.11	1.10
冷物料出口温度 t_2/℃	83.4	81.6	81.2	80.8	81.6	82.8	83.5

续表

项目	实验序号						
	1	2	3	4	5	6	7
壁面温度 t_w/℃	99.6	99.1	99.0	98.6	98.7	98.7	98.7
冷物料定性温度 t_m/℃	61.75	61.05	61.50	62.30	63.85	66.40	67.95
t_m 下的冷物料密度 ρ_{tm}/(kg/m³)	1.07	1.07	1.07	1.06	1.06	1.05	1.04
t_m 下的导热系数 $\lambda_{tm} \times 100$/[W/(m·K)]	2.91	2.90	2.91	2.91	2.93	2.94	2.96
t_m 下的比热 c_{ptm}/[J/(kg·K)]	1005	1006	1007	1008	1009	1010	1011
t_m 下的冷物料黏度 μ_{tm}/μPa·s	2.01	2.01	2.01	2.01	2.02	2.03	2.04
$(t_2 - t_1)$/℃	43.30	41.10	39.40	37.00	35.50	32.80	31.10
Δt_m/℃	37.85	38.05	37.50	36.30	34.85	32.30	30.75
孔板流量计处冷物料流量 V_{t1}/(m³/h)	13.25	18.75	22.82	26.98	29.90	32.88	34.69
t_m 下冷物料流量 V_{tm}/(m³/h)	14.17	19.98	24.25	28.56	31.56	34.55	36.34
冷物料流速 u/(m/s)	12.53	17.67	21.44	25.25	27.91	30.55	32.14
传热速率 Q/W	183	245	285	315	332	334	332
传热系数 α/[W/(m²·℃)]	64	85	101	115	127	137	143
雷诺数 Re	13272	18789	22744	26671	29228	31548	32903
传热准数 Nu	44	59	69	79	87	93	97
$Nu/Pr^{0.4}$	51	68	80	91	100	108	112

表 11-12　列管换热器全流通数据记录表

序号	1	2	3	4	5	6
孔板流量计压差 ΔP/kPa	1.21	2.33	3.47	4.52	5.52	6.55
冷物料进口温度 t_1/℃	14.3	15.4	17.1	18.9	21.2	24
冷物料出口温度 t_2/℃	77.3	76	75.3	75.1	74.8	75.2
蒸汽进口温度 T_1/℃	101	100.9	100.9	100.9	100.9	100.9
蒸汽出口温度 T_2/℃	100.8	100.8	100.8	100.8	100.8	100.8
体积流量 V_{t1}/(m³/h)	23.58	32.76	40.08	45.86	50.84	55.60
换热器体积流量 V_m/(m³/h)	26.16	36.21	44.10	50.27	55.47	60.40
质量流量 W_m/(kg/s)	0.0081	0.0113	0.0137	0.0156	0.0171	0.0186
冷物料进出口温差 $(t_2 - t_1)$/℃	63.0	60.6	58.2	56.2	53.6	51.2
传热量 Q/W	515.29	686.23	801.50	880.15	923.45	955.68
对流传热系数 K_o/[W/(m²·℃)]	24.73	32.54	38.05	42.19	44.81	47.66

11.3.5.7 实验注意事项

实验前将加热器内的水加到指定位置，防止电热器干烧。特别是每次实验之前一定检查水位，不符合要求及时补充。

开始加热时，加热电压控制在180V左右为宜。电压过大易导致壁温不稳。加热约10min后，可提前启动鼓风机送入冷物料，以保证实验开始时冷物料入口温度比较稳定，这样可节省实验时间。必须保证蒸汽上升管线畅通。即在给蒸汽加热电压之前，两蒸汽支路控制阀之一必须全开。转换支路时，应先开启需要的支路阀门，再关闭另一侧阀门，且开启和关闭控制阀门时动作要缓慢，防止管线骤然截断使蒸汽压力过大而突然喷出。必须保证冷物料管线畅通。即在接通风机电源之前，两个冷物料支路控制阀之一和旁路调节阀必须全开。转换支路时，应先关闭风机电源，然后再开启或关闭控制阀。

11.3.5.8 仿真画面

传热综合实验仿真画面如图11-11所示。

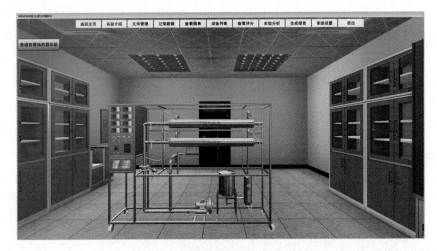

图11-11 传热综合实验仿真画面

11.3.6 果蔬汁热力浓缩系统

11.3.6.1 设计任务

某果汁生产企业需要将密度为 $1140kg/m^3$，处理量为 $7500kg/h$ 的芒果汁从初始糖度为 $10Brix$❶ 浓缩到 $45Brix$。试结合以下条件设计一合适的三效并流蒸发系统满足其生产要求。

芒果汁一效进料温度为 $30℃$，通过已知文献查得 $18℃$ 后芒果汁的比热容数值基本不再变化，且比热容为 $4.1kJ/(kg·K)$；根据经验，取各效蒸发器的传热系数分别为：$K_1=3300W/(m^2·K)$，$K_2=2700W/(m^2·K)$，$K_3=2550W/(m^2·K)$。初步假定第一效蒸发温度为 $74℃$，第二效蒸发温度为 $65℃$，第三效蒸发温度为 $54℃$，第一效加热蒸汽的温度为 $80℃$；取各效蒸发系数 $\alpha_i=1$，自蒸发系数 $\beta_i=0.05$，热利用系数 $\eta_i=0.98$。

---

❶ Brix：白利糖度，测量糖度的单位，表示 $20℃$ 情况下，每100g水溶液中溶解的蔗糖质量（g）。

11.3.6.2 设计操作

（1）计算总蒸发量（图 11-12）。

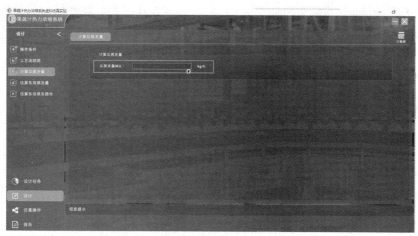

图 11-12 计算总蒸发量

（2）估算各效蒸发量及其传热面积（图 11-13）。

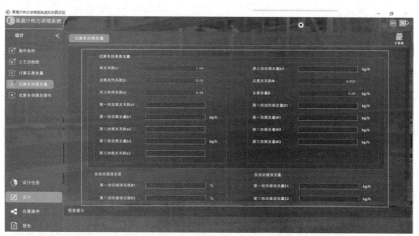

(a) 估算各效蒸发量

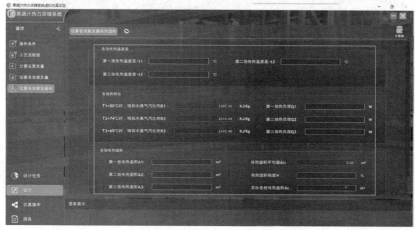

(b) 估算各效蒸发量传热面积

图 11-13 估量各效蒸发量及其传热面积

11.3.6.3 仿真操作

对 DCS（集散式控制系统），如图 11-14 所示，进行仿真操作，步骤如下。

（1）打开泵 P101 的前阀 P101I（3D 现场），启动泵 P101（3D 现场），打开泵 P101 的后阀 P101O（3D 现场），打开 FIC101 控制仪表的阀门开度 OP 为 50%（控制系统）。

（2）启动真空泵 P107（3D 现场），打开 PIC101 控制仪表的阀门开度 OP 为 10%（控制系统），压力达到−80kPa 时，关闭 PIC101 控制仪表的阀门（控制系统），打开 VX102 阀门（3D 现场），打开 TIC101 控制仪表的阀门开度 OP 为 50%（控制系统）。

（3）打开 TIC102 控制仪表的阀门开度 OP 为 50%（控制系统），当 D102 液位大于 30%时，打开泵 P102 前阀 P102I（3D 现场），启动泵 P102（3D 现场），打开泵 P102 的后阀 P102O（3D 现场），打开 LIC101 控制仪表的阀门开度 OP 为 50%（控制系统），当 D103 液位大于 30%时，打开泵 P103 前阀 P103I（3D 现场）。

（4）启动泵 P103（3D 现场），打开泵 P103 的后阀 P103O（3D 现场），打开 LIC102 控制仪表的阀门开度 OP 为 50%（控制系统），当 D106 液位大于 30%时，打开泵 P106 前阀 P106I（3D 现场），启动泵 P106（3D 现场），打开泵 P106 的后阀 P106O（3D 现场）。

（5）打开 LIC104 控制仪表的阀门开度 OP 为 50%（控制系统），当 D104 液位大于 30%时，打开泵 P105 前阀 P105I（3D 现场），启动泵 P105（3D 现场），打开泵 P105 的后阀 P105O（3D 现场），打开 LIC103 控制仪表的阀门开度 OP 为 50%（控制系统）。保持 FIC101 的流量在 7500kg/h，数值稳定后控制仪表投自动；保持 PIC101 的压力在−80kPa 左右，数值稳定后控制仪表投自动；保持 TIC101 的温度在 74℃左右，数值稳定后控制仪表投自动；保持 TIC102 的温度在 54℃左右，数值稳定后控制仪表投自动。

（6）保持分离罐 D102 液位维持在 50%左右，数值稳定后控制仪表投自动，保持分离罐 D103 液位维持在 50%左右，数值稳定后控制仪表投自动，保持分离罐 D106 液位维持在 50%左右，数值稳定后控制仪表投自动，保持分离罐 D104 液位维持在 50%左右，数值稳定后控制仪表投自动。

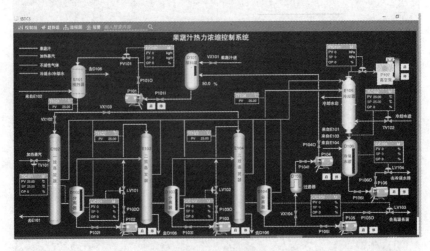

图 11-14　DCS 画面

11.3.6.4　仿真界面

启动界面如图 11-15 所示。

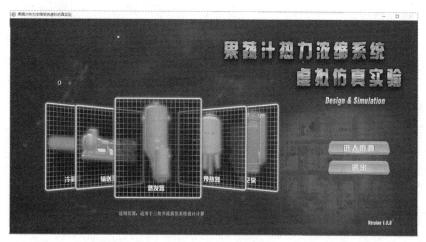

图 11-15　启动界面

操作界面如图 11-16 所示。

图 11-16　操作界面

评分界面如图 11-17 所示。

图 11-17　评分界面

11.3.7 真空浓缩与超滤富集

11.3.7.1 软件简介

本软件是真空浓缩与超滤富集虚拟仿真实验项目，旨在为学生提供一个三维的、高仿真度的、高交互操作的、全程参与式的、可提供实时信息反馈与操作指导的、虚拟的基础化学模拟操作平台，使学生通过在本平台上的操作练习，进一步熟悉专业基础知识，了解真空浓缩与超滤富集的实际操作环境，培训基本动手能力，为实习奠定良好基础。

本平台采用虚拟现实技术，按实际实验过程完成交互，完整再现了真空浓缩与超滤富集操作过程。3D操作画面具有很强的环境真实感、操作灵活性和独立自主性，特别有利于调动学生动脑思考，培养学生的动手能力，同时也增强了学习的趣味性。该平台为学生提供了一个自主发挥的实验舞台，也为将实验"互动式"预习、"翻转课堂"等新型教育方式转化到基础生物实验中来提供了一条新思路、新方法及新手段，必将对促进本科教学的改革与发展起到积极的促进作用。

11.3.7.2 真空浓缩与超滤富集操作流程简介

（1）生产前准备：阅读真空浓缩与超滤富集的操作规程。

（2）真空浓缩：启动电源→启动真空泵→启动进料泵→启动进料阀→启动冷水进阀V03和冷水出阀V04→启动蒸汽阀V01→关闭真空泵→启动排料阀V05。

（3）超滤富集：启动电源→设置参数→打开膜出口调节阀→打开膜清液阀→打开浓缩液罐出口阀→打开循环泵→缓慢打开循环泵出口阀→关闭浓缩液罐出口阀→关闭循环泵→关闭循环泵出口阀→关闭膜清液阀→打开反冲洗罐出口阀→打开反冲洗泵→缓慢打开反冲洗出口阀→关闭反冲洗罐出口阀→关闭反冲洗泵→关闭反冲洗出口阀→关闭电源。

11.3.7.3 软件操作说明

启动软件后，出现仿真软件加载界面，软件加载完成后进入仿真实验界面。进入场景后，可完成人物的自由漫游、工艺讲解并进行鼠标灵敏度等设置操作。操作界面如图11-18所示。

图 11-18　操作界面

（1）请左键点击墙上的操作规程（高亮），学习真空浓缩和超滤富集操作规程。

（2）去真空浓缩控制面板处，左键点击电源开关，开启设备，然后左键点击真空泵启动按钮。观察真空表 T02（高亮），待真空度为 0.04MPa 左右时，左键点击进料阀（高亮），打开阀门开始进料。去真空浓缩控制面板处，左键点击进料泵启动，开启进料泵。

（3）左键点击进料泵出口阀（缓慢打开），打开阀门。观察蒸发器的液位计，当液位上升至蒸发器视镜 1/3 处时，左键点击进料泵出口阀，关闭阀门停止加料。

（4）左键点击冷水进阀 V03，打开阀门通入循环冷却水；左键点击冷水出阀 V04，打开阀门通入循环冷却水；左键点击蒸汽阀 V01，调节阀门开度控制压力为 0.02～0.06MPa；浓缩操作结束，左键点击蒸汽阀 V01，关闭阀门，使表力压指示为"0"值。

（5）去真空浓缩控制面板依次关闭真空泵、进料泵、电源按钮，关闭真空浓缩系统；左键点击排料阀 V05，打开阀门，放出浓缩液。去超滤富集控制面板，左键点击电源按钮，打开设备。左键点击超滤富集控制面板参数设置界面，设置压力报警值参数和泵频率。左键点击膜出口调节阀，打开阀门，将过滤后的浓缩液排到浓缩液罐内。

（6）左键点击膜清液阀，打开阀门，将过滤后的透过液排到清液罐内；左键点击浓缩液出口阀，打开阀门，将待过滤的料液输送至循环泵；去超滤富集控制面板处，左键点击循环泵，开启循环泵。左键点击循环泵出口阀（缓慢打开），打开阀门，将待过滤的料液输送至膜组件中，进行过滤。

（7）左键点击浓缩液罐出口阀，关闭阀门，停止向循环泵输送料液。去超滤富集控制面板处，左键点击循环泵停止按钮，关闭循环泵；左键点击循环泵出口阀，关闭阀门，停止向膜组件送料液；左键点击膜清液阀，关闭阀门，停止向清液罐输送料液；左键点击反冲洗罐出口阀，打开阀门，将纯水输入反冲洗泵中。

（8）去超滤富集控制面板处，左键点击反冲洗泵，启动泵；左键点击反冲洗出口阀，缓慢打开阀门，将纯水输入膜组件中；左键点击反冲洗出口阀，关闭阀门，停止向反冲洗泵中输入纯水；去超滤富集控制面板处，左键点击反冲洗泵，关闭泵。左键点击反冲洗出口阀，关闭阀门，停止向膜组件中输入纯水。

（9）左键点击膜出口调节阀，关闭阀门；去超滤富集控制面板处，左键点击电源，关闭电源。

11.3.8 洞道干燥实验

11.3.8.1 实验目的

（1）掌握在洞道干燥器中干燥曲线和干燥速率曲线的测定方法。

（2）学习物料含水量的测定方法。

（3）加深对物料临界含水量 X_c 的概念及影响因素的理解。

（4）学习恒速干燥阶段物料与空气之间对流传热系数的测定方法。

11.3.8.2 实验内容

（1）测定在固定的空气流量、温度操作条件下湿物料干燥曲线、干燥速率曲线和临界含水量。

（2）测定恒速干燥阶段物料与空气之间的对流传热系数。

11.3.8.3　实验原理

当湿物料与干燥介质相接触时，物料表面的水分开始汽化，并向周围介质传递。根据干燥过程中不同期间的特点，干燥过程可分为两个阶段。

第一个阶段为恒速干燥阶段。在过程开始时，由于整个物料的湿含量较大，其内部的水分能迅速地达到物料表面。因此，干燥速率为物料表面上水分的汽化速率所控制，故此阶段亦称为表面汽化控制阶段。在此阶段，干燥介质传给物料的热量全部用于水分的汽化，物料表面的温度维持恒定（等于热空气湿球温度），物料表面处的水蒸气分压也维持恒定，故干燥速率恒定不变。

第二个阶段为降速干燥阶段，当物料被干燥达到临界湿含量后，便进入降速干燥阶段。此时，物料中所含水分较少，水分自物料内部向表面传递的速率低于物料表面水分的汽化速率，干燥速率为水分在物料内部的传递速率所控制。故此阶段亦称为内部迁移控制阶段。随着物料湿含量逐渐减少，物料内部水分的迁移速率也逐渐减少，故干燥速率不断下降。

恒速段的干燥速率和临界含水量的影响因素主要有：固体物料的种类和性质，固体物料层的厚度或颗粒大小，空气的温度、湿度和流速，空气与固体物料间的相对运动方式。

恒速段的干燥速率和临界含水量是干燥过程研究和干燥器设计的重要数据。本实验在恒定干燥条件下对待干燥物料进行干燥，测定干燥曲线和干燥速率曲线，目的是掌握恒速段干燥速率和临界含水量的测定方法及影响因素。

11.3.8.4　实验装置基本情况

洞道干燥器是将湿物料置于空气流通的洞道内，风机输送的空气经过加热器被加热后，吹过湿物料表面，将湿物料表面的水分传递至空气中带出干燥器，以达到干燥的目的。洞道干燥实验装置流程示意图如图 11-19 所示，尺寸如表 11-13 所示。在干燥器中，一部分空气循环使用，同时有新鲜空气补充并排出部分热空气。

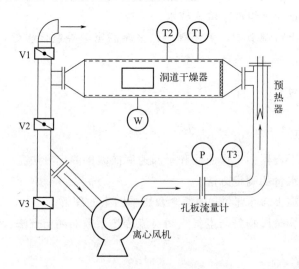

图 11-19　洞道干燥实验装置流程示意图

P—孔板压差计；W—重量传感器；T1—干球温度；T2—湿球温度；T3—空气入口温度；V1，V2，V3—蝶阀

表 11-13 洞道干燥实验装置尺寸表

序号	设备名称	主要参数
1	干燥器	洞道干燥器长 1.10m、宽 130.0mm、高 175.0mm
2	预热器	加热功率 3000～4500 W
3	孔板流量计、压差传感器量程(0～4kPa)、数显仪表	空气流量
4	孔板流量计	喉径 50mm(第 9 套)
5	重量传感器(0～200g)、数显仪表	物料重量
6	电子秒表	干燥时间
7	Pt100 温度计、数显仪表	温度
8	Pt100 温度计、数显仪表	干球温度
9	离心风机	750W

空气由离心风机送出，经过孔板流量计计量后进入预热器加热，然后进入洞道干燥器中，湿物料放在干燥器内重量传感器的支架上与热空气接触进行干燥。一部分废气通过阀门 V1 放空，另一部分废气经由阀门 V2 返回循环使用。

11.3.8.5 实验操作方法

（1）实验前的检查、准备工作：

a. 将 150g 左右物料（变色硅胶）放置在 2000mL 烧杯中，利用喷壶分次加水，并在每次加水后摇匀，待烧杯中物料加水摇动出现结块时，再少量加入干物料摇匀成分散颗粒后备用。

b. 称取 50g 左右湿物料放置在培养皿中摇匀，放入干燥箱（公用）中干燥，干燥箱设定温度为 90℃（取样干燥过程已做），点击设备右上方的"原料取样干燥后称重"按钮，获取取样干燥后的重量，测取原料的含水率 w_1。

c. 调节送风机吸入口阀门 V3 和排出阀门 V1 到全关的位置。

d. 为洞道干燥器内的湿球温度瓶加水并将纱布放入瓶中（系统已放置好）。

（2）实验操作：

a. 开启实验装置总电源，设定好干球温度 65℃，开启风机后立即将阀门 V3 和 V1 全部打开并用循环阀门 V2 调节空气流量为 0.86kPa，稳定后开启加热开关对空气进行加热。

b. 待空气流量和干、湿球温度稳定后，打开洞道干燥器舱门，将"物品栏"按钮中已经配置称量好的湿硅胶（60～80g）物料均匀地放置在干燥器中的干燥架上。

c. 关闭洞道干燥器舱门。

d. 放入物料后，点击右上角的"开始计时"，开始记录时间和初始质量，每隔 3 分钟点击"计时分割"，记录干燥时间和干燥总质量，直至待干燥物料的质量不再明显减轻为止（即 3 分钟水分减少 0.1～0.2g）。

e. 打开洞道干燥器舱门，点击干燥架干燥物料，将干燥物料取出，关闭洞道干燥器舱门。点击右上方"干燥物料干燥后称重"，获取干燥物料经过干燥箱干燥后的质量。

（3）实验结束：

a. 实验结束时先关闭加热，待干球温度降低到 45℃ 后再关闭风机和总电源。

b. 关闭蝶阀 V1、V2、V3。

11.3.8.6 数据处理记录

实验数据记录及整理结果如表 11-14 所示。

表 11-14 实验数据记录及整理结果

序号	累计时间 T/min	总质量 G_T/g	干基含水量 X/(kg/kg)	平均含水量 X_{AV}/(kg/kg)	干燥速率 $U \times 10^{-4}$/[kg/(s·m²)]
1	0	185.3	2.0188	2.0000	3.074
2	3	184.1	1.9813	1.9516	4.868
3	6	182.2	1.9219	1.8938	4.612
4	9	180.4	1.8656	1.8313	5.637
5	12	178.2	1.7969	1.7641	5.380
6	15	176.1	1.7313	1.7000	5.124
7	18	174.1	1.6688	1.6328	5.893
8	21	171.8	1.5969	1.5625	5.637
9	24	169.6	1.5281	1.4953	5.380
10	27	167.5	1.4625	1.4266	5.893
11	30	165.2	1.3906	1.3578	5.380
12	33	163.1	1.3250	1.2922	5.380
13	36	161.0	1.2594	1.2250	5.637
14	39	158.8	1.1906	1.1578	5.380
15	42	156.7	1.1250	1.0922	5.380
16	45	154.6	1.0594	1.0266	5.380
17	48	152.5	0.9938	0.9625	5.124
18	51	150.5	0.9313	0.8984	5.380
19	54	148.4	0.8656	0.8313	5.637
20	57	146.2	0.7969	0.7641	5.380
21	60	144.1	0.7313	0.7016	4.868
22	63	142.2	0.6719	0.6406	5.124
23	66	140.2	0.6094	0.5797	4.868
24	69	138.3	0.5500	0.5188	5.124
25	72	136.3	0.4875	0.4609	4.355
26	75	134.6	0.4344	0.4109	3.843
27	78	133.1	0.3875	0.3703	2.818

续表

序号	累计时间 T/min	总质量 G_T/g	干基含水量 X/(kg/kg)	平均含水量 X_{AV}/(kg/kg)	干燥速率 $U \times 10^{-4}$/[kg/(s·m²)]
28	81	132.0	0.3531	0.3359	2.818
29	84	130.9	0.3188	0.3063	2.050
30	87	130.1	0.2938	0.2813	2.050
31	90	129.3	0.2688	0.2563	2.050
32	93	128.5	0.2438	0.2328	1.793
33	96	127.8	0.2219	0.2125	1.537
34	99	127.2	0.2031	0.1938	1.537
35	102	126.6	0.1844	0.1766	1.281
36	105	126.1	0.1688	0.1609	1.281
37	108	125.6	0.1531	0.1453	1.281
38	111	125.1	0.1375	0.1297	1.281
39	114	124.6	0.1219	0.1141	1.281
40	117	124.1	0.1063	0.1000	1.025
41	120	123.7	0.0938	0.0875	1.025
42	123	123.3	0.0812	0.0781	0.512
43	126	123.1	0.0750	0.0734	0.256
44	129	123.0	0.0719	0.0359	0.158

注：空气孔板流量计读数 R 为 0.55kPa，流量计处的空气温度 t_0 为 34.2℃，干球温度 t 为 70℃，湿球温度 t_W 为 28.4℃，框架质量 G_D 为 88.7g，绝干物料质量 G_C 为 32g，干燥面积 S 为 $0.139 \times 0.078 \times 2 = 0.021684$m²，洞道截面积为 $0.15 \times 0.2 = 0.03$m²。

干燥速率曲线如图 11-20 所示。

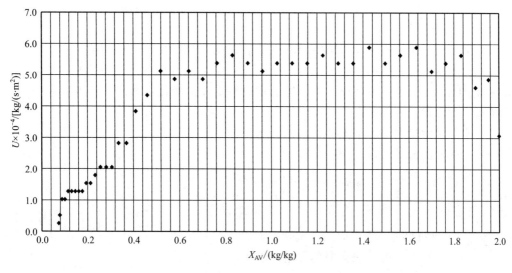

图 11-20　干燥速率曲线

洞道干燥实验仿真画面如图 11-21 所示。

图 11-21　洞道干燥实验仿真画面

11.3.9　喷雾干燥实验

11.3.9.1　实验目的

（1）了解干燥实验的流程，按照操作规程完成装置开车、原料进料、记录数据、正常停车等实际操作。

（2）掌握干燥过程中物料衡算和热量衡算及干燥系统的热效率。

（3）了解干燥器的结构和干燥实验原理。

11.3.9.2　实验内容

（1）测定在固定空气流量和温度的操作条件下，热空气的湿度及湿物料的含水量。

（2）测定干燥收率和干燥系统的热效率。

11.3.9.3　实验原理

（1）湿基含水量：水分在湿物料中的质量分数为湿基含水量，以 w 表示。

（2）干基含水量：湿物料中的水分与绝干物料中的质量比为干基含水量，以 X 表示，单位为 kg/kg。由于在干燥过程汇总，绝干物料量不发生变化，因此在干燥计算中采用干基含水量更为方便。

（3）水分蒸发量 W：从物料中除去水分的量。

（4）干燥产品流量 G_2（理论产品量）。

$$G_2(1-w_2)=G_1(1-w_1)$$

$$G_2=\frac{G_1(1-w_1)}{1-w_2}$$

式中　w_1——湿物料进干燥器时的湿基含水量；

　　　w_2——湿物料离开干燥器时的湿基含水量；

　　　G_2——湿物料进干燥器时的流量。

（5）干燥收率 η。

$$\eta = \frac{\text{实际获得产品量}}{\text{理论获得产品量}} \times 100\% = \frac{G_2'}{G_2} \times 100\%$$

式中，G_2' 为实际获得产品量，kg/s。

（6）干燥系统的热效率 η'。

$$\eta' = \frac{\text{蒸发水分所需要的热量}}{\text{向干燥系统输入的总热量}} \times 100\%$$

$$\eta' = \frac{Q_V}{Q_P + Q_D} \times 100\%$$

式中　Q_P——单位时间内预热器消耗的热量，kW；

Q_D——单位时间内向干燥器补充的热量，kW；

Q_V——蒸发水分所需的热量，kW。

本实验由于未向干燥器加热，所以 $Q_D = 0$。预热器加热量 Q_P 采用电度表测定，计算如下：

$$Q_P = (D_2 - D_1)/\Delta_1$$

式中　D_1——实验开始用电表数值；

D_2——实验结束用电量数值；

Δ_1——进料操作时间。

蒸发水分所需的热量：

$$Q_v = W(2490 + 1.88t_2 - 4.18\theta_1)$$

式中　t_2——空气离开干燥器时的温度，℃；

θ_1——湿物料进入干燥器的温度，℃。

本实验由于未向干燥器加热，所以 $Q_D = 0$。

11.3.9.4　实验装置基本情况

喷雾干燥实验装置流程示意图如图 11-22 所示。

空气由旋涡气泵送出，经过转子流量计计量进入预热器加热后进入喷雾干燥器中，湿物料由加料器和蠕动泵输送到雾化器并由压缩机喷成雾状液滴，这些液滴群的表面积很大，与高温热空气接触后水分迅速蒸发，在极短的时间内便成为干燥产品，从干燥塔底排出。热空气与液滴接触后温度显著降低，湿度增大，废气中夹带的微粒在旋风分离器分离后放空。

11.3.9.5　实验操作方法

（1）实验前的准备、检查工作：

a. 检查设备配件安装是否完整，管路连接是否正确，打开设备总电源，进入程序。

b. 在一个 2000mL 的烧杯中加入 900mL 清水。准确称量 100g 物料（超细碳酸钙）加入烧杯中与水混合（已配置完成）；另准备 1000mL 清水备用（已备好）。将蠕动泵进料速度调节到 5mL/min，将蠕动泵进料管口放入准备好的盛有 1000mL 清水的烧杯中。

（2）实验操作：

a. 启动实验装置总电源，打开计算机触摸屏；阀门 V2 全关、阀门 V3 全开；按动触摸

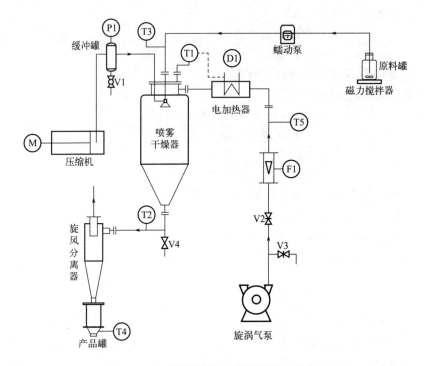

图 11-22　喷雾干燥实验装置流程示意图

T1—预热器空气出口温度；T2—干燥器空气出口温度；T3—物料入口温度；T4—物料出口温度；T5—空气进口温度；
F1—空气进口流量；V1—缓冲罐泄压阀；V2—空气进口调节阀；V3—空气旁路流量调节阀；V4—放空阀

屏上的风机启动按钮，缓慢打开阀门 V2 并用空气流量调节阀 V3 将流量调节到 40m³/h。

b. 在触摸屏上设定空气预热器出口温度为 230℃，按动触摸屏上预热器加热启动按钮，开始加热控制干燥器的气体，随时注意 T1，待温度升高到 100℃以上时，设定蠕动泵转速 5r/min 左右对应流量为进料流量 1000mL/h，按蠕动泵开始键向喷雾干燥器通水，检查管路是否畅通，并同时启动压缩机及打开其出口阀。

c. T1 到达设定温度后将进料管放入磁力搅拌器上的混合物料烧杯中，按下秒表记录进料时间，记录初始电能值，注意整个实验过程中持续搅拌。

d. 当全部物料加入完成后记录实验所需时间、消耗电能；将进料管再次放到清水烧杯中，并持续进清水 2min，目的是清理进料管路中的残留物料，两分钟后关闭主界面的加热和压缩机，待干燥器入口温度低于 60℃时将旋涡气泵关闭。

e. 在无空气流量的前提下，小心开启干燥器前的玻璃门，将干燥器内的部分挂壁物料清理出来从 V4 取出，将旋风分离器下三角瓶卸下。称量全部产出的物料重量并记录。关闭磁力搅拌器，清洗物料烧杯。

f. 实验结束，将所有固体物料都放在一个容器内，物件摆放整齐，一切复原。

11.3.9.6　数据记录

调试实验数据如表 11-15 所示，表中符号意义如下：

w_1、w_2——湿物料进、出干燥器时的湿基含水量，kg/kg；

X_1、X_2——湿物料进、出干燥器时的干基含水量，kg/kg；

　W——单位时间内水分的蒸发量，kg/s；

θ_1——湿物料进入干燥器的温度,℃;

G_2'——实际获得产品量,kg/s;

Q_P——单位时间内预热器消耗的热量,kW;

t_2——空气离开干燥器时的温度,℃;

Q_v——蒸发水分所需的热量,kW。

表 11-15　实验数据记录及整理结果

实验参数	数据
干燥器高/mm	750
干燥器内径/mm	200
进风温度/℃	230
进风流量/(m³/h)	40
取样空瓶质量(按去皮算)/g	0
加料量/g	100
加水量/mL	900
总物料质量/g	1000
进流量计前空气温度 t_0/℃	25
干燥器空气出口温度 t_2/℃	67.5
干燥器进口物料温度 θ_1/℃	25
实验时间/s	3600
电度表值/kW·h	3.168
原料湿基含水量 w_1/(kg/kg)	0.9
原料干基含水量 X_1/(kg/kg)	9
取样产品称量瓶+湿物料质量/g	10
取样产品称量瓶+绝干料质量/g	9.6
取样产品湿基含水量 w_2/(kg/kg)	0.04
取样产品干基含水量 X_2/(kg/kg)	0.0412
湿物料进料量 G_1/(g/s)	0.278
绝干物料进料量 G/(g/s)	0.0278
脱水率 W/(g/s)	0.2489
实际干燥产品量 g_2/(g)	43.5
实际干燥产品出料量 G_2'/(g/s)	0.012
理论干燥产品的流量 G_2/(g/s)	0.0289
干燥收率 η/%	41.8
实验所用电量 Q_P/W	3186.0
Q_v/W	624.9
热效率 η'/%	19.62

11.3.9.7 仿真画面

仿真画面如图 11-23 所示。

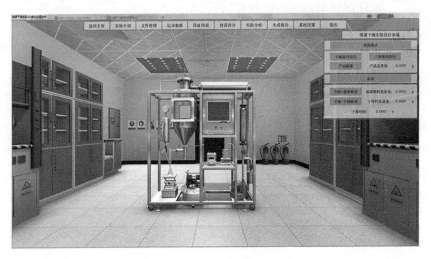

图 11-23　仿真画面

11.3.10　流化床干燥实验

11.3.10.1 实验目的

（1）了解流化床干燥器的结构和流化床干燥实验原理。

（2）学习物料含水量的测定方法。

（3）了解湿物料进行干燥的流程，掌握湿物料在干燥器内干燥的操作规程和方法。

（4）掌握干燥操作过程中物料热量衡算和体积对流传热系数 α_v 的估算方法。

11.3.10.2 实验内容

（1）测定在固定空气流量和温度的操作条件下，热空气的湿度及湿物料的含水量。

（2）测定出料的含水量，进行相应的热量衡算、热效率 η 计算及对流传热系数 α_v 计算。

11.3.10.3 实验原理

在进行干燥操作时，人们不仅需要了解干燥过程的干燥特性曲线，还需要了解整个过程的物料衡算、热量传递及干燥效率问题。连续干燥操作是工业生产中常用的一种干燥方法。流化床干燥过程是散状物料被置于分布板上，并由其下部输送气体，引起物料颗粒在气体分布板上运动，在气流中呈悬浮状态，物料颗粒与气体的混合底层，犹如液体沸腾一样。在流化床干燥器中物料颗粒在此混合底层中与气体充分接触，进行物料与气体之间的热传递与水分传递。对流干燥过程是使空气预热后进入干燥器和连续进入干燥器的湿物料相遇，将湿物料中的湿基含水量由 w_1 降为 w_2（或干基含水量由 X_1 降为 X_2），物料的温度由 θ_1 升为 θ_2，同时使干燥后的物料连续地离开干燥器。

干燥过程中热量的有效利用程度是决定过程经济性指标的重要依据。干燥机理是将热空气的热量传给湿物料，使湿物料中的水分汽化，水蒸气被空气带走，需要消耗热量，此过程必然使物料温度升高，此时也需要消耗热量。这两部分消耗的热量是不可避免的，因此可将这两部分热量之和与输入热量的比值定义为热效率 η，用来描述干燥过程的经济性。

11.3.10.4　实验装置

流化床干燥实验装置流程示意图如 11-24 所示。

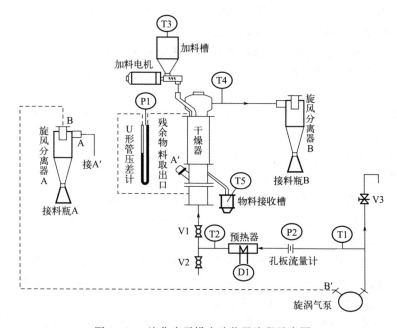

图 11-24　流化床干燥实验装置流程示意图

T1—空气进口温度；T2—预热器空气出口温度；T3—物料入口温度；T4—干燥器空气出口温度；T5—物料出口温度；
P1—干燥器压差；P2—孔板流量计压差；D1—加热器用电量；V1—干燥器空气进口阀；V2—放空阀；V3—空气流量调节阀

空气由旋涡气泵送出，经过孔板流量计计量后进入预热器加热，然后进入流化床干燥器中，湿物料由加料器直接加进床层，与床内的干物料充分混合。气固两相在流化床中进行热量传递和质量传递。穿过流化床的气体，经旋风分离器回收所夹带的粉尘后排出。干燥产品，从出料口溢出。

（1）流化床干燥器：流化床层内径 $D=100$mm，床层有效流化高度 $h=80$mm（固料出口）、玻璃观测段高度为 300mm。流化床气流分布器为 80 目不锈钢丝网，变色硅胶粒径为 1.0～1.6mm，绝干料比热 $c_s=0.783$kJ/(kg·℃)($t=57$℃)。孔板流量计孔径为 17.0mm，用压差传感器测量孔板流量计两端压差。实际的气体体积流量随操作的压强和温度而变化，测量时需校正。

（2）风机：XGB-12 旋涡式气泵，该风机能两用，即鼓风和抽气均可。本实验中正常操作时作鼓风机用，一旦操作结束，为取出干燥器内剩余物料就将此风机作为抽气机用。

（3）加料电机：直流调速电机，最大电压为 12V，使用中一般控制在 1～10V 即可。

（4）预热器：电阻丝加热，用调压器调电压来控制温度。

（5）温度测量：用 Pt100 测量温度。

（6）空气湿度：只测实验时的室内空气湿度，用干、湿球湿度计测取。

（7）湿物料湿度测定：用电子天平和干燥箱进行测定。

（8）预热器加热热量测定：本实验采用电度表测定加热量，实验开始用电量数值为 D_1，实验结束用电量数值为 D_2，实验操作时间为 Δ_1，预热器实际得到热量 $Q_P = (D_2 - D_1)/\Delta_1$。

11.3.10.5 实验操作步骤

（1）实验前的准备、检查工作：

按流程示意图检查设备、容器及仪表是否完好、灵敏好用；湿物料质量 1.1kg 已添加到原料罐，备用；向干、湿球湿度计的水槽内灌水，使湿球温度计处于正常状况；点击屏幕右上角"原料湿物称重"按钮，称取、记录原料湿物料重量；点击屏幕右上角"原料干物称重"按钮，称取、记录原料干物料重量；风机流量调节阀 V3 全开；打开放空阀 V2，保持干燥器进料阀 V1 处于关闭状态。

（2）实验操作步骤：

a. 打开实验装置总电源；点击触摸屏上"旋涡气泵开关"按钮；缓慢调节流量调节阀 V3，使孔板流量计压差为 1.5kPa 左右；在触摸屏上点击"温度控制"按钮，在温度设置界面，点击 SV 下的数值，设定空气预热器出口温度为 70℃；返回上一页，点击触摸屏上"加热器开关"按钮，开始加热控制干燥器的气体，随时注意 T2。

b. T2 到达 70℃后，打开干燥器进料阀 V1；关闭干燥器放空阀 V2，调节空气流量调节阀 V3，保持 P2 显示值在 1.5kPa 左右；调节"加料电机开关"，调速到指定值（2.0V），开始进料；记录此时用电量 D_1；记录加料电机电压。

c. 数据稳定后，记录流量计读数，即 P2 显示值；数据稳定后，记录流化床层压差，即 U 形管压差计读数；数据稳定后，记录进流量计前空气温度 t_0，即 T1；数据稳定后，记录干燥器空气进口温度 t_1，即 T2；数据稳定后，记录干燥器空气出口温度 t_2，即 T4。

d. 查找并记录 t_0 温度下空气密度 ρ_0、t_1 温度下空气密度 ρ_1、t_0 温度下空气相对湿度 φ、t_0 温度下空气的饱和蒸气压 P_s。

e. 记录干燥器进口物料温度 θ_1，即 T3；记录干燥器出口物料温度 θ_2，即 T5；原料罐内无物料且流化床玻璃段无进料后进料结束，记录进料时间；原料罐内无物料且流化床玻璃段无进料后，记录此时用电量 D_2。

（3）实验结束操作：

点击"加料电机开关"停止进料；打开放空阀 V2；关闭流化床进气阀 V1；点击"加热器开关"停止加热；点击右侧"连接 B 与 B'"按钮、"连接 A 与 A'"按钮，取出干燥器内剩余物料；点击屏幕右上角"产品称重"按钮，记录产品重量；点击屏幕右上角"取样"按钮；点击屏幕右上角"产品湿物称重"按钮，称量、记录产品湿物料重量；点击屏幕右上角"产品干物称重"按钮，称量、记录产品干物料重量；点击"旋涡气泵开关"，关闭旋涡气泵；关闭实验装置总电源，根据数据记录并计算相应数据。

11.3.10.6 实验注意事项

（1）实验中风机旁路阀门不要全关；放空阀在实验前后应全开，实验中应全关。

（2）加料直流电机电压控制不能超过 12V，保温电压要缓慢升压。

（3）注意节约使用硅胶并严格控制加水量，水量不能过大，小于 0.5 毫米粒径的硅胶也可用来作为被干燥的物料，只是干燥过程中旋风分离器不易将细粉粒分离干净而使其被空气带出。

（4）本实验设备和管路均未严格保温，目的是便于观察流化床内颗粒干燥的过程，所以热损失比较大。

11.3.10.7　实验数据记录

流化床干燥操作实验原始数据如表 11-16 所示。

表中符号意义如下：

w_1——湿物料进干燥器时的湿基含水量；

X_1——湿物料进干燥器时的干基含水量；

L——绝干空气流量，g/s；

W——单位时间内水分的蒸发量，g/s；

D——实验结束用电量数值，kW·h；

H_1、H_2——空气进、出干燥器时的湿度；

θ_1——湿物料进入干燥器的温度，℃；

G_c——单位时间内绝干物料的流量，kg/s；

Q_v——蒸发水分所需的热量，W；

t_2——空气离开干燥器时的温度，℃。

表 11-16　流化床干燥操作实验原始数据记录表

名称		实验数据
流量计读数/kPa		1.5
流量计读数 V_{t0}/(m³/h)		27.20
风机吸入口	大气干球温度 t_0/℃	18.4
	大气湿球温度 t_w/℃	14.4
	相对湿度 φ/%	61.5
进流量计前空气温度 t_0/℃		18.40
干燥器空气进口温度 t_1/℃		70.00
干燥器空气出口温度 t_2/℃		52.50
进流量计前空气密度/(kg/m³)		1.185
干燥器进口物料温度 θ_1/℃		16.20
干燥器出口物料温度 θ_2/℃		52.25
流化床层压差/mmH₂O		18.0
初始电度表值 D_1/kW·h		6.861
实验结束电度表值 D_2/kW·h		7.450
干燥器加热电量/kW·h		0.59
实验时间/s		3300
加料电机电压/V		2.0

名称		实验数据
测量原料	湿物料重/g	57.5
	绝干物料/g	43
	湿基含水量 w_1/(kg/kg)	0.252
	干基含水量 X_1/(kg/kg)	0.337
测量产品	湿物料重/g	66.5
	绝干物料/g	60
	湿基含水量 w_1/(kg/kg)	0.0977
	干基含水量 X_1/(kg/kg)	0.1083
湿物料	加入原料量/g	1190
	湿物料进料量 G_1/(g/s)	0.361
	绝干物料进料量 G_c/(g/s)	0.26967
	脱水率 W/(kg/s)	0.0617
预热器	实验所用电量/W	642.5
空气流量计算	空气流量计密度校正 V_0/(m³/s)	0.00762
	干燥器内空气流量 V_1/(m³/s)	0.00892
湿空气性质计算	空气的饱和蒸气压 P/Pa	2117.262
	空气湿度 H_0/(kg/kg)	0.00810
	空气湿度 H_1/(kg/kg)	0.00810
	干燥器进口处空气湿比容 v_H/(kg/m³)	0.9198
	绝干气流量 L/(g/s)	9.70
	干燥器出口空气湿度 H_2/(kg/kg)	0.01446
	t_0 温度下空气焓值 I_0/(kJ/kg)	39.03
	干燥器进口处空气焓值 I_1/(kJ/kg)	91.93
	干燥器出口处空气焓值 I_2/(kJ/kg)	90.45
物料性质	绝干硅胶比热容 c_s/[kJ/(kg·℃)]	0.78
	物料中所含水分比热容 c_w/[kJ/(kg·℃)]	4.19
	物料进口物料焓值 I_1'/(kJ/kg)	35.56
	物料出口物料焓值 I_2'/(kJ/kg)	64.55
	干燥系统输出热量 $Q_出$/W	506.5
	干燥系统热量损失 $Q_损$/W	136
计算数据	气固传热平均温差 Δt_m/℃	26
	干燥器直径 D/m	0.1
	干燥器高度 h/m	0.108
	流化床干燥器有效容积 V/m³	0.000628
	物料从 θ_1 升温到 θ_2 所需要的传热速率 Q_1/W	11.9
	气化所需的传热速率 Q_2/W	158.2

续表

名称		实验数据
计算数据	干燥系统消耗总热量 Q/W	170
	对流传热系数 $\alpha_v/[W/(m^2 \cdot ℃)]$	10392
热效率 η 计算	蒸发水分需要热量 Q_v/W	157.5
	干燥系统热效率 $\eta/\%$	24.51

11.3.10.8　仿真画面

流化床干燥实验仿真画面如图 11-25 所示。

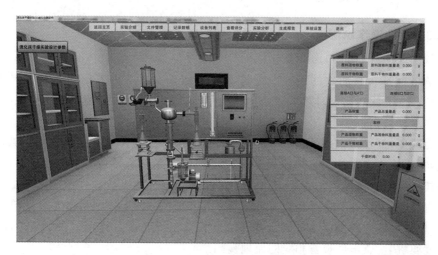

图 11-25　流化床干燥实验仿真画面

11.3.11　牡丹籽油 CO_2 逆流提取精制工艺

11.3.11.1　概述

本软件是牡丹籽油 CO_2 逆流提取精制工艺虚拟仿真实验项目,旨在为相关院校、相关专业的学生提供一个三维的、高仿真度的、高交互操作的、全程参与式的、可提供实时信息反馈与操作指导的、虚拟的基础化学模拟操作平台,使学生通过在本平台上的操作练习,进一步熟悉专业基础知识,了解牡丹籽油 CO_2 逆流提取精制工艺过程的实际操作环境。培训学生的基本动手能力,为实习奠定良好基础。

11.3.11.2　牡丹籽油 CO_2 逆流提取精制工艺简介

(1) 毛油提取中的粕饼要求:粕饼厚度在 $3 \sim 4mm$,呈浅黄色,一面较光滑,一面呈鱼鳞状,表面温度为 $50 \sim 60℃$。

(2) 油脂脱酸:脱酸是通过碱中和油脂中的游离脂肪酸,所生成的皂吸附部分其他杂质,而从油中沉降分离的精炼方法。本实验采用碱炼法,根据酸价检验结果及毛油重量,将氢氧化钠添加量设置为 139g 左右,在脱酸脱水罐内反应 60min 左右,酸价 $\leqslant 2mg/g$。

(3) 油脂脱水:水分含量高,不仅影响油脂透明度,而且可以使解脂酶活化,分解油脂导致油品酸败；水分≤0.1%，添加无水硫酸钠，反应60min。

（4）CO_2 制冷温度的设置：水箱温度设置在5℃左右。

（5）萃取温度的设置：根据油脂最佳萃取率，萃取温度设置为40℃。

（6）分离塔（分离釜）温度设置：为达到较好的分离效果，分离温度设置为50℃。

（7）萃取压力及 CO_2 流量的设置：调节高压二氧化碳泵、变频器和压力调节阀门，调节萃取塔压力和二氧化碳流量，使二氧化碳流量为700～1200L/h，控制萃取塔压力为35MPa。

（8）牡丹油流量的设置：根据最佳萃取率，将牡丹油流量设置为25L/h左右。

（9）抗氧化剂添加量的设置：根据国家标准，抗氧化剂2,6-二叔丁基-4-甲基苯酚在油脂中的添加量一般为0.2g/kg。

11.3.11.3　软件操作说明

（1）软件启动。

点击链接网址，启动软件后，出现仿真软件加载页面，进入仿真实验室界面，选择"实验预习""工艺认知""虚拟学习"或"性能设计"，选择后进行相应模块的学习。

（2）实验预习。

进入实验预习界面，下方图标依次为：实验内容、仪器介绍、操作指南、微课。点击"实验内容"弹出二级菜单"工艺流程""操作要点""超临界萃取"和"注意事项"，学生可以点击任意按钮进行相关知识学习。点击"仪器介绍"弹出的软件中包含仪器设备，学生可以点击任意设备图片进行相关知识学习。点击"操作指南"弹出二级菜单"功能介绍"，点击后学习软件的操作功能键及操作方法。点击"微课"弹出二级菜单"碱炼中和"和"袋式过滤机"，点击后观看相应的原理视频。

（3）工艺认知。

进入工艺认知界面，出现牡丹籽油提取过程工艺流程图。点击任意按钮，进入3D场景中与该工艺相关的设备处，且设备高亮，鼠标放到设备上会出现该工艺的讲解文字，如图11-26所示。点击3D场景右上角的"工艺认知"按钮，返回工艺认知界面。进入虚拟学习界面，出现毛油提取过程工艺认知流程图，如图11-27所示。点击"返回"图片消失。按照工艺认知流程图逐步操作。

图11-26　工艺认知实操界面

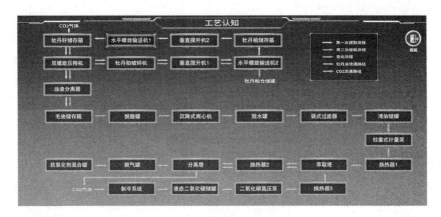

图 11-27　工艺认知流程图

11.3.11.4　实验步骤

（1）去粕饼出口处，左键点击粕饼（高亮），查看粕饼厚度及出料状态。

（2）去毛油储存箱处，左键点击油位显示管（高亮），查看油位。

（3）待毛油储存箱油位显示管液位达到 95% 左右时，左键点击出油阀 V1（高亮），打开阀门将毛油输送至脱酸罐中。

（4）去工具区，右键拾取取样器至道具栏，走到光圈内，点击道具栏中的取样器，在脱酸罐处放下，进行取样。

（5）右键点击脱酸罐处的取样器（高亮），选择测定酸价。

（6）去工具区，右键点击氢氧化钠溶液，选择添加量。输入添加量为 6.9kg。

（7）右键拾取氢氧化钠溶液至道具栏，走到管圈内，点击道具栏中的氢氧化钠溶液，将其输送至脱酸罐中。

（8）左键点击脱水罐上的取样阀（高亮），检测离心效果。

（9）右键点击脱水罐，选择"脱水处理"。

（10）左键点击柱塞式计量泵，查看油位是否正常。

（11）依次左键点击超临界萃取间门和二氧化碳制冷间门，进入二氧化碳制冷间，左键点击二氧化碳高压泵，查看油位是否正常，打开 CO_2 制冷系统。

（12）去控制柜处，左键点击"制冷"按钮。

（13）去控制柜冷箱温度设置处，通过点击"△"或"▽"，设定冷箱温度为 5℃ 左右，设置完成点击"RUN"使气态 CO_2 经过冷箱降温达到液体状态。

（14）去控制柜处，左键点击"预热"按钮，打开预热设备。

（15）去控制柜萃取釜（萃取塔）控温处，通过点击"△"或"▽"，设置萃取釜温度为 32～40℃，设置完成点击"RUN"，设置结束后进行萃取塔预热。

（16）去控制柜换热器 1 控温处，通过点击"△"或"▽"，设置换热器 1 的温度为 40℃，设置完成点击"RUN"，使其为 CO_2 预热。

（17）去控制柜换热器 3 控温处，通过点击"△"或"▽"，设置换热器 3 的温度为 40℃，设置完成点击"RUN"，为牡丹清油预热。

（18）去控制柜热换器 2 控温处，通过点击"△"或"▽"，设置换热器 2 的温度为

50℃左右，设置完成点击"RUN"。

（19）去控制柜分离釜控温处，通过点击"△"或"▽"，设置分离釜温度为50℃，设置完成点击"RUN"使分离釜进行升温。

（20）去控制柜处，左键点击"高压二氧化碳泵"按钮，CO_2 开始进行循环运行。

（21）去控制柜主泵控制处，通过点击"△"或"▽"调节高压变频器频率至18～30Hz控制二氧化碳流量，设置完成点击"确认"按钮。

（22）去二氧化碳制冷间，找到液态二氧化碳储罐的左侧，左键点击二氧化碳流量表，查看设定流量是否符合要求。

（23）去萃取塔二层，左键点击压力调节阀门V01（高亮），调节阀门开度为55%～65%，控制萃取塔压力为35MPa。

（24）去控制柜流量显示处，通过点击"△"或"▽"，设置牡丹油流量为25L/h，设置完毕，点击"RUN"赋值，开始进行萃取。

（25）去控制柜处，左键点击"计量泵"按钮，开启计量泵使油经换热器3进入萃取塔内。

（26）去脱气罐1处，观察液位计（高亮），当液位计达到95%左右，左键点击进料阀（高亮），关闭阀门，准备进行脱气处理。

（27）观察负压表负压在−0.06MPa左右时，调节罐体下部出油阀门（高亮）开度，使室内空气少量、快速进入罐体内。

（28）右键点击脱气罐2，选择"查看状态"。右键点击抗氧化混合罐，设置抗氧化剂添加量为1～2kg。

（29）虚拟学习任务结束。

11.3.11.5　性能设计

（1）进入性能设计界面，开始换热器性能设计，点击"知识点学习"进入理论学习界面。

（2）点击"设备性能设计"按钮进入设计界面。

（3）分别点击"设计任务"和"基础数据"按钮，查看任务并了解相关数据。

（4）在模型展示区，可按住鼠标左键旋转模型查看换热器3D模型。

（5）在设备选型图区域，选择合适的换热器类型，选择正确方可进行下一步操作。

（6）按照任务、基础数据以及知识点在参数设定区输入合适的参数。输入完成点击"开始核算"在查看性能区查看结果，如图11-28所示。［输入的参数参考：热负荷 Q 为282466.67W，平均温差 Δt_m 为89℃，传热系数 K 初为750W/($m^2 \cdot$℃)，管外径×厚度选择25×2.5（单位mm），管内流速选择0.7m/s，换热管数（单程）54根，单程换热管长度取整数2m，管程数1根，换热器总管数54根，管间距0.03m，壳体内径0.2m。］

11.3.12　超临界萃取

11.3.12.1　概述

本软件是食品工程学科教育信息化建设项目，旨在为本科院校食品相关专业的学生提供一个三维的、高仿真度的、高交互操作的、全程参与式的、可提供实时信息反馈与操作

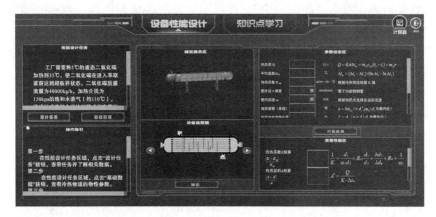

图 11-28　结果数据界面

指导的、虚拟的食品模拟操作平台，使学生通过在本平台上的操作练习，进一步熟悉专业基础知识、了解食品工厂实际操作环境、熟悉主要食品设备原理，为进行实际实验奠定良好基础。本软件采用虚拟现实技术，依据实验室实际布局搭建模型，按实际实验过程完成交互，完整再现了食品实验室的设备操作过程。每个实验操作配有评分系统，提示实验操作的正确操作及实验过程中的注意事项，3D 操作画面具有很强的环境真实感、操作灵活性和独立自主性，学生可查看到工艺设备的各个部分。软件解决了实际实验过程中的某些盲点，特别有利于调动学生动脑思考，培养学生的动手能力，同时也增强了学习的趣味性。

该软件为学生提供了一个自主发挥的平台，也为将实验"互动式"预习、"翻转课堂"等新型教育方式转化到食品实验中来提供了一条新思路、新方法及新手段，必将对促进本科食品实验教育教学的改革与发展起到积极的促进作用。

11.3.12.2　软件操作说明

（1）软件启动。

完成安装后就可以运行虚拟仿真软件了，双击桌面快捷方式，在弹出的启动窗口中选择想要启动的仿真软件，点击"启动"按钮即启动对应的虚拟仿真软件。启动软件后，出现仿真软件加载页面，软件加载完成后进入仿真实验操作界面，在该界面可实现虚拟仿真软件的所有操作。

（2）界面介绍。

a. 实验介绍：介绍实验的基本情况，如实验目的及内容、实验原理、实验装置基本情况、实验方法及步骤和实验注意事项等。

b. 文件管理：可建立数据的存储文件名，并设置为当前记录文件。

c. 记录数据：实现数据记录功能，并能对记录数据进行处理。记录数据后，勾选想要进行处理的数据，然后单击数据处理即可处理对应的数据。

（3）操作方法。

a. 在数据记录窗口中点击下方"记录数据"按钮，弹出记录数据框，在此将测得的数据填入。数据记录后，勾选要进行计算处理的数据（若想处理所有数据，将下方的全勾选即可），选中数据后，点击"处理"按钮，就会将记录的数据计算出结果。如若数据记录错误，将该组数据勾选，点击"删除选中"，即可删除选中的错误数据。数据处理后，若想保存，点击"保存"按钮，然后关闭窗口。

b. 选择实验中要加入的物品，并填入加入量，工具图标如表 11-17 所示，仿真软件可生成打印报告作为预习报告，完成后退出实验。

表 11-17　工具图标说明

图标	说明	图标	说明	图标	说明	图标	说明
⚡	运行选中项目	❚❚	暂停当前运行项目	▤	状态说明	📷	保存快门
●	停止当前运行项目	▶	恢复暂停项目	√x̄	参数监控	🕐	模型速率

（4）仪表说明。

按一下控制仪表的 ◀ 键，在仪表的 SV 显示窗中出现一闪烁数字，每按一次 ◀ 键，闪烁数字便向左移动一位，哪个位置数字闪烁就可以利用 ▲、▼ 键调节相应位置的数值，调好后按 ↻ 确认，仪表就会按所设定的数值应用。

11.3.12.3　实验操作

萃取釜—分离釜 1—分离釜 2—回路。

（1）打开总电源（绿色按钮），三相电源指示灯都亮。

（2）打开制冷电源、冷却剂泵，设定温度为 3℃（已设定好）。

（3）打开各釜温度仪表对应的加热开关，设定各釜温度（萃取釜 2 为 45℃，分离釜 1 为 50℃，分离釜 2 为 45℃）。

（4）打开 CO_2 钢瓶阀（使用过程中确保钢瓶压力>4MPa），打开面板阀门 2，等待温度达到设定温度。

（5）装料：称取 100g 金银花，装入料篮，拧紧（设定加入 100g 金银花）；待达到设定温度，检查阀门 11 是否处于关闭状态，稍打开阀门 6（萃取釜 2 对应阀门 6）进入萃取釜 2，等压力接近泵出口压力后，完全打开阀门 6，稍稍打开放空阀 11（萃取釜 2 放空阀），排空空气，3～5s 即可关闭。

（6）完全打开阀门 7、阀门 12（检查阀门 9、阀门 10 应是关闭状态）、阀门 14、阀门 16、阀门 18、阀门 1，回路完成。加压力：打开 CO_2 泵电源（绿色按钮），按"RUN"键，调节阀门 8 控制萃取釜 2 的压力在 15MPa 左右，调节阀门 14 控制分离釜 1 压力在 6MPa，控制分离釜 2 压力在 5MPa。

（7）添加挟带剂：当达到一定压力时（萃取釜 2 压力达到 15MPa 左右），设定添加挟带剂（无水乙醇）50mL 到携带剂罐，打开挟带剂电源。

（8）计时开始，萃取时间 t，此处 t=2h（仿真时间为 0.5h），观察压力，结束后接收产品。实验结束需清洗管路，将无水乙醇加到挟带剂罐，计时 20～30min，调节阀门 8 使萃取釜压力为 15MPa，调节阀门 14 使分离釜压力为 6MPa 即可。

（9）关机：关闭 CO_2 泵（STOP 键）；慢慢打开阀门 14、阀门 8，等待萃取釜、分离釜

1、分离釜 2 压力相似。关闭阀门 6、阀门 7，稍稍打开阀门 11（排空萃取釜的 CO_2 气体）；关闭制冷、冷循环、加热。等萃取压力为 0MPa 后，取料篮，拆卸物料，清洗料篮；关闭总电源，关闭面板上除阀门 8 外所有阀门及 CO_2 钢瓶阀。

11.3.13　管壳式热交换器设计

11.3.13.1　概述

本软件旨在为本科院校食品相关专业的学生提供一个三维的、高仿真度的、高交互操作的、全程参与式的、可提供实时信息反馈与操作指导的、虚拟模拟操作平台，使学生通过在本平台上的练习，进一步熟悉专业基础知识、了解换热器设计的基本步骤、培训基本动手能力，为进行实际设计与操作大型装置奠定良好基础。

11.3.13.2　软件操作说明

完成安装后就可以运行虚拟仿真软件了，双击桌面快捷方式（软件运行管理客户端），在弹出的启动窗口中选择想要启动的仿真软件，点击"启动"按钮即启动对应的虚拟仿真软件。启动软件后，出现仿真软件加载页面，软件加载完成后进入仿真操作界面，在该界面可实现虚拟仿真软件的所有操作，主要包括 5 大模块，分别为设计任务、设计、成本核算、仿真操作、报告。

11.3.13.3　设计任务

某炼油厂生产过程中需要将 2.76MPa，175000kg/h 的原油从 151℃ 加热到 190℃（分程控制出口温度），用压力为 0.83MPa 的减一中段回流油作为加热介质，进、出口温度分别为 295℃、195℃。请设计一台经济合理的管壳式热交换器完成原油加热任务。其他：

（1）冷热物流无相变；

（2）原油端允许阻力压降不高于 180kPa，减一中段回流油端允许阻力压降不高于 35kPa；

（3）进行热交换器类型选择时，可供选择的热交换器有固定管板式热交换器、浮头式热交换器、U 形管式热交换器和填料函式热交换器；

（4）原油的污垢热阻为 $0.3439 \times 10^{-3} m^2 \cdot ℃/W$，减一中段回流油的污垢热阻为 $0.8598 \times 10^{-3} m^2 \cdot ℃/W$。

11.3.13.4　设计操作

（1）设定参数填写，确定定性温度并完成填写此温度下的物性参数；

（2）计算热负荷、平均温差，估算传热面积、初选换热器类型；

（3）计算阻力降、总传热系数所需传热面积并校核。

11.3.13.5　软件操作

（1）开车前准备。

装置的开工状态为换热器处于常温常压下，各可调阀处于手动关闭状态，各手操阀处于关闭状态，可以直接进冷物流（换热器要先进冷物流，后进热物流）。

（2）启动冷物流进料泵。

打开换热器管程排气阀 V01E101。打开泵 P101A/B 前阀 V01P101A/B，按下启动按钮，再打开泵 P101A/B 的后阀 V02P101A/B，当进料压力指示表 PI101 指示达到 2.76MPa时，进行下一步操作。

（3）冷物流进料。

打开 FV101 的前后阀 FV101I、FV101O，开冷物料进料阀 V07E101，手动逐渐开大调节阀 FV101。观察换热器壳程排气阀 V01E101 的出口，当有液体溢出时（V01E101 旁边标志变绿），标志着壳程已无不凝性气体，关闭换热器管程排气阀 V01E101，此时管程排气完毕。打开冷物流出口阀 V02E101，手动调节 FV101，使冷物流进料控制 FIC101 指示达到175000kg/h，且较稳定时，FIC101 投自动，设定值为 175000kg/h。

（4）启动热物流入口泵。

打开壳程排气阀 V03E101。开泵 P102A/B 前阀 V01P102A/B，启动泵 P102A/B，再开泵 P102A/B 后阀 V02P102A/B，使热物流进料压力表 PI102 指示达 0.83MPa。

（5）热物流进料。

打开 TV102A 的前后阀 TV102AI、TV102AO 和 TV102B 的前后阀 TV102BI、TV102BO。给换热器 E101 管程注液，观察换热器 E101 壳程排气阀 V03E101 的出口，当有液体溢出时（V03E101 旁边标志变绿），标志着壳程已无不凝性气体，此时关壳程排气阀 V03E101，换热器 E101 壳程排气完毕。打开 E101 热物流出口阀 V04E101，手动调节管程温度控制器 TIC102，使冷物料出口温度稳定在 190℃±2℃，TIC102 投自动，设定在 190℃。

11.3.13.6 仿真画面

软件启动界面如图 11-29 所示。

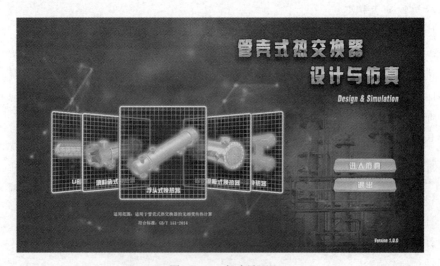

图 11-29　启动界面

系统操作界面如图 11-30 所示。

图 11-30　操作界面

管壳式热交换器 DCS 图如图 11-31 所示。

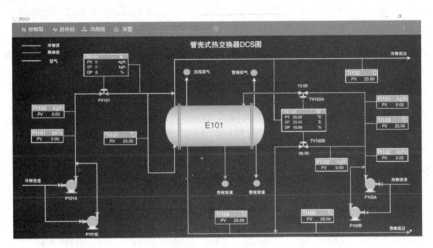

图 11-31　DCS 画面

系统评分界面如图 11-32 所示。

图 11-32　评分界面

11.3.14　啤酒酿造仿真实验

11.3.14.1　概述

本软件是啤酒酿造虚拟仿真软件，旨在为食品及相关专业的学生提供一个三维的、高仿真度的、高交互操作的、全程参与式的、可提供实时信息反馈与操作指导的、虚拟的啤酒生产实习操作平台，学生通过在本平台上操作练习，可进一步熟悉掌握啤酒生产工艺、车间主要设备与工厂布局及产品品质标准，能够独立或经团队合作按生产任务完成各工序任务等，培训基本动手能力，满足啤酒发酵课堂教学与行业对专业人才的需求。本软件采用虚拟现实技术，模拟啤酒酿造工艺流程，3D操作画面具有很强的环境真实感、操作灵活性和独立自主性，解决了实际操作过程中的某些盲点，为学生提供了一个自主发挥的实践平台，特别有利于调动学生动脑思考，培养学生的动手能力，同时也增强了学习的趣味性，也为将实验"互动式"预习、"翻转课堂"等新型教育方式转化到啤酒发酵课程中来提供了一条新思路、新方法及新手段。

随着食品企业生产卫生安全的规范执行日益严格，学校很难大批量地安排学生到企业进行实践学习。因此，学生当前普遍缺乏对啤酒工厂与生产线的认识及实践训练，实习效果往往不够理想，学生普遍反馈体验差。通过虚拟仿真实习的方式能有效弥补现有实习教学的问题。本仿真实习目的如下：

（1）使学生掌握啤酒生产原料要求；

（2）使学生理解并掌握常用的啤酒酿造工艺；

（3）以实训项目的3D场景化训练为基础，增加学生学习的兴趣。

11.3.14.2　软件内容

本实验中，学生通过在3D的虚拟仿真环境中漫游、认知、操作制备工艺，逐步掌握啤酒酿造工艺及过程参数控制，加深对各个知识点的理解与运用，本项目分为原料粉碎、糊化、糖化、过滤洗槽、煮沸、旋沉、发酵、灌装等多个任务。学生可深入体验啤酒酿造工艺的整个过程。

（1）大米粉碎。验收后的大米经料仓输送至大米粉碎机的粉碎仓中，经粉碎对辊（辊间隙$0.4 \sim 1.2 mm$）碾压将大米粉碎为大米粉，大米粉自由落入混合室的过程中，把一路自动调温的调浆水（$60℃$左右）按合适的比例加入混合室，通过料浆泵叶轮的搅拌，使料、液均匀混合，然后直接输送至糊化锅。

（2）麦芽粉碎。从料仓输送至浸麦仓的麦芽，在浸麦仓入口处首先经过一喷淋管将$65℃$左右的浸麦水均匀地喷洒在麦芽上，再由浸麦供料辊送入浸麦仓，经浸泡后的麦芽，麦皮被浸湿与麦粒脱离，然后再进行粉碎，粉碎过程与大米粉碎过程一致。

（3）糊化。糊化锅中加入料位30%的工艺水，加热至$30℃$；将已粉碎好的原料大米浆加入糊化锅中，在温度为$70℃$的条件下使α-淀粉酶充分作用，时间为$20min$；然后在$100℃$的条件下使淀粉充分糊化，提高浸出率，同时提供混合糖化醪升温所需的热量，时间为$40min$。

（4）糖化。在糖化锅中加入料位25%的工艺水，加热至$37℃$；将已粉碎好的原料麦芽浆加入糖化锅中，在温度为$50℃$的条件下使羧肽酶充分作用，形成低分子含氮物质；然后将糊化锅醪液加入糖化锅中，并在 65℃ 下保持 70min，充分反应生成麦芽糖；之后升温至 78℃。

（5）过滤洗糟。糖化完毕后，将糖化醪泵入过滤槽内进行澄清过滤，过滤槽内装有筛板，过滤得到的滤液清亮透明，称为麦汁，是啤酒酵母发酵的基质，剩余的固体部分称为"麦糟"，这是啤酒厂的主要副产物之一。糖化醪过滤是以大麦皮壳为自然滤层，采用重力过滤器或加压过滤器将麦汁分离。分离麦汁的过程分两步：第一步是将糖化醪中的麦汁分离，这部分麦汁称为"第一麦汁"；第二步是将残留在麦糟中的麦汁用热水洗出，洗出的麦汁称为"洗糟麦汁"或"第二麦汁"。

（6）煮沸。糖化锅醪液经过滤槽去除麦糟后，倒入煮沸锅加热煮沸，醪液的沸点为 105℃。通过煮沸可以适当控制麦汁浓度；破坏酶的活性，终止生物化学反应；使蛋白质变性凝固；使酒花中的有效成分充分溶出。

煮沸过程中添加酒花的要点：

a. 酒花添加量：酒花添加量有两种计算方法，第一种是按每百升麦汁或啤酒添加酒花的质量计，第二种是按每百升麦汁添加酒花中 α-酸的质量计。

b. 添加酒花时考虑的因素：防止麦汁初沸时泡沫溢出，α-酸有充分的异构化时间，多酚物质与蛋白质要有足够的接触时间，尽可能多地保留酒花香味物质。

c. 酒花添加时间：一般分三次添加酒花，以煮沸时间 90min 为例。第一次在煮沸 10min 时添加苦型酒花，添加量为酒花总量的 19% 左右，作用是消除煮沸物泡沫；第二次在煮沸后 40min 时添加苦型酒花，添加量为酒花总量的 43% 左右，作用是萃取 α-酸，并促进异构；第三次在煮沸结束前 10min 添加香型酒花，添加量为酒花总量的 38% 左右，作用是萃取酒花油，增加酒花香。

（7）旋沉。在麦汁煮沸过程中由于蛋白质变性凝固和多酚物质不断氧化聚合而形成凝固物，凝固物根据析出的温度不同分为热凝固物和冷凝固物。需通过回旋沉淀槽将其分离出去，防止其影响啤酒的品质。

（8）发酵。冷却后的麦汁添加酵母送入发酵池或圆柱锥底发酵罐中进行发酵，用蛇管或夹套冷却并控制温度。进行发酵，发酵过程分为起泡期、高泡期、低泡期，一般发酵 5~10 日。发酵成的啤酒称为嫩啤酒，苦味强，口味粗糙，CO_2 含量低，不宜饮用。后发酵：为了使嫩啤酒后熟，将其送入储酒罐中或继续在圆柱锥底发酵罐中冷却至 0℃ 左右，调节罐内压力，使 CO_2 溶入啤酒中。贮酒期需 1~2 月，在此期间残存的酵母、冷凝固物等逐渐沉淀，啤酒逐渐澄清，CO_2 在酒内饱和，口味醇和，适于饮用。

（9）灌装。啤酒灌装是啤酒生产的最后一个环节，包装质量的好坏对成品啤酒的质量和产品销售有较大影响。过滤好的啤酒从清酒罐分别装入瓶、罐或桶中，经过压盖、生物稳定处理、贴标、装箱成为成品啤酒或直接作为成品啤酒出售。一般把经过巴氏灭菌处理的啤酒称为熟啤酒，把未经巴氏灭菌的啤酒称为鲜啤酒。若不经过巴氏灭菌，但经过无菌过滤、无菌灌装等处理的啤酒则称为纯生啤酒（或生啤酒）。

11.3.14.3　软件操作说明

选择"啤酒酿造虚拟仿真软件"，然后选择培训项目"开始实验"，点击"启动"按钮，启动相应实习项目的虚拟仿真实验。启动软件后，出现仿真软件加载界面，进入仿真工厂后，可完成人物的自由漫游、任务操作、知识点讲解并进行鼠标灵敏度等设置。鼠标按住左键不放，使箭头上下左右移动即可变换视角；键盘上的"W""S""A""D"键即对应"前、后、左、右"方向的移动。

11.3.14.4 大米粉碎

（1）点击"确定"按钮，进入啤酒酿造任务。进入物料衡算界面，完成相应的计算；进入原料粉碎工序；去到原料粉碎车间进行相关操作。

（2）点击大米袋（高亮），选择"大米验收"，根据大米验收单各项指标给出的数值，进行勾选，判断是否合格。右键点击大米粉碎机，选择"检查设备"进行生产前设备检查；去粉碎机控制柜处（高亮），点击"电源"按钮，打开电源。

（3）去 DCS"大米粉碎"界面设置辊间隙和调浆水温度。点击"大米粉碎机"图片进入大米粉碎 DCS 界面（如图 11-33 所示），设置辊间隙（0.4～1.2mm）和调浆水温度（58～62℃）。去大米粉碎机处，点击调浆阀 DM101V101（高亮处），打开阀，将调浆水输送至粉碎机中。

（4）去粉碎机控制柜处（高亮），点击大米水泵启动按钮，启动大米水泵；点击大米进料启动按钮，开始进行大米粉碎。

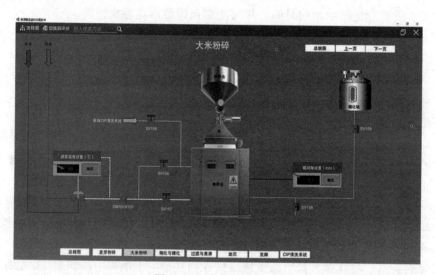

图 11-33　大米粉碎界面

11.3.14.5 麦芽粉碎

（1）右键点击麦芽袋（高亮），选择"麦芽验收"根据麦芽验收单各项指标给出的数值，进行勾选，判断是否合格；右键点击麦芽粉碎机，选择"检查设备"进行生产前设备检查。

（2）去 DCS"麦芽粉碎"界面设置辊间隙、浸麦水温度和调浆水温度。

a. 可点击"麦芽粉碎"按钮进入相应的麦芽粉碎 DCS 界面，如图 11-34 所示。

b. 输入辊间隙（0.4～1.2mm）、浸麦水温度（60～65℃）和调浆水温度（58～62℃）。

c. 去麦芽粉碎机处，点击浸麦阀 MS101V101（高亮），打开阀将浸麦水输送至粉碎机中。

d. 点击调浆阀 MS101V102（高亮），打开阀，将调浆水输送至粉碎机中。

（3）去粉碎机控制柜处（高亮），点击麦芽水泵启动按钮，启动麦芽水泵；点击麦芽进料启动按钮，开始进行麦芽粉碎。

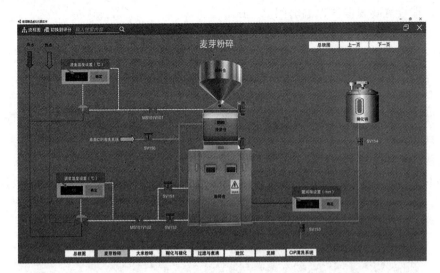

图11-34 麦芽粉碎界面

11.3.14.6 糊化

（1）去糊化锅处，打开酿造水进水阀VI1V101（高亮），向糊化锅内加工艺水。

（2）在DCS界面（如图11-35所示）观察糊化锅液位，待糊化锅液位升至30%后，关闭酿造水进水阀VI1V101（高亮），停止加水。打开蒸汽阀VI3V101（高亮），给糊化锅加热。

（3）在DCS界面观察糊化锅温度，待加热至30℃时，关闭蒸汽阀VI3V101（高亮）停止加热，保温。去DCS"糊化与糖化"界面，启动糊化锅搅拌功能。打开大米粉浆进料阀（高亮），投入大米粉浆。备注：当液位上升至合适位置后，大米粉浆进料阀自动关闭。

（4）去糊化锅底端，打开蒸汽阀VI3V101（高亮），给糊化锅加热。请在DCS界面观察糊化锅温度，待加热至70℃时，关闭蒸汽阀VI3V101（高亮），停止加热。

（5）请设置物料在70℃下的静置保温时间（20min）。打开蒸汽阀VI3V101（高亮），给糊化锅加热。

（6）请在DCS界面观察糊化锅温度，待加热至100℃时，关闭蒸汽阀VI3V101（高亮），停止加热。

（7）请设置物料在100℃下的静置保温时间（40min），糊化结束。

11.3.14.7 糖化

（1）进入糖化工段，去1号糖化锅处，打开酿造水（酿造用水）进水阀VI1V102（高亮），向糖化锅内加水。

（2）请在DCS界面（如图11-35所示）观察糖化锅液位，待液位为25%时，关闭酿造水进水阀VI1V102（高亮），停止加水。打开蒸汽阀VI3V102（高亮），给1号糖化锅加热。

（3）请在DCS界面观察糖化锅温度，待加热至37℃时，关闭蒸汽阀VI3V102（高亮），停止加热，糖化锅处于保温状态。去 DCS "糊化与糖化" 界面，启动糖化锅搅拌功能。打开麦芽浆进料阀（高亮）。搅拌均匀后，去 DCS "糊化与糖化" 界面，停止糖化锅搅拌。停止搅拌后，请设置物料静置保温时间（20min）。

（4）去 DCS "糊化与糖化" 界面，启动糖化锅搅拌功能。打开蒸汽阀 VI3V102（高亮），给糖化锅加热。请在 DCS 界面观察糖化锅温度，待加热至 50℃时，关闭蒸汽阀 VI3V102（高亮）。去 DCS "糊化与糖化" 界面，停止糖化锅搅拌。停止搅拌后，请设置物料静置保温时间（40min），进行蛋白质分解。40min 后蛋白质分解结束，去 DCS "糊化与糖化" 界面，启动糖化锅搅拌功能。开启糊化锅出料阀 VO3V101（高亮），启动泵 P101。

（5）打开 1 号糖化锅进料阀 VI4V102（高亮），将糊化醪泵入糖化锅。请在 DCS 界面观察糊化锅液位，待糊化锅 V101 醪液料位低于 5％后，停止糊化锅搅拌。关闭 1 号糖化锅进料阀 VI4V102（高亮），停止糊化醪泵入糖化锅。关闭泵 P101，关闭糊化锅出料阀 VO3V101（高亮）。打开蒸汽阀 VI3V102（高亮），给 1 号糖化锅中的混合液加热。

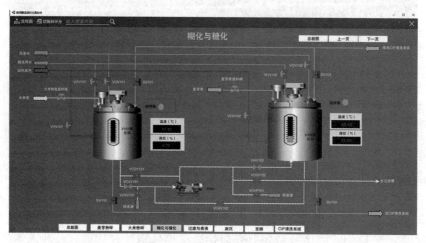

图 11-35　糊化与糖化界面

（6）请观察 DCS 界面糖化锅温度，待混合液升温至 65℃时，关蒸汽阀 VI3V102（高亮）。去 DCS "糊化与糖化" 界面，停止糖化锅搅拌，请并设置物料静置保温时间（70min）以进行糖化。保温结束，去 DCS "糊化与糖化" 界面，启动糖化锅搅拌功能。

（7）开蒸汽阀 VI3V102（高亮），继续进行加热。请观察 DCS 界面糖化锅温度，待温度升至 78℃时，关闭蒸汽阀 VI3V102（高亮），停止加热。停止糖化锅搅拌，静置 10min，等待过滤。

11.3.14.8　过滤

（1）DCS "过滤与煮沸" 界面如图 11-36 所示。去过滤槽处，打开洗槽水进阀 VI1F101（高亮）通入 78℃热水，对设备进行预热并排除管、筛底的空气。直至水位溢过滤板 0.5cm（即过滤槽料位达到 11％后）关闭洗槽水进阀 VI1F101（高亮），停止通入热水，启动糖化搅拌。

（2）打开糖化锅出料阀 VO4V102（高亮），将糖化醪泵入过滤槽，启动泵 P101。打开泵 1 号过滤槽进料阀 VO2V102（高亮）。待糖化锅 V102 醪液料位低于 5％后，请停止糖化锅搅拌。待糖化醪全部泵入过滤槽后，立即微开酿造水进水阀 VI1V102（高亮），用清水冲净糖化锅及过滤槽。清洗完成之后关闭酿造水进水阀 VI1V102（高亮）。

（3）关闭1号过滤槽进料阀 VO2V102（高亮），停止泵 P101。关闭糖化锅出料阀 VO4V102（高亮）。静置结束后，打开过滤槽回流泵前阀 VO1F101（高亮），启动泵 P102A。缓慢打开过滤槽回流泵后阀 VI3F101（高亮），使麦汁在过滤槽内回流 5～10min，调节回流阀开度控制流量在 $6～7m^3/h$。

（4）请右键点击1号过滤槽，点击"麦汁清亮程度"按钮，检查麦汁状态。待麦汁清亮后，关闭过滤槽回流泵后阀 VI3F101（高亮）。停止过滤槽回流泵 P102A。关阀过滤槽回流泵前阀 VO1F101（高亮），停止回流。

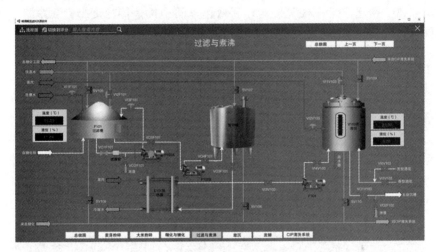

图 11-36　过滤与煮沸界面

（5）打开过滤槽出料阀 VO5F101（高亮），启动暂存罐进料泵 P102B。打开暂存罐进料阀 VO4F101（高亮），将物料泵入1号暂存罐。打开暂存罐出料阀 VO3F101（高亮），物料经过换热器进行加热升温。打开换热器出料阀 VI3V103（高亮）。

（6）启动煮沸锅进料泵 P104。打开煮沸锅进料阀 VI4V103（高亮）将物料泵入煮沸锅，时刻观察麦汁清亮程度。原麦汁过滤至刚漏出槽面时进行洗槽，依据原麦汁浓度估算洗槽水量，打开洗槽水进阀 VI1F101（高亮），用 76～80℃ 热水（洗槽水）并采用连续式洗槽，同时收集"二滤麦汁"，若开始混浊，需回流至澄清。加完水后，关闭洗槽水进阀 VI1F101（高亮），待形成新的滤层，再重复过滤程序。

（7）请右键点击1号暂存罐，点击"查看麦汁浓度"按钮，检查麦汁浓度状态。待混合麦汁浓度达到 9.0～9.5Brix 时，关闭暂存罐进料阀 VO4F101（高亮），关闭暂存罐进料泵 P102B，关闭过滤槽出料阀 VO5F101（高亮）。

（8）打开泄渣阀 VO2F101（高亮），停止过滤。麦汁排完后关闭泄渣阀 VO2F101（高亮）。

11.3.14.9　煮沸

（1）DCS"过滤与煮沸"界面如图 11-36 所示。煮沸时打开蒸汽阀 VI2V103（高亮），开始煮麦汁。观察 DCS 上煮沸锅温度，麦汁加热至 105℃ 煮沸后，请点击界面上方计时器，开始计时。待麦汁煮沸适当时间后（煮沸后 10min），停止计时。请点击"糖化车间二楼"按钮，到二楼找到放置酒花处，打开相应酒花的管道阀门，进行酒花添加。

（2）填写第一次添加酒花的添加量（19%）。请点击计时器开始计时，待麦汁煮沸适当时间后（煮沸后 40min），停止计时，进行第二次添加酒花。

（3）请点击"糖化车间二楼"按钮，到二楼找到放置酒花处，打开相应酒花的管道阀门，进行酒花（苦型酒花）添加，请填写第二次添加酒花的添加量（43%）。请点击计时器开始计时，待麦汁煮沸适当时间后（煮沸后 80min），停止计时，进行第三次添加酒花。

（4）请点击"糖化车间二楼"按钮，到二楼找到放置酒花处，打开相应酒花的管道阀门，进行酒花（香型酒花）添加，请填写第三次添加酒花的添加量（38%）。请右键点击煮沸锅进料口，点击"糖度检测"按钮，检测麦汁糖度。

（5）请点击"糖化车间一楼"按钮，到糖化车间一楼，待糖度值达到 9.5～10.5Brix，关闭蒸汽阀 VI2V103（高亮），煮沸结束。

11.3.14.10　旋沉

（1）打开煮沸锅出料阀 VO1V103（高亮）。去 DCS "旋沉"界面（如图 11-37 所示），启动旋沉槽进料泵 P103A。打开旋沉槽进料阀 VI2F102（高亮），将麦汁打入旋沉槽，静置沉淀 30min。待煮沸锅内麦汁全部打入旋沉槽后，关闭旋沉槽进料阀 VI2F102（高亮）。

（2）停旋沉槽进料泵 P103A。立即打开煮沸锅洗涤水进阀 VI1V103（高亮）。打开排污阀 VO2F102（高亮），将煮沸锅冲洗干净。煮沸锅冲洗干净后，关闭煮沸锅洗涤水进阀 VI1V103（高亮），关闭煮沸锅出料阀 VO1V103（高亮），关闭排污阀 VO2F102（高亮）。

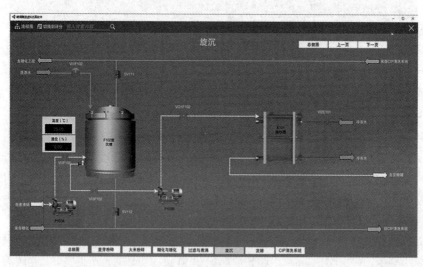

图 11-37　旋沉界面

11.3.14.11　发酵

（1）点击界面左上角"发酵""发酵车间"按钮，进入发酵车间进行相关操作。发酵界面如图 11-38 所示。去 1 号发酵罐处，点击麦汁进料阀 VI3T101，打开阀门。点击酵母进料阀 VI1T101（高亮），打开阀，加入活化好的酵母泥，然后等待加入麦汁。

（2）去糖化车间一楼沉淀槽的板式换热器处，点击冰水阀 VI2E101（高亮），打开阀，换热器进冰水。点击旋沉槽侧出排料阀 VI3F102（高亮），打开阀，将麦汁排出。启动泵 P103B，点击泵 P103B 后阀 VO1F102（高亮），打开阀，将热麦汁泵入换热器中进行麦汁冷却，控制麦汁温度为 10～12℃。

（3）去发酵车间 1 号发酵罐处，点击氧气总阀 VI2T101（高亮），打开阀。点击减压阀 VI3T101（高亮），调节阀门开度控制发酵罐压力在 30kPa 左右。

（4）设定发酵罐压力在 30kPa 左右，等待发酵罐压力变为 30kPa 左右后，关闭氧气总阀 VI2T101（高亮）和减压阀 VI3T101（高亮）。设置发酵温度为 13℃，开始进入前发酵阶段；关闭麦汁管路阀门进料阀 VI3T101（高亮），开始发酵。

（5）发酵 24h 后，设置发酵温度（18℃）继续前发酵；糖度降到 4.2Brix 时，设定发酵罐压力在 140kPa；去 1 号发酵罐处，点击充 CO_2 阀 VI6T101A（高亮处），打开阀；点击 CO_2 总阀 VI4T101A（高亮），打开阀；点击 VI5T101A 减压阀（高亮），调节阀门开度控制发酵罐压力在 140kPa 左右。

（6）待发酵罐压力在 140kPa 左右后，依次关闭充 CO_2 阀 VI6T101A（高亮）、CO_2 总阀 VI4T101A（高亮）和 VI5T101A 减压阀（高亮）。4 天后打开取样阀 VO2T101A（高亮），取样品尝。经品尝发现有明显双乙酰味，请选择合适的处理方式（如推迟 1～3 天降温）。

（7）还原结束，设置发酵温度为 0℃，并保持罐压为 140kPa，进行后发酵。啤酒降至 2℃时，打开阀 VO3T101A（高亮），排出酵母泥进行回收。点击硅藻土过滤机，选择"使用"将其与发酵罐的原浆管连接，过滤酒。去 5 号发酵罐处，点击硅藻土过滤机输料泵前阀 V01P201（高亮），打开阀。在硅藻土过滤机控制柜上，点击输送泵，启动输送泵。点击硅藻土过滤机输料泵后阀 V02P201（高亮），打开阀，进行过滤操作。点击硅藻土过滤机出口阀 V03P201（高亮），打开阀，将过滤后的啤酒排出至清酒罐。

（8）过滤结束，右击过滤机选择"放回"，啤酒经过滤后送入灌装车间，发酵任务结束。

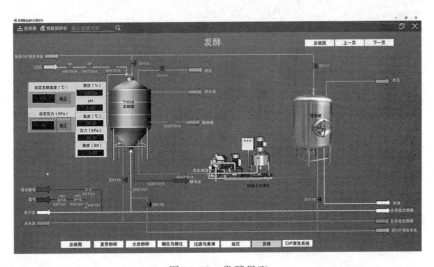

图 11-38　发酵界面

11.3.14.12　灌装

（1）点击"界面工艺流程"，进行设备搭建。操作方法：选中设备库内某一个设备，按住鼠标左键，将其拖拽至左侧设备搭建区域，松开鼠标，当设备选择错误时，可点击设备图片上的"×"号将其删除,在规定的 2min 内可点击"重建"进行重新搭建,如果在规定时间内点击了"确定"则搭建结束。

(2)点击拆垛洗瓶间门,进拆垛洗瓶间,学习相关知识。点击洗瓶机入口处洗瓶传送带上的清洗前的空瓶(高亮),进行检测;右键点击洗瓶机,选择"洗涤方法",进行空瓶清洗;在洗瓶机右侧,左键点击清洗后的酒瓶(高亮),进行检查。

(3)点击灌装压盖间门,走入灌装压盖间学习相关知识。点击灌装压盖机,选择"工作原理",进行学习。点击灌装压盖后的酒瓶,检测灌装是否合格。

(4)回到走廊,点击杀菌间门进入杀菌间,学习相关知识。右键点击巴氏杀菌机,选择"杀菌过程",进行学习。啤酒装瓶后从杀菌机一端进入,在移动过程中瓶内温度逐步上升,达到 62℃ 左右(最高杀菌温度)后,保持一定时间,然后瓶内温度又随着瓶的移动逐步下降至接近常温,从出口端进入相邻的贴标机贴标;点击杀菌后的酒瓶(高亮),检查啤酒杀菌质量。杀菌后的啤酒有明显的微小颗粒,请判断该啤酒杀菌工艺是否符合要求。

(5)点击贴标喷码间门,走入贴标喷码间;点击贴标纸(高亮)进行信号确认。

(6)点击装箱间门,进入装箱间,学习相关知识。

(7)点击封箱间门(如图 11-39 所示),进入封箱间,学习相关知识。

(8)灌装任务结束。

图 11-39　封箱间门界面

参考文献

[1] 柴诚敬，王军，陈常贵，等．化工原理课程学习指导［M］．天津：天津大学出版社，2003．

[2] 刘长海．食品工程原理学习指导［M］．北京：中国轻工业出版社，2010．

[3] 葛克山，郭慧媛．食品工程原理复习指南暨习题解析［M］．北京：中国农业大学出版社，2013．

[4] 冯骉，涂国云．食品工程原理［M］．北京：中国轻工业出版社，2019．

[5] 刘成梅．食品工程原理［M］．2版．北京：化学工业出版社，2024．

[6] 袁仲．食品工程原理［M］．北京：化学工业出版社，2010．

[7] 丁忠伟．化工原理学习指导［M］．3版．北京：化学工业出版社，2003．

[8] 陈礼辉．化工原理学习指导及习题精解［M］．北京：中国林业出版社，2015．

[9] 李贤英．化工原理实验及虚拟仿真［M］．北京：化学工业出版社，2024．

[10] 代伟．化工原理实验及仿真（英汉对照）［M］．武汉：武汉出版社，2018．

[11] 王宏，张甲，唐靖．化工原理仿真与操作实训［M］．北京：中国石化出版社，2017．

[12] 任永胜．化工原理例题与习题［M］．北京：中国石化出版社，2023．

[13] 黄婕．化工原理学习指导［M］．2版．北京：化学工业出版社，2021．